高等院校应用创新教材

土 力 学

丁继辉　张建辉　朱常志　主编

科学出版社
北　京

内 容 简 介

本书根据高等院校土木工程专业土力学教学大纲的要求，结合新颁布的国家和行业标准、规范编写而成。本书充分考虑应用型土木工程人才培养的需要，兼顾注册土木（岩土）工程师职业资格考试的要求，尽可能反映土力学学科发展的新技术和新成果。

本书系统地介绍了土力学的基本原理和分析计算方法，包括土的物理性质及工程分类、土的渗透性、地基中的应力计算、土的压缩性与地基沉降计算、土的抗剪强度、土压力计算、土坡稳定性分析、地基承载力、土工试验原理。本书由浅入深、重点突出、理论联系实际，例题、思考题与习题有示范性或典型性，难度适当。

本书既可作为高等院校土木工程专业的教学用书，也可供其他相关专业师生及技术人员参考。

图书在版编目(CIP)数据

土力学/丁继辉，张建辉，朱常志主编. —北京：科学出版社，2017
（高等院校应用创新教材）
ISBN 978-7-03-051262-8

Ⅰ.①土⋯ Ⅱ.①丁⋯ ②张⋯ ③朱⋯ Ⅲ.①土力学－高等学校－教材
Ⅳ.①TU43

中国版本图书馆 CIP 数据核字（2017）第 000023 号

责任编辑：周艳萍 刘文军 / 责任校对：陶丽荣
责任印制：吕春珉 / 封面设计：耕者设计工作室

科学出版社 出版
北京东黄城根北街 16 号
邮政编码：100717
http://www.sciencep.com

三河市骏圭印刷有限公司 印刷
科学出版社发行 各地新华书店经销
*

2017 年 11 月第 一 版 开本：787×1092 1/16
2017 年 11 月第一次印刷 印张：15 1/2
字数：367 000

定价：40.00 元
（如有印装质量问题，我社负责调换〈骏杰〉）
销售部电话 010-62136230 编辑部电话 010-62151061

《土力学》编委会

主　　编　　丁继辉　张建辉　朱常志

副 主 编　　冯　震　齐永正　徐舜华

　　　　　　王立鹏　张爱娟　余　莉

前　言

　　土力学具有较强的理论性和实践性，是土木工程专业必不可少的专业技术课。本书充分考虑应用型土木工程人才培养的需要，在基本原理和方法的选用上尽量以实用为主，兼顾注册土木（岩土）工程师职业资格考试的要求，尽可能反映土力学学科发展的新技术和新成果。

　　本书根据高等院校土木工程专业土力学教学大纲的要求，结合新颁布的国家和行业标准、规范编写而成。书中与实践密切相关的章节都由工程案例引出，给出必要的例题、思考题与习题，并对重点案例进行剖析，有助于学生思考和自学。

　　本书共9章，其中第1章、第3章和第4章由河北大学建筑工程学院丁继辉和南京农业大学王立鹏共同编写，第2章由河北大学建筑工程学院冯震编写，第5章和第9章由河北农业大学城乡建设学院朱常志编写，第6章由河北大学建筑工程学院张建辉编写，第7章由江苏科技大学齐永正编写，第8章由天津大学仁爱学院建筑工程系徐舜华和张爱娟共同编写，附录由河北大学建筑工程学院余莉编写，全书由丁继辉统稿。

　　本书编写过程中，引用了许多专家、学者的科研成果，由于篇幅所限，参考文献未能全部列出，在此一并表示衷心的感谢。

　　限于作者水平，书中难免有不妥和疏漏之处，恳请读者批评指正。

编　者

2017 年 3 月

目　　录

第1章 绪 论

本章导读 ☞

　　本章主要介绍土和土力学的特点,讨论土力学的主要研究内容,以便读者对全书有一个初步的认识。本课程具有较强的理论性和实践性,是土木工程专业必不可少的专业技术课。本课程主要是利用固体力学的基本知识解决土的变形、强度和稳定性等问题,从而为地基与基础的设计提供必要的依据。

　　本章重点掌握以下几点:

　　(1) 土的定义。

　　(2) 土和土力学的特点。

　　(3) 土力学的主要内容。

　　土力学在工程领域应用非常广泛,要学好土力学,就需要对土力学的发展历史、研究内容和解决的问题有总体宏观的认识,明确学习目标和要求,采用正确的学习方法,才能取得良好的学习效果。

1.1 土力学的研究对象与研究内容

　　土是地壳表层母岩经受强烈风化作用(包括物理、化学和生物风化)而形成的、覆盖在地表上碎散的、没有胶结或胶结很弱的颗粒堆积物。土颗粒间的联结强度远比颗粒本身强度低,甚至没有联结。土颗粒间具有孔隙,而孔隙中通常有水和空气。所以土具有碎散性、三相性和自然变异性。在工程上,土的强度、变形和渗透特性与其他材料相比具有较大的区别。

　　土与工程建设关系密切。土具有两类工程用途:一类是作为建筑物的地基,在土层上修建厂房、住宅等工程,由地基土承受基础传来的建筑物的荷载;另一类是作为建筑材料,用来修建堤坝与路基等。

地基与基础是两个不同的概念（图1-1）。地基是承受建筑物荷载的地层。地基按地质情况分为土基和岩基，按设计施工情况分为天然地基和人工地基。基础是建筑物最底下的一部分，由砖石、混凝土或钢筋混凝土等建筑材料建造。基础的作用是将上部结构荷载扩散，减小传给地基的应力强度。基础通常被埋在土中，埋入深度 D 称为基础的埋深。按基础埋深的不同，基础可分为浅基础和深基础。

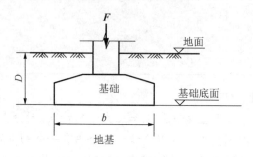

图 1-1　地基与基础

综合考虑地基、基础和上部结构三者之间的关系，研究土和建筑物的相互作用，是土力学地基与基础问题的重要课题之一。

土力学是土木工程专业必不可少的专业技术课。土力学是以土为研究对象，研究土的特性，以及其受力后应力、变形、强度和稳定性的科学。它是力学的一个分支，是为解决建筑物的地基基础、土工建筑物和地下结构物的工程问题服务的。

土体所受力的作用方式多种多样，如土的自重、建筑物荷载、水的浮力、静水压力、动水压力、基础振动和地震等。在这些力的作用下，土体必然按照其固有的客观规律活动，揭示这些规律的本质就是土力学的任务，具体表现为以下三个问题。

1. 地基变形问题

荷载作用于地基，地基产生变形。揭示在一定的环境和力的作用下地基土体内部各点的应力和变形间相互联系、相互制约的规律是土力学的任务，其包括某时刻地基变形量（变形随时间的变化过程）计算和地基的最终变形量计算等。

2. 稳定性问题

稳定性计算的目的是，揭示在外力和周围综合环境作用下，土体单元的极限状态条件和临界稳定条件，以便根据这些条件对土体的强度和稳定性进行评价。

3. 土与建筑物的相互作用问题

土与建筑物相互联系、相互影响，因此要研究建筑物的变形和稳定，必须研究土与建筑物相互作用和协同工作的问题。

根据上述任务，土力学的研究内容可概括为三部分：一是土的基本性质，包括土的物理性质和力学性质；二是土体受力后，土的变形和稳定问题；三是围绕变形和稳定问题采取的改善土的特性来适应两者要求的措施，如地基设计与处理等。上述三部分内容密切配合、相互渗入、相互制约，是土力学赖以发展的保证。

1.2 土力学的发展概况

土力学是一门既古老又年轻的学科。由于生产的发展和生活的需要，人们在长期的工程实践中积累了丰富的土力学与地基基础工程经验。例如，我国的万里长城、大型宫殿、庙宇、大运河、开封铁塔和赵州桥等，国外的大皇宫、大教堂、金字塔和古罗马桥梁工程等，都体现了古代劳动人民丰富的土木工程经验。18世纪的西欧工业革命推动了工业铁路和城市建设等的迅速发展，伴随着与土有关的问题的解决，涌现出一批学者。到20世纪20年代，对土力学的研究取得了较快的发展。直到1925年太沙基（Terzaghi）的《土力学》专著问世，土力学开始成为一门独立的、较为系统和完整的学科。20世纪50年代以来，随着各种计算理论和计算技术的飞速发展，土力学的研究也进入了一个崭新的发展阶段。土力学理论和实践正在为人类未来的发展做出更大的贡献。

1773年，法国的库仑（Coulomb）根据试验提出了著名的砂土抗剪强度公式和挡土墙的土压力理论。

1855年，法国学者布西奈斯克（Boussinesq）给出了半空间无限弹性体表面受集中力作用时土中应力和变形的理论解。

1856年，法国工程师达西（Darcy）研究砂土的渗透性，提出了达西定律。

1857年，英国的兰金（Rankine）提出了新的土压力理论。

1915年，瑞典的费伦纽斯（Fellenius）及美国的泰勒（Taylor）进一步发展了土坡稳定分析的整体圆弧滑动法。

1920年，法国学者普朗特（Prandtl）发表了地基剪切破坏时的滑动面形状和地基承载力公式。

1925年，太沙基在总结归纳前人成果的基础上完成了第一本"土力学"专著，他提出饱和土的有效应力原理，将土的应力、变形、强度和时间等因素相互联系起来，并有效地解决了一系列土力学问题，这标志着土力学学科的诞生。

1949年以来，中国土力学研究兴起。陈宗基教授对土的流变性和黏土结构进行了研究；黄文熙院士对土的液化进行了探讨并提出考虑土的侧向变形的地基沉降计算公式；钱家欢和殷宗泽教授主编的《土工原理与计算》一书，较全面地总结了土力学的发展，在国内有较大的影响；沈珠江院士在土体本构模型、土体静动力数值分析、非饱和土理论等方面取得了很大的成就。

1.3 土力学的课程内容与学习要求

通过本课程的学习，使学生了解土的成因和分类方法，熟悉土的基本物理力学性质，掌握地基沉降、地基承载力和土压力计算方法及土坡稳定分析方法，掌握一般土工试验方法，达到能应用土力学的基本原理和方法解决实际工程中稳定、变形和渗流等问题的目的。

根据高等院校土木工程专业指导委员会编制的土力学教学大纲和应用型土木工程专业人才培养要求，本书包括9章和附录。为巩固各章所学知识，每章后都有"思考与习题"。

第1章"绪论"主要介绍土和土力学的特点、土力学的研究对象与研究内容，使读者对全书有一个初步的认识。

第2章"土的物理性质及工程分类"是本课程的基础，要求了解土的三相组成，掌握土的物理性质和物理状态指标的定义、物理概念、计算公式和单位，熟练掌握物理性质指标的三相换算，了解地基土的工程分类依据与定名。

第3章"土的渗透性"主要内容包括土的渗透规律、渗透力、渗透破坏和渗流量的计算等。掌握达西定律及渗透系数的确定方法，熟悉二维流网及其绘制方法，掌握渗透力与地基渗透变形分析等。

第4章"地基中的应力计算"主要内容包括土的自重应力计算及其分布、基础底面压力（简称基底压力）的简化计算、基底附加应力的计算、地基中附加应力的计算及分布规律、饱和土的有效应力原理及有效应力的计算。要求掌握基底压力和基底附加压力的计算方法，掌握各种情况下土的自重应力和附加应力的计算及分布规律，熟悉各种表格的应用，理解有效应力原理。

第5章"土的压缩性与地基沉降计算"主要内容包括压缩曲线和压缩性指标、地基最终沉降量的计算（分层总和法和规范方法）、饱和土的渗透固结理论。要求熟练掌握土的压缩性指标的测试方法，掌握地基最终沉降量计算方法，了解饱和土在固结过程中有效应力和孔隙水压力的分担作用及变形和时间的关系。

第6章"土的抗剪强度"主要内容包括土的抗剪强度、土的极限平衡条件、抗剪强度指标的测定及其取值、影响土的抗剪强度的因素等。要求掌握砂类土和黏性土的抗剪强度规律，掌握土体处于极限平衡条件下大小主应力的关系、剪切破裂面与大小主应力面的方向，掌握直剪仪和三轴仪测定抗剪强度指标的方法。

第7章"土压力计算"主要内容包括静止土压力计算、兰金土压力理论和库仑土压力理论。要求掌握静止土压力、主动土压力和被动土压力的形成条件，掌握兰金土压力理论和库仑土压力理论，了解超载、成层土和有地下水情况的土压力计算。

第8章"土坡稳定性分析"主要内容包括无黏性土土坡和黏性土土坡的稳定性分析，以及影响土坡稳定性的主要因素。要求掌握无黏性土土坡的稳定性分析法，掌握黏性土土坡的圆弧稳定分析法，了解毕肖普条分法等其他常用分布方法，了解水对土坡稳定的作用。

第9章"地基承载力"主要内容包括地基承载力概念，地基的临塑荷载、临界荷载和极限荷载的概念，确定地基承载力的方法。要求掌握地基的临塑荷载、临界荷载和极限荷载的意义及其应用，了解地基破坏模式，掌握地基极限承载力的计算方法。

附录"土工试验原理"主要内容包括物理性质指标试验、击实试验、压缩试验、直剪试验和三轴试验。要求掌握一般土工试验方法及试验成果整理。

学习土力学应特别注意土的基本特点，注重理论联系实际，掌握正确学习方法，抓住重点，掌握基本概念、基本原理和分析方法，准确计算，重在实用。学习本课程，必须在学完"高等数学""材料力学""工程地质学"等课程后进行。土力学是"基础工程""土木工程结构""土木工程施工技术"等后续专业课程的理论基础。

思考与习题

1. 简述土力学的研究对象与研究内容。

2. 借助互联网搜集有关国内外地基基础工程的失败实例，如意大利比萨斜塔、苏州云岩寺塔、上海工业展览馆和墨西哥市艺术宫等，了解这些建筑物地基基础工程破坏的原因。

第 2 章　土的物理性质及工程分类

本章导读 👉

　　一般情况下，土由固体颗粒（固相）、水（液相）和气体（气相）三部分组成，土的三相组成及土的结构、构造等因素的不同，表现出土的不同物理状态，如干湿、轻重、疏密和软硬等。而土的物理状态与土的力学性质之间有着密切的联系，如土疏松、湿润，则强度较低且压缩性大；反之，则强度较高且压缩性小。所以，土的物理性质是确定地基承载力及变形计算的主要因素。在工程设计中，必须掌握土的物理性质指标的测定方法与理论计算，熟练地按照土的有关特征及指标对地基土进行工程分类，并初步判断土体的工程性质。

　　本章重点掌握以下几点：

　　（1）理解并掌握有关概念。

　　（2）掌握测定土的物理性质和物理状态指标的方法，会进行有关指标的换算。

　　（3）能通过颗粒级配分析试验绘出颗粒级配曲线，并判别土的密实程度。

　　（4）会进行填土压实质量的检查。

　　（5）能对土进行分类、定名，并了解各类土的工程性质。

　　引言：某办公楼工程，在进行设计施工前，需要先了解工程场地地基土的有关物理、力学性质，才能确定具体的地基基础形式。

2.1 土的形成、组成、结构和构造

2.1.1 土的形成

1. 土和土体的概念

（1）土的概念

土是地壳表层母岩经受强烈风化作用（包括物理、化学和生物风化）而形成的、覆盖在地表上碎散的、没有胶结或胶结很弱的颗粒堆积物。

土由固相、液相和气相三相物质组成。

不同的风化作用，形成不同性质的土。风化作用包括物理风化、化学风化和生物风化三种。

（2）土体的概念

土体是指与工程建筑的稳定和变形有关的土层的组合体。

土体是由厚薄不等、性质各异的若干土层，以特定的上下次序组合在一起的。

2. 土和土体的形成和演变

地壳表面广泛分布着土体。岩石经过风化、剥蚀等外力作用而瓦解成碎块或矿物颗粒，再经流水、风力或重力作用及冰川作用搬运，在适当的条件下沉积成各种类型的沉积物。

土体沉积后分为如下两种情况。

（1）靠近地表的土体

1）经过生物化学及物理化学变化，即成壤作用，形成土壤。

2）未形成土壤的土，继续受到风化、剥蚀、侵蚀而再破碎、再搬运、再沉积等作用。

（2）时代较老的土体

在上覆沉积物的自重压力及地下水的作用下，逐渐固结成岩，强度增高，成为母岩。

总之，土体的形成和演化过程，就是土的性质变化过程，由于不同的作用处于不同的作用阶段，因此土体表现出不同的特点。

3. 土的基本特征及土体的主要成因类型

（1）土的基本特征

1）土是自然历史的产物。土是由许多矿物自然结合而成的。它在一定的地质历史时期内，经过复杂的地质作用后，形成的各类土的形成时间、地点、环境及方式不同，各种矿物在质量、数量和空间排列上都有一定的差异，其工程地质性质也就有所不同。

2）土是三相组合体。土是由三相（固相、液相和气相）组成的体系。土的三相之间的质和量的变化是鉴别其工程地质性质的一个重要依据。它们存在着复杂的物理化学作用。

3）土是分散体系。根据固相土粒的大小程度（分散程度），土可分为粗分散体系（粒径大于 2μm）、细分散体系（粒径 0.1～2μm）、胶体体系（粒径 0.01～0.1μm）和分子体系（粒径小于 0.01μm）。分散体系的性质随着分散程度的变化而改变。

任何土类均储备有一定的能量，在砂土和黏土类土中，其总能量由内部能量与表面能量构成，即

$$E_{总} = E_{内} + E_{表} \tag{2-1}$$

4）土是多矿物组合体。一般土中含有 5～10 种或更多的矿物，除原生矿物外，次生黏土矿物是主要成分。

（2）土体的主要成因类型

按形成土体的地质营力和沉积条件，可将土体划分为若干成因类型，如残积土、坡积土、洪积土、湖积土、冲积土等。

现介绍几种主要的成因类型、土体的性质成分及其工程地质特征。

1）残积土。残积土是由基岩风化而成，未经搬运而留于原地的土体。残积土一般形成剥蚀平原。

影响残积土工程地质特征的因素主要是气候条件和母岩的岩性。

① 气候条件。气候影响着风化作用类型，从而使得不同气候条件、不同地区的残积土具有特定的粒度成分、矿物成分和化学成分。

② 母岩的岩性。母岩的岩性影响着残积土的粒度成分和矿物成分。

2）坡积土。坡积土是残积物经雨水或融化的雪水的流水搬运作用，顺坡移动堆积而成的，所以其物质成分与斜坡上的残积物一致。一般当斜坡的坡角越陡时，坡脚坡积物的范围越大。

3）洪积土。洪积土是暂时性、周期性的山洪带来的碎屑物质，在山沟的出口地方堆积而成。

4）湖积土。湖积土在内陆分布广泛，一般分为淡水湖积土和咸水湖积土。

5）冲积土。冲积土是由于河流的流水作用，将碎屑物质搬运堆积在它侵蚀成的河谷内而形成的。

另外，土体还有很多类型，如冰川土、崩积土、风积土等。

2.1.2 土的三相组成

土由固体颗粒、液体水和气体三相组成。三相比例不同，土的物理状态和工程性质也不相同。

1）固体+气体（液体=0）为干土，干的黏土较硬，干砂松散。

2）固体＋液体＋气体为湿土，湿的黏土多为可塑状态。

3）固体＋液体（气体=0）为饱和土，饱和粉细砂受振动可能产生液化；饱和黏土地基沉降需很长时间才能稳定。

所以，研究土的工程性质，首先从组成土的三相，即固体颗粒、水和气体本身开始。

1. 土的固体颗粒

研究固体颗粒就是要分析粒径的大小及其在土中所占的百分比,即土的颗粒级配(粒度成分)。此外,还要研究固体颗粒的矿物成分。

(1)颗粒级配(粒度成分)

颗粒的大小通常用粒径表示。工程上按粒径大小分组,称为粒组,即某一级粒径的变化范围。

我国广泛应用的粒组划分方案是,将粒径由大至小划分为六个粒组:漂石或块石组、卵石(碎石)组、砾石组、砂粒组、粉粒组和黏粒组。

实际上,土常是各种大小不同的颗粒的混合体,较笼统地说,以砾石和砂砾为主要组成成分的土称为粗粒土,也称无黏性土。其特征为孔隙大、透水性强、毛细上升,高度很小,既无可塑性,也无胀缩性,压缩性极弱,强度较高。以粉粒和黏粒(或胶粒 $\phi<0.002$mm)为主的土称为细粒土,也称黏性土。其特征为主要由原生矿物、次生矿物组成,孔隙很小,透水性极弱,毛细上升高度较高,有可塑性、胀缩性,强度较低。

1)颗粒级配分析方法。工程上,使用的颗粒级配分析方法有筛分法和水分法(静水沉降法)两种。

筛分法适用于颗粒大于 0.1mm(或 0.074mm,按筛的规格)的土。它是利用一套孔径大小不同的筛子,将事先称过质量的烘干土样过筛,称留在各筛上的质量,然后计算相应的百分数。砾石类土与砂类土采用筛分法。

水分法(静水沉降法)适用于粒级小于 0.1mm 的土。根据斯托克斯(Stokes)定理,球状的细颗粒在水中的下沉速度 v 与颗粒直径 d 的平方成正比,即 $v = Kd^2$(K 为系数)。因此可以利用粗颗粒下沉速度快、细颗粒下沉速度慢的原理,把颗粒按下沉速度进行粗细分组。实验室常用相对密度计进行颗粒分析,称为相对密度计法。此外,还有移液管法等方法。

例 2-1:从干砂样中取质量为 1000g 的试样,放入 0.1~2.0mm 的标准筛中,经充分振荡,称得各级筛上留下来的土粒质量见表 2-1,试求土粒中各粒组的土粒含量。

表 2-1　筛分析试验结果

筛孔径/mm	2.0		1.0		0.5		0.25		0.15		0.1	底盘
各级筛上的土粒质量/g	100		100		250		300		100		50	100
小于各级筛孔径的土粒含量/%	90		80		55		25		15		10	
各粒组的土粒含量/%		10		25		10		10		5		

解:① 留在孔径 2.0mm 筛上的土粒质量为 100g,则小于 2.0mm 的土粒质量为 1000-100=900(g),于是小于该孔径(2.0mm)的土粒含量为 900/1000×100%=90%。同理可称得小于其他孔径的土粒含量,见表 2-1。

② 因小于 2.0mm 孔径和小于 1.0mm 孔径的土粒含量分别为 90% 和 80%,可得 1.0~2.0mm 粒组的土粒含量(0.90-0.80)×100%=10%。同理可算得其他粒组的土粒含量,见表 2-1。

2）颗粒级配曲线。将筛分析和相对密度计试验的结果绘制在以土粒粒径为横坐标，小于某粒径土百分含量 p 为纵坐标的坐标系中，得到的曲线称为土的颗粒级配曲线，见图 2-1。

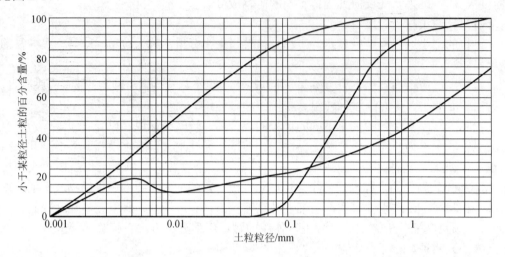

图 2-1　土的颗粒级配曲线

此外，颗粒级配的表示方法还有列表法和三角图法等。

3）颗粒级配曲线的应用。土的颗粒级配曲线是土工最常用的曲线，从该曲线上可以直接了解土的粗细、粒径分布的均匀程度和级配的优劣。

土的平均粒径 d_{50}：土中大于某粒径和小于某粒径的土的含量均占 50%。

土的有效粒径 d_{10}：土中小于某粒径的土粒质量累积百分含量为 10%时，相应的粒径称为有效粒径 d_{10}。

d_{30}：土中小于某粒径的土粒质量累积百分含量为 30%时的粒径用 d_{30} 表示。

土的控制粒径 d_{60}（或称限定粒径 d_{60}）：土中小于某粒径的土粒质量累积百分含量为 60%时，相应的粒径称为控制粒径。

土的不均匀系数

$$C_{u} = \frac{d_{60}}{d_{10}} \tag{2-2}$$

土的颗粒级配曲线的曲率系数

$$C_{c} = \frac{d_{30}^2}{d_{60} \times d_{10}} \tag{2-3}$$

不均匀系数 C_u 反映大小不同的粒组的分布情况。C_u 越大，表示土粒大小的分布范围越大，颗粒大小越不均匀，其级配越良好，作为填方工程的土料时，则比较容易获得较大的密实度。曲率系数 C_c 反映的是累积曲线的分布范围，反映曲线的整体形状，或称反映累积曲线的斜率是否连续。在一般情况下有：

① 工程上把 $C_u \leqslant 5$ 的土看作均粒土，属级配不良；$C_u > 5$ 时，称为不均粒土；$C_u > 10$ 的土属级配良好。

② 经验证明，当级配连续时，C_c 的范围为 1～3；因此当 C_c<1 或 C_c>3 时，均表示级配不连续。

③ 从工程上看，C_u>5 且 C_c=1～3 的土，称为级配良好的土；不能同时满足上述两个要求的土，称为级配不良的土。

（2）矿物成分

土中固体部分的成分，绝大部分是矿物成分，另外含有一些有机质，不同的矿物成分对土的性质有着不同的影响，其中以细粒组的矿物成分尤为重要。

土中的矿物成分如下：

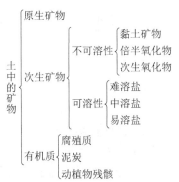

1）原生矿物。由岩石经物理风化而成，其成分与母岩相同，包括单矿物颗粒和多矿物颗粒。

2）次生矿物。岩屑经化学风化而成，其成分与母岩不同，是一种新矿物，颗粒细，包括可溶性的次生矿物和不可溶性的次生矿物。

3）有机质。泥炭、腐殖质、动植物残骸。

2. 土中水

在自然条件下，土中总是含水的。土中水可以处于液态、固态或气态。土中细粒越多，即土的分散度越大，水对土的性质的影响也越大。

研究土中水，必须考虑到水的存在状态及其与土粒的相互作用。根据水的存在状态，土中水分为矿物成分水和孔隙中的水两类。

存在于土粒矿物的晶体格架内部或是参与矿物构造的水，称为矿物成分水，它只有在比较高的温度（80～680℃，随土粒的矿物成分不同而异）下才能化为气态水而与土粒分离，从土的工程性质上分析，可以把矿物水当作矿物颗粒的一部分。

存在于土体孔隙中的液态水可分为结合水和自由水两大类。

（1）结合水

结合水是指受电分子吸引力吸附于土粒表面的土中水，这种电分子吸引力高达几千到几万个大气压，使水分子和土粒表面牢固地黏结在一起。

结合水因为离颗粒表面远近不同，受电场作用力的大小也不同，所以分为强结合水和弱结合水。

1）强结合水（吸着水）。强结合水是指紧靠土粒表面的结合水，它的特征如下：

① 没有溶解盐类的能力。

② 不能传递静水压力。

③ 只有吸热变成蒸汽时才能移动。

2）弱结合水（薄膜水）。弱结合水紧靠于强结合水的外围，形成一层结合水膜。它不能传递静水压力，但水膜较厚的弱结合水能向临近的较薄的水膜缓慢移动。

当土中含有较多的弱结合水时，则土具有一定的可塑性。砂土的比表面积较小，几乎不具可塑性；而黏土的比表面积较大，其可塑性范围较大。

弱结合水离土粒表面积越远，其受到的电分子吸引力越弱，并逐渐过渡到自由水。

（2）自由水

自由水是存在于土粒表面电场影响范围以外的水。它的性质和普通水一样，能传递静水压力，冰点为0℃，有溶解能力。

自由水按其移动所受到作用力的不同，可以分为重力水和毛细水。

1）重力水。重力水是存在于地下水位以下的透水土层中的地下水，它是在重力或压力差作用下运动的自由水，对土粒有浮力作用。重力水对土中的应力状态和开挖基槽、基坑及修筑地下构筑物时所应采取的排水、防水措施有重要的影响。

2）毛细水。毛细水是受到水与空气交界面处表面张力作用的自由水，其形成过程通常用物理学中毛细管现象解释。其分布在土粒内部相互贯通的孔隙，可以看成是许多形状不一、直径各异、彼此连通的毛细管。毛细水的工程地质意义如下：

① 产生毛细压力。

② 毛细水对土中气体的分布与流通起一定影响，常是导致产生密闭气体的原因。

③ 当地下水埋深浅时，由于毛细管中水上升，可助长地基土的冰冻现象、地下室潮湿现象，危害房屋基础及公路路面，促使土沼泽化。

总之，土中水的分类如下：

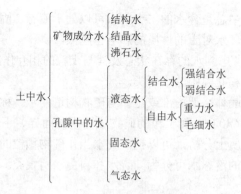

3. 土中气体

土的孔隙中没有被水占据的部分都是气体。

（1）土中气体的来源

土中气体除来自空气外，也可由生物化学作用和化学反应生成。

（2）土中气体的特点

1）土中气体除含有空气中的主要成分 O_2 外，含量最多的是水汽、CO_2、CH_4 和 H_2S 等气体，并含有一定放射性元素。

2）土中气体 O_2 含量比空气中少，空气中 O_2 含量为 20.9%，土中 O_2 含量为 10.3%。土中气体 CO_2 含量比空气中高很多，空气中 CO_2 含量为 0.03%，土中 CO_2 含量为 10%。土中气体中放射性元素的含量比空气中的含量高 2000 倍。

3）土中气体按其所处状态和结构特点，可分为吸附气体、溶解气体、密闭气体及自由气体几大类。

2.1.3 土的结构和构造

1. 土的结构

土颗粒之间的相互排列和连续形式称为土的结构。

土的结构是在成土的过程中形成的，它反映了土的成分、成因和年代对土的工程性质的影响。常见的土的结构有以下三种，见图 2-2。

（1）单粒结构

粗颗粒土，如卵石、砂土的结构特征。

（a）单粒结构　　　　（b）蜂窝结构　　　　（c）絮状结构

图 2-2　土的结构的基本类型

（2）蜂窝结构

当土颗粒较细（粒级在 0.002～0.02mm 范围）时，在水中单个下沉，碰到已沉积的土粒，由于土粒之间的分子吸力大于颗粒自重，因此正常土粒被吸引不再下沉，形成较大孔隙的蜂窝结构。

（3）絮状结构

粒径小于 0.005mm 的黏土颗粒，在水中长期悬浮并在水中运动时，形成小链环状的土集粒而下沉。这种小链环碰到另一小链环则被吸引，形成大链环状的絮状结构，此种结构常见于海积黏土中。

上述三种结构中，密实的单粒结构土的工程性质最好，蜂窝状结构土次之，絮状结构土最差。后两种结构土，如因振动破坏天然结构，则强度低、压缩性大，不可用作天然地基。

2. 土的构造

同一土层中，土颗粒相互关系的特征称为土的构造，常见的有下列四种。

（1）层状构造

土层由不同颜色、不同粒径的土组成层理，平原地区的层理通常为水平层理。层状构造是细粒土的重要特征之一。

（2）分散构造

土层中土粒分布均匀、性质相近，如砂、卵石层为分散构造。

（3）结核状构造

在细粒土中掺有粗颗粒或各种结核，如含礓石的粉质黏土，含砾石的冰碛土等。其工程性质取决于细粒土部分。

（4）裂隙状构造

土体中有很多不连续的小裂隙，有的硬塑与坚硬状态的黏土为此种构造。其裂隙强度低、渗透性高，工程性质差。

2.2　土的物理性质指标

土是由固相、液相和气相三者所组成的。土的物理性质就是研究三相的质量与体积间的相互比例关系及固、液两相相互作用表现出来的性质。

物理性质是土的工程性质中最基本的性质，工程中土的分类乃至今后涉及的土力学问题，均与物理性质密切相关。影响土的物理性质的因素主要有土的成因、土的组成、土的结构与构造和土的地质年代等。

土的物理性质指标可分为两类：一类是必须通过试验测定的，如含水率、密度和土粒密度；另一类是可以根据试验测定的指标换算的，如孔隙比、孔隙率和饱和度等。

土的三相图：土的颗粒、水和气体混杂在一起，为方便分析问题，常理想地将三相分别集中（图2-3）。

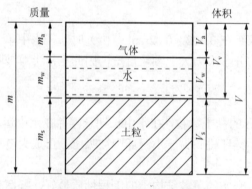

图2-3　土的三相组成示意图

1. 土粒密度

土粒密度是指固体颗粒的质量m_s与其体积V_s之比，即土粒的单位体积质量

$$\rho_s = \frac{m_s}{V_s} \tag{2-4}$$

土粒密度值一般为 2.7~2.75g/cm³。土粒密度是实测指标。

2. 土的密度

土的密度是指土的总质量 m 与总体积 V 之比，即土的单位体积质量。其中，$m = m_s + m_w$，$V = V_s + V_v$。

按孔隙中充水程度不同，有天然密度、干密度与饱和密度之分。

（1）天然密度

天然状态下土的密度称为天然密度（湿密度），以式（2-5）表示：

$$\rho = \frac{m}{V} = \frac{m_s + m_w}{V_s + V_v} \tag{2-5}$$

土的天然密度可在室内及野外现场直接测定。室内一般采用环刀法测定，称得环刀内土样质量，求得环刀容积，再求得两者的比值。

（2）干密度

土的孔隙中完全没有水时的密度称为干密度，是指土的单位体积中土粒的质量，即固体颗粒的质量与土的总体积的比值。

$$\rho_d = \frac{m_s}{V} \tag{2-6}$$

在工程上，常把干密度作为评定土体紧密程度的标准，以控制填土工程的施工质量。

（3）饱和密度

土的孔隙完全被水充满时的密度称为饱和密度，即土的孔隙中全部充满液态水时的单位体积质量，可用式（2-7）表示：

$$\rho_{sat} = \frac{m_s + V_v \rho_w}{V_s} \tag{2-7}$$

式中，ρ_w 为水的密度（工程计算中可取 1 g/cm³）。

土的饱和密度的常见值为 1.8~2.3 g/cm³。

3. 重度

土的重度定义为单位体积的重力。土的有效重度（浮重度）可表示为

$$\gamma' = \gamma_{sat} - \gamma_w \tag{2-8}$$

式中，γ_{sat} 为饱和重度；γ_w 为水的重度。

4. 土的含水性

土的含水性指土中含水情况，用于说明土的干湿程度。

（1）含水率

土的含水率定义为土中水的质量与土粒质量之比，以百分数表示，即

$$w = \frac{m_w}{m_s} \times 100\% = \frac{m - m_s}{m_s} \times 100\% \tag{2-9}$$

土的含水率也可用土的密度与干密度计算得到，即

$$w = \frac{\rho - \rho_s}{\rho_s} \times 100\% \tag{2-10}$$

室内测定：一般用烘干法，先称小块原状土样的湿土质量，然后置于烘箱内维持100～105℃烘至恒重，再称干土质量，湿、干土质量之差与干土质量的比值就是土的含水率。

天然状态下土的含水率称为土的天然含水率。一般砂土的天然含水率不超过40%，以10%～30%最为常见；一般黏土在10%～80%，常见值为20%～50%。

土的孔隙全部被普通液态水充满时的含水率称为饱和含水率：

$$w_{sat} = \frac{V_v \rho_w}{m_s} \times 100\% \tag{2-11}$$

式中，ρ_w 为水的密度。

土的含水率可分为体积含水率与引用体积含水率。体积含水率 n_w 为土中水的体积与总体积之比：

$$n_w = \frac{V_w}{V} \times 100\% \tag{2-12}$$

引用体积含水率 e_w 为土中水的体积与土粒体积之比：

$$e_w = \frac{V_w}{V_s} \times 100\% \tag{2-13}$$

（2）饱和度

饱和度为土中孔隙水的体积与孔隙体积之比，以百分数表示，即

$$S_r = \frac{V_w}{V_v} \times 100\% \tag{2-14}$$

或天然含水率与饱和含水率之比，即

$$S_r = \frac{w}{w_{sat}} \times 100\% \tag{2-15}$$

饱和度越大，表明土中孔隙中充水越多，其在0～100%。干燥时 $S_r=0$；孔隙全部为水充填时，$S_r=100\%$。

工程上将 S_r 作为砂土湿度划分的标准：$S_r < 50\%$，稍湿；$S_r = 50\%$～80%，很湿；$S_r > 80\%$，饱和。

工程研究中，一般将 $S_r > 95\%$ 的天然黏性土视为完全饱和土；而砂土 $S_r > 80\%$ 时就视为已达到饱和。

5. 土的孔隙性

孔隙性指土中孔隙的大小、数量、形状、性质及连通情况。

（1）孔隙率与孔隙比

孔隙率 n（孔隙度）为土的孔隙体积与土体积之比或单位体积土中孔隙的体积，以

百分数表示，即

$$n = \frac{V_v}{V} \times 100\% \qquad (2\text{-}16)$$

孔隙比为土中孔隙体积与土粒体积之比，以小数表示，即

$$e = \frac{V_v}{V_s} \qquad (2\text{-}17)$$

孔隙比和孔隙率都是用以表示孔隙体积含量的概念，两者有如下关系：

$$n = \frac{e}{1+e} \quad \text{或} \quad e = \frac{n}{1-n} \qquad (2\text{-}18)$$

土的孔隙比或孔隙率都可用来表示同一种土的松、密程度。它随土形成过程中所受的压力、颗粒级配和颗粒排列状况的变化而变化。一般粗粒土的孔隙率小，细粒土的孔隙率大。

孔隙比 e 是一个重要的物理性指标，可以用来评价天然土层的密实程度。一般 $e<0.6$ 的土是密实的低压缩性土，$e>1.0$ 的土是疏松的无压缩性土。

饱和含水率是用质量比率来反映土的孔隙性结构指标的，它与孔隙率和孔隙比的关系如下：

$$n = \frac{w_{sat}\rho_d}{\rho_w} \qquad (2\text{-}19)$$

$$e = \frac{w_{sat}\rho_s}{\rho_w} \qquad (2\text{-}20)$$

（2）砂土的相对密度

对于砂土，孔隙比有最大值与最小值，即最松散状态和最紧密状态的孔隙比（e_{max} 和 e_{min}）。e_{max} 一般用松砂器法测定，e_{min} 一般采用振击法测定。

砂土的松密程度还可以用相对密度来评价

$$D_r = \frac{e_{max} - e}{e_{max} - e_{min}} \qquad (2\text{-}21)$$

式中，e_{max} 为最大孔隙比；e_{min} 为最小孔隙比；e 为天然孔隙比。

砂土按相对密度分类：$0<D_r \leqslant 0.33$，疏松；$0.33<D_r \leqslant 0.67$，中密；$0.67<D_r \leqslant 1$，密实。

通常砂土的相对密度的实用表达式如下：

$$D_r = \frac{(\rho_d - \rho_{d,min})\rho_{d,max}}{(\rho_{d,max} - \rho_{d,min})\rho_d} \qquad (2\text{-}22)$$

式中，最大或最小干密度可直接求得。

D_r 在工程上常应用于评价砂土地基的允许承载力、地震区砂体液化和砂土的强度稳定性。

6. 基本物理性质指标间的相互关系

（1）孔隙比与孔隙率的关系

设土体内土粒体积 $V_s=1$，则孔隙体积 $V_v=e$，土体体积 $V=V_s+V_v=1+e$，于是有

$$n=\frac{V_v}{V}=\frac{e}{1+e} \text{ 或 } e=\frac{n}{1-n}。$$

（2）干密度与湿密度和含水率的关系

设土体体积 $V=1$，则土体内土粒质量 $m_s=\rho_d$，水的质量 $m_w=w\rho_d$。于是有

$$\rho=\frac{m}{V}=\frac{m_s+m_w}{V}=\rho_d(1+w) \tag{2-23}$$

$$\rho_d=\frac{\rho}{1+w} \tag{2-24}$$

例 2-2：某天然砂层，密度为 1.47g/cm^3，含水率为 13%，由试验求得该砂土的最小干密度为 1.20g/cm^3，最大干密度为 $1.66\ \text{g/cm}^3$。问该砂层处于哪种状态？

解：已知 $\rho=1.47\text{g/cm}^3$，$w=13\%$，$\rho_{d,min}=1.20\text{g/cm}^3$，$\rho_{d,max}=1.66\text{g/cm}^3$。

由式（2-24）得 $\rho_d=1.30\text{g/cm}^3$。

$$D_r=\frac{(\rho_d-\rho_{d,min})\rho_{d,max}}{(\rho_{d,max}-\rho_{d,min})\rho_d}=\frac{(1.30-1.20)\times 1.66}{(1.66-1.20)\times 1.30}=0.28$$

$$D_r=0.28<0.33$$

故该砂层处于疏松状态。

（3）孔隙比与土粒相对密度和干密度的关系

设土体内土粒体积 $V_s=1$，则孔隙体积 $V_v=e$，土粒质量 $m_s=\rho_s$，于是由 $\rho=\dfrac{m_s}{V}$ 得

$$\rho_d=\frac{\rho_s}{1+e} \tag{2-25}$$

$$e=\frac{\rho_s}{\rho_d}-1 \tag{2-26}$$

$$e=\frac{G_s\rho_w}{\rho_d}-1 \tag{2-27}$$

式中，G_s 为土粒相对密度。

（4）饱和度与含水率、土粒相对密度和孔隙比的关系

设土体内土粒体积 $V_s=1$，则孔隙体积 $V_v=e$，土粒质量 $m_s=\rho_s$，孔隙水质量 $m_w=w\rho_s$，孔隙水体积为

$$V_w=\frac{w\rho_s}{\rho_w} \tag{2-28}$$

由 $S_r=\dfrac{V_w}{V_v}$ 得

$$S_r = \frac{\dfrac{w\rho_s}{\rho_w}}{e} = \frac{w\rho_s}{e\rho_w} = \frac{wG_s}{e} \tag{2-29}$$

当 $S_r = 100\%$ 时，土饱和，则

$$e = w_m G_s \tag{2-30}$$

式中，w_m 为饱和含水率；G_s 为土粒相对密度。

常见的土的物理性质指标及相互关系换算公式见表 2-2。

表 2-2 常见的物理性质指标及相互关系换算公式

换算指标	与试验指标的换算公式	与其他指标的换算公式
孔隙比 e	$e = \dfrac{\rho_s(1+w)g}{\gamma} - 1$	$e = \dfrac{\rho_s g}{\gamma_d} - 1$ $e = \dfrac{w\rho_s g}{S_r \gamma_w}$
饱和重度 γ_{sat}	$\gamma_{sat} = \dfrac{\gamma(\rho_s g - \gamma_w)g}{\gamma_s(1+w)} + \gamma_w$	$\gamma_{sat} = \dfrac{\rho_s g + e\gamma_w}{1+e}$ $\gamma_{sat} = \gamma' + \gamma_w$
饱和度 S_r	$S_r = \dfrac{\gamma \rho_s g w}{\gamma_w[\rho_s g(1+w) - \gamma]}$	$S_r = \dfrac{w\rho_s g}{e\gamma_w}$
干重度 γ_d	$\gamma_d = \dfrac{\gamma}{1+w}$	$\gamma_d = \dfrac{\rho_s g}{1+e}$
孔隙率 n	$n = 1 - \dfrac{\gamma}{\rho_s g(1+w)}$	$n = \dfrac{e}{1+e}$
有效重度 γ'	—	$\gamma' = \gamma_{sat} - \gamma_w$ $\gamma' = \dfrac{\rho_s g - \gamma_w}{1+e}$

注：表中 g 为重力加速度。

例 2-3： 某原状土样，经试验测得天然密度 $\rho = 1.67\text{g}/\text{cm}^3$，含水率 $w=12.9\%$，土粒相对密度 $G_s=2.67$，求孔隙比 e、孔隙率 n 和饱和度 S_r。

解： 图 2-4 为土的三相草图。

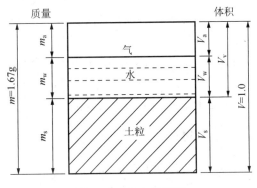

图 2-4 土的三相草图

1）设土的体积 $V=1.0\text{cm}^3$，根据密度定义得
$$m=\rho V=1.67\times1.0=1.67\text{g}$$

2）根据含水率定义得
$$m_\text{w}=wm_\text{s}=0.129m_\text{s}$$

从图 2-4 可知
$$m=m_\text{a}+m_\text{w}+m_\text{s}$$

因为
$$m_\text{a}=0，\quad m_\text{w}+m_\text{s}=m$$

即
$$0.129m_\text{s}+m_\text{s}=1.67\text{g}$$

所以
$$m_\text{s}=\frac{1.67}{1.129}=1.48\text{g}$$
$$m_\text{w}=1.67-1.48=0.19\text{g}$$

3）根据土粒相对密度定义，土粒相对密度为土粒的质量与同体积纯蒸馏水在 4℃时的质量之比，即
$$G_\text{s}=\frac{m_\text{s}}{V_\text{s}\left(\rho_\text{w}^{4℃}\right)}=\frac{\rho_\text{s}}{\rho_\text{w}}$$

因为
$$G_\text{s}=2.67，\quad \rho_\text{w}=1\text{g/cm}^3$$

所以
$$\rho_\text{s}=2.67\times1=2.67\text{g/cm}^3$$
$$V_\text{s}=\frac{m_\text{s}}{\rho_\text{s}}=\frac{1.48}{2.67}=0.554\text{cm}^3$$

4）土中水的体积为
$$V_\text{w}=\frac{m_\text{w}}{\rho_\text{w}}=\frac{0.19}{1.0}=0.19\text{cm}^3$$

5）从三相草图可知
$$V=V_\text{a}+V_\text{w}+V_\text{s}=1.0\text{cm}^3$$

或
$$V_\text{a}=1.0-V_\text{w}-V_\text{s}=1.0-0.19-0.554=0.256\text{cm}^3$$

所以
$$V_\text{v}=V-V_\text{s}=1.0-0.554=0.446\text{cm}^3$$

6）根据孔隙比定义 $e=\dfrac{V_\text{v}}{V_\text{s}}$，得
$$e=\frac{V_\text{a}+V_\text{w}}{V_\text{s}}=\frac{0.256+0.19}{0.554}=0.805$$

7）根据孔隙度定义 $n = \dfrac{V_v}{V} \times 100\%$，得

$$n = \frac{V_a + V_w}{V} \times 100\% = \frac{0.256 + 0.19}{1.0} \times 100\% = 0.446 \times 100\% = 44.6\%$$

或

$$n = \frac{e}{1+e} \times 100\% = \frac{0.805}{1+0.805} \times 100\% = 0.446 \times 100\% = 44.6\%$$

8）根据饱和度定义 $S_r = \dfrac{V_w}{V_v} \times 100\%$，得

$$S_r = \frac{V_w}{V_a + V_w} \times 100\% = \frac{0.19}{0.256 + 0.19} \times 100\% = 0.426 \times 100\% = 42.6\%$$

例 2-4：薄壁取样器采取的土样，测出其体积 V 与质量 m 分别为 38.40 cm³ 和 67.21g，把土样放入烘箱烘干，并在烘箱内冷却到室温后，测得质量为 49.35g。试求土样的 ρ（天然密度）、ρ_d（干密度）、w（含水率）、e（孔隙比）、n（孔隙率）和饱和度 S_r（已知 $G_s = 2.69$）。

解：

$$\rho = \frac{m}{V} = \frac{m_s + m_w}{V_s + V_v} = \frac{67.21}{38.40} = 1.750 \text{g/cm}^3$$

$$\rho_d = \frac{m_s}{V} = \frac{m - m_v}{V} = \frac{49.35}{38.40} = 1.285 \text{g/cm}^3$$

$$w = \frac{m_w}{m_s} \times 100\% = \frac{m - m_s}{m_s} = \frac{67.21 - 49.35}{49.35} \times 100\% = 36.19\%$$

$$e = \frac{G_s \rho_w}{\rho_d} - 1 = \frac{2.69 \times 1}{1.285} - 1 = 1.093$$

$$n = \frac{e}{1+e} \times 100\% = \frac{1.093}{1+1.093} \times 100\% = 52.22\%$$

$$S_r = \frac{w G_s}{e} \times 100\% = \frac{36.19\% \times 2.69}{1.093} \times 100\% = 89.07\%$$

2.3 土的物理状态指标

土所表现的干湿、软硬和疏密等特征，统称为土的物理状态。土的物理状态对土的工程性质影响较大，不同类别的土所表现的物理状态特征也不同。例如，无黏性土的力学性质主要受密实程度的影响；而黏性土的力学性质则主要受含水率变化的影响。

2.3.1 无黏性土的物理状态指标

砂土和碎石土统称为无黏性土，一般呈散粒状态。其密实度对工程性质有十分重要的影响。例如，密实状态的砂土具有较高的强度和较低的压缩性，是良好的建筑地基。

无黏性土呈松散状态时，结构常处于不稳定状态，容易产生流砂，在振动荷载作用下，可能会发生液化，是不良地基。

1. 砂土的密实度判别

（1）根据孔隙比 e 判断

孔隙比 e 越小，表示土越密实；孔隙比 e 越大，土越疏松。当 $e<0.6$ 时，属密实砂土，强度高、压缩性小；当 $e>0.95$ 时，为松散状态，强度低、压缩性大。这种测定方法简单，但没有考虑土的颗粒级配的影响。

图 2-5（a）中，颗粒均匀，$C_u=1.0$，处于最密实状态，设 $e=0.35$；图 2-5（b）中，在大圆球的缝隙中填入小圆球，$C_u>1.0$，处于最密实状态，其中 $e<0.35$；很显然在最密实的状态下，后者密实度大于前者。若让两者具有相同的孔隙比 $e=0.35$，前者已处于最密实状态，但后者还未处于最密实状态，并且两者的密实度不能用相同的孔隙比来度量，应采用相对密度来比较其密实度。

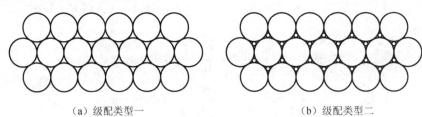

（a）级配类型一　　　　　　　　　　　　　（b）级配类型二

图 2-5　颗粒级配对土密实度的影响

（2）根据相对密度 D_r 判断

考虑土粒级配的影响，通常用砂土的相对密度 D_r 表示：

$$D_r = \frac{e_{max} - e}{e_{max} - e_{min}}$$

式中，e_{max} 为最大孔隙比，即最疏松状态的孔隙比，其测定方法是将疏松的风干土样，通过长颈漏斗轻轻地倒入容器，求其最小干密度，计算其对应的孔隙比；e_{min} 为最小孔隙比，即最密实状态的孔隙比，其测定方法是将疏松风干土样分三次装入金属容器，并加以振动和锤击，至体积不变为止，测出最大干密度，算出其对应的孔隙比；e 为天然孔隙比。

工程中根据砂土的相对密实度将砂土划分为松散、中密和密实三种状态，见表 2-3。

表 2-3　砂土密实度划分标准表

密实状态	松散	中密	密实
相对密实度 D_r	0～0.33	0.33～0.67	0.67～1

（3）根据标准贯入锤击数判断

标准贯入试验是在现场进行的原位试验，该方法是用质量为 63.5kg 的重锤，落距为

76 cm，自由落下，将标准贯入器竖直击入土中 30cm 所需要的锤击数作为判别指标，将砂土的密实度划分为松散、稍密、中密和密实四种密实度状态，见表 2-4。

表 2-4　砂土的密实度

密实度	松散	稍密	中密	密实
标准贯入锤击数 $N_{63.5}$	$N_{63.5} \leq 10$	$10 < N_{63.5} \leq 15$	$15 < N_{63.5} \leq 30$	$N_{63.5} > 30$

2. 碎石土的密实度判别

碎石土既不易获得原状土样，也难于将标准贯入器击入土中。因此，可根据《岩土工程勘察规范（2009 年版）》（GB 50021—2001）要求，用重型圆锥动力触探锤击数来划分其密实度，见表 2-5。对平均粒径大于 50mm 或最大粒径为 100mm 的碎石土，可以根据野外鉴别方法划分为密实、中密、稍密和松散四种密实度状态，见表 2-6。碎石土的强度大、压缩性小、渗透性大，是良好的地基。

表 2-5　碎石土按密实度划分

重型圆锥动力触探锤击数 $N_{63.5}$	密实度	重型圆锥动力触探锤击数 $N_{63.5}$	密实度
$N_{63.5} \leq 5$	松散	$10 < N_{63.5} \leq 20$	中密
$5 < N_{63.5} \leq 10$	稍密	$N_{63.5} > 20$	密实

表 2-6　碎石土密实度野外鉴别方法

密实度	骨架颗粒含量和排列	可挖性	可钻性
密实	骨架颗粒含量大于总重的 70%，呈交错排列，连续接触	锹、镐挖掘困难，用撬棍方能松动，井壁一般较稳定	钻进极困难，冲击钻探时，钻杆、吊锤跳动剧烈，孔壁较稳定
中密	骨架颗粒含量为总重的 60%～70%，呈交错排列，大部分接触	锹、镐可挖掘，井壁有掉块现象，从井壁取出大颗粒处，能保持颗粒凹面形状	钻进较困难，冲击钻探时，钻杆、吊锤跳动不剧烈，孔壁有坍塌现象
稍密	骨架颗粒含量为总重的 55%～60%，排列混乱，大部分不接触	锹可以挖掘，井壁易坍塌。从井壁取出大颗粒后，砂土立即坍落	钻进较容易，冲击钻探时，钻杆稍有跳动，孔壁易坍塌
松散	骨架颗粒含量小于总重的 55%，排列十分混乱，绝大部分不接触	锹易挖掘，井壁极易坍塌	钻进很容易，冲击钻探时，钻杆无跳动，孔壁极易坍塌

2.3.2　黏性土的物理状态指标

1. 黏性土的稠度和塑性

（1）稠度与液性指数

黏性土的物理状态常以稠度来表示。稠度是指土体在各种不同的湿度条件下，受外力作用后具有的活动程度。黏性土的稠度可以决定黏性土的力学性质及其在建筑物作用下的性状。

在土质学中，常采用稠度状态来区别黏性土在各种不同温度条件下所具备的物理状态，见表 2-7。

表 2-7　黏性土的标准稠度及其特征

稠度状态		稠度的特征	标准温度或稠度界限
液体状	液流状	呈薄层流动	触变界限
	黏流状（触变状）	呈厚层流动	液限 w_L
塑体状	黏塑状	具有塑体的性质，并黏着其他物体	黏着性界限
	稠塑状	具有塑体的性质，但不黏着其他物体	塑限 w_P
固体状	半固体状	失掉塑体性质，具有半固体性质	收缩界限 w_s
	固体状	具有固体性质	

相邻两稠度状态，既相互区别又逐渐过渡，稠度状态之间的转变界限称为稠度界限，用含水率表示，称为界限含水率。

在稠度的各界限值中，塑性上限（w_L）和塑性下限（w_P）的实际意义最大，简称液限和塑限。

土所处的稠度状态，一般用液性指数 I_L（稠度指标 B）来表示：

$$I_L = \frac{w - w_P}{w_L - w_P} \tag{2-31}$$

式中，w 为天然含水率；w_L 为液限含水率；w_P 为塑限含水率。

根据液性指数（I_L），黏性土的物理状态可分为：坚硬（$I_L \leqslant 0$）、硬塑（$0 < I_L \leqslant 0.25$）、可塑（$0.25 < I_L \leqslant 0.75$）、软塑（$0.75 < I_L \leqslant 1.0$）、流塑（$I_L > 1.0$）。

在稠度变化中，土的体积随含水率的降低而逐渐收缩变小，到一定值时，尽管含水率降低，体积却不再缩小。

（2）塑性和塑性指数

塑性的基本特征如下：

1）物体在外力作用下，可被塑成任何形态，而整体性不破坏，即不产生裂隙。

2）外力除去后，物体能保持变形后的形态，而不恢复原状。

有的物体在一定的温度条件下具有塑性，有的物体在一定的压力条件下具有塑性，而黏性土则是在一定的湿度条件下具有塑性。黏性土具有塑性，砂土没有塑性，故黏性土又称塑性土，砂土又称非塑性土。

在岩土工程中常用两个界限含水率（又称 Atterberg 界限）表示黏性土的塑性：

1）塑限含水率是半固态和塑态的界限含水率，也是使土颗粒相对位移而土体整体性不破坏的最低含水率。

2）液限含水率是塑态与流态的界限含水率，也是强结合水加弱结合水的含量。

两个界限含水率的差值为塑性指数（plasticity index），即

$$I_P = w_L - w_P \tag{2-32}$$

式中，I_P 表示黏性土具有可塑性的含水率变化范围，以百分数表示。塑性指数数值越大，土的塑性越强，土中黏粒含量越多。

例 2-5：从某地基取原状土样，测得土的液限为 37.4%，塑限为 23.0%，天然含水率为 26.0%。问地基土处于何种状态？

解：已知 $w_L = 37.4\%$，$w_P = 23.0\%$，$w = 26.0\%$，由此

$$I_P = w_L - w_P = 0.374 - 0.230$$
$$= 0.144 = 14.4\%$$

$$I_L = \frac{w - w_P}{I_P} = \frac{0.260 - 0.230}{0.144}$$
$$= 0.21 = 21\%$$

因为 $0 < I_L \leqslant 0.25$，所以该地基土处于硬塑状态。

（3）影响黏性土可塑性的因素

1）矿物成分。土的矿物成分不同，其晶格构造各异，对水的结合程度不一样，如蒙脱石具有较大的可塑性。矿物成分决定着颗粒的形状与分散程度，只有片状结构的矿物，如黑云母、绿泥石和高岭石等破坏后才表现出可塑性。矿物成分还会影响土的分散程度。

2）有机质含量对土的可塑性有明显的影响。表层土含有机质较多，因有机质的分散度较高，颗粒很细，比表面积大，故当有机质含量高时，液限值和塑限值均较高。

3）土中的可溶盐类溶于水后，改变了水溶液的离子成分和浓度，从而影响扩散层的厚度，导致土的可塑性增强或减弱。

4）粒度成分对黏性土可塑性的影响主要取决于土中黏粒含量的多少。黏粒含量越多，分散程度越高，可塑性越大。

5）孔隙溶液的化学成分、浓度和 pH 对可塑性的影响是通过电位、扩散层厚度的影响表现出来的。

（4）黏性土的活性指数

黏性土的黏性和可塑性被认为是由颗粒表面的吸着水引起的。因此，塑性指数的大小在一定程度上反映了颗粒吸附水能力的强弱。

斯开普顿（Skempton）通过试验发现：对给定的土，其塑性指数与粒径小于 0.002mm 颗粒的含量成正比，并建议用活性指标来衡量土内黏土矿物吸附水的能力，其定义为

$$A = \frac{I_P}{\text{粒径} < 0.002\text{mm} \text{颗粒的含量}} \tag{2-33}$$

式中，A 为活性指数或亲水性指数。

根据活性指数的大小，斯开普顿把黏性土分为非活性黏土（$A < 0.75$）、正常黏土（$0.75 \leqslant A \leqslant 1.25$）和活性黏土（$A > 1.25$）。

（5）灵敏度

灵敏度（S_t）反映黏性土结构性的强弱。

$$S_t = \frac{q_u}{q_0}$$
(2-34)

式中，S_t 为黏性土的灵敏度；q_u 为原状土的无侧限抗压强度；q_0 为与原状土密度、含水率相同，结构完全破坏的重塑土的无侧限抗压强度。

灵敏度分下列几类：$S_t \leqslant 1$，不灵敏；$1 \leqslant S_t \leqslant 2$，低灵敏；$2 \leqslant S_t \leqslant 4$，中等灵敏；$4 \leqslant S_t \leqslant 8$，灵敏；$8 \leqslant S_t \leqslant 16$，很灵敏；$S_t > 16$，流动。

触变性：当黏性土结构受扰动时，土的强度降低。但静置一段时间，土的强度又逐渐增长，这种性质称为土的触变性。这是由于土粒、离子和水分子体系随时间变化而趋于新的平衡状态。

2. 黏性土的胀缩性及崩解性

（1）黏性土的胀缩性

黏性土由于含水率的增加而发生体积增大的性能称为膨胀性；由于土中水分蒸发而引起体积减小的性能称为收缩性。两者统称胀缩性。

1）膨胀性。一般认为引起土体膨胀的原因主要有黏粒的水化作用、黏性表面双电层的形成和扩散层增厚等因素。其膨胀大致分两个阶段：第一阶段，干黏粒表面吸附单层水分子，晶层间膨胀或粒间膨胀；第二阶段，双电层的形成，使黏粒或晶层进一步推开，渗透膨胀。

黏性土的膨胀性常用下列指标表示。

① 膨胀率 e_p：原状土样膨胀后体积的增量与原体积之比，以百分率表示。

$$e_p = \frac{\Delta V}{V_0} = \frac{V - V_0}{V_0} \times 100\%$$
(2-35)

常用线膨胀率：

$$e_p = \frac{h - h_0}{h_0} \times 100\%$$
(2-36)

式中，h_0 为土样原来的高度（cm）；h 为土样膨胀稳定后的高度（cm）。

若 e_p 直接以小数表示，则称膨胀系数。

② 膨胀力 P_p：土样膨胀时产生的最大压力值。

$$P_p = 10 \times \frac{W}{A}$$
(2-37)

式中，W 为施加在试样上的总平衡荷载（N）；A 为试样面积（cm^2）。

③ 膨胀含水率 w_{sl}：土样膨胀稳定后的含水率。此时扩散层已达到最大厚度，结合水含量增至极限状态。

$$w_{sl} = \frac{m_{sl}}{m_s} \times 100\%$$
(2-38)

式中，m_{sl} 为土样膨胀稳定后土中水的质量（g）；m_s 为干土样的质量（g）。

④ 自由膨胀率 F_s：一定体积的扰动风干土样体积的增量与原体积之比，以百分率

表示。

$$F_s = \frac{V - V_0}{V_0} \times 100\%$$ （2-39）

式中，V_0 为烘干土的原始体积；V 为扰动变形稳定后的体积。

2）收缩性。黏性土的收缩性是由水分蒸发引起的。其收缩过程可分为两个阶段：第一阶段（AB）表示土体积的缩小与含水率的减小成正比，呈直线关系，土减小的体积等于水分散失的体积；第二阶段（BC）表示土体积的缩小与含水率的减少呈曲线关系，土体积的减少量小于失水体积。随着含水率的减小，土体积收缩越来越慢，如图 2-6 所示。

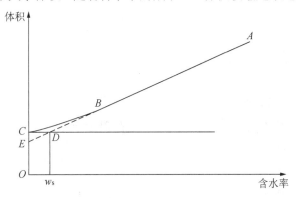

图 2-6 体积与含水率关系曲线

若将体积变化与失水体积呈直线的部分外推延长至 Y 轴，那么 CE 为空气所占的孔隙容积，EO 为固体颗粒的体积。由 C 点引水平线交 AB 的延长线于 D，则 D 点的含水率即为收缩限 w_s。

当土中含水率小于收缩限 w_s 时，土体积收缩极小；随着含水率的增加，土体积增大，当含水率大于液限时，土体坍塌。所以液限与收缩限是土与水相互作用后，土体积随含水率变化的上、下限，以塑性指数 I_P 表示：

$$I_P = w_L - w_s$$ （2-40）

表征黏性土的收缩性指标有以下几项：

① 体缩率 e_s，即试样收缩减小的体积与收缩前体积的比值，以百分率表示。

$$e_s = \frac{V_0 - V}{V_0} \times 100\%$$ （2-41）

式中，V_0 为收缩前的体积（cm^3）；V 为收缩后的体积（cm^3）。

② 线缩率 e_{sl}，即试样收缩后的高度减小量与原高度之比，以百分率表示。

$$e_{sl} = \frac{l_0 - l}{l_0} \times 100\%$$ （2-42）

式中，l_0 为试样原始高度（cm）；l 为试样经收缩后的高度（cm）。

③ 收缩限 w_s，由作图法求得。

④ 收缩系数，由作图法求得。

（2）黏性土的崩解性

黏性土由于浸水而发生崩解散体的特性称为崩解性（slaking）。

崩解现象的产生是由于黏性土水化，颗粒间联结减弱及部分胶结物溶解引起的崩解，是表征黏性土的抗水性的指标。评价黏性土的崩解性一般采用下列三个指标：

1）崩解时间：一定体积的黏性土样完全崩解所需的时间。

2）崩解特征：黏性土样在崩解过程的各种现象，即出现的崩解形式。

3）崩解速度：黏性土样在崩解过程中质量的损失与原土样质量之比，以及和时间的关系。

$$V = \frac{W - W_t}{t} \tag{2-43}$$

式中，V 为崩解速度（g/s）；W 为试样原质量（g）；W_t 为在 t 时间段后试样的质量（g）；t 为时间段（s）。

黏性土崩解性的影响因素有以下几项：

1）物质成分，矿物成分、粒度成分及交换阳离子成分。

2）土的结构特征（结构连接）。

3）含水率。

4）水溶解的成分及浓度。

一般来说，黏性土的崩解性在很大程度上与原始含水率有关。干土或未饱和土崩解比饱和土快得多。

2.4 土的击实性

2.4.1 研究土的击实性的实际意义

土工建筑物，如土坝、土堤及道路填方是用土作为建筑材料的。为了保证填料有足够的强度，以及较小的压缩性和透水性，在施工时常需要压实，以提高填土的密实度（工程上以干密度表示）和均匀性。

研究土的填筑特性常用现场填筑试验和室内击实试验两种方法。现场填筑试验是在现场选一试验地段，按设计要求和施工方法进行填土，并同时进行有关测试工作，以查明填筑条件（土料、堆填方法和压实机械等）和填筑效果（土的密实度）的关系。

室内击实试验近似地模拟了现场填筑情况，是一种半经验性的试验，用锤击方法将土击实，研究在不同击实能下土的击实特性，以便取得有参考价值的设计数值。

2.4.2 土的击实性及其本质

土的击实是指用重复性的冲击动荷载将土压密。研究土的击实性的目的在于揭示击实作用下土的干密度、含水率和击实能三者之间的关系和基本规律，从而选定适合工程需要的最小击实能。

击实试验是把某一含水率的土料填入击实筒内，用击锤按规定落距对土打击一定的次数，即用一定的击实能击实土，测其含水率和干密度的关系曲线，即击实曲线。

在击实曲线上可找到某一峰值，称为最大干密度 $\rho_{d,max}$，与之相对应的含水率称为最优含水率 w_{op}。它表示在一定击实能作用下，达到最大干密度的含水率，即当击实土料为最佳含水率时，压实效果最好。

1．黏性土的击实性

黏性土的最优含水率一般在塑限附近，为液限的 0.55～0.65 倍。在最优含水率状态下，土粒周围的结合水膜厚度适中，土粒联结较弱，又不存在多余的水分，故易于击实，使土粒靠拢而排列最密。

实践证明，土被击实到最佳情况时，饱和度一般在 80% 左右。黏性土的击实曲线见图 2-7。

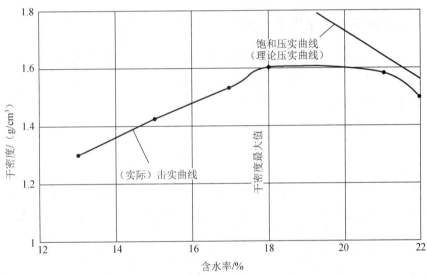

图 2-7　黏性土的击实曲线

2．无黏性土的击实性

无黏性土情况有些不同。无黏性土的击实性也与含水率有关，不过不存在最优含水率，而是一般在完全干燥或者充分洒水饱和的情况下容易击实到较大的干密度；潮湿状态，由于具有微弱的毛细水联结，土粒间移动所受阻力较大，不易被挤紧压实，干密度不大。无黏性土的击实曲线见图 2-8。

无黏性土的压实标准一般用相对密度 D_r。一般要求砂土压实至 $D_r > 0.67$，即达到密实状态。

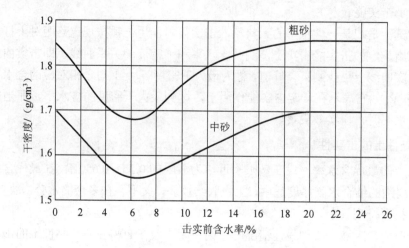

图 2-8   无黏性土的击实曲线

2.4.3   影响土的击实性的因素

影响土的击实性的因素主要包括击实能、最优含水率、土中有机质含量、土的颗粒级配。

1．击实能的影响

击实能是指击实每单位体积土所消耗的能量，击实试验中的击实能用式（2-44）表示：

$$N = \frac{Wdnm}{V}$$

（2-44）

式中，W 为击锤质量（kg），标准击实试验中击锤质量为 2.5kg；d 为落距（m），击实试验中定为 0.30m；n 为每层土的击实次数，标准试验为 27 次；m 为铺土层数，试验中分 3 层；V 为击实筒的体积，为 $1 \times 10^{-3} m^3$。

同一种土，用不同的能击实，得到的击实曲线有一定的差异。

1）土的最大干密度和最优含水率不是常量；$\rho_{d,max}$ 随击数的增加而逐渐增大，而 w_{op} 则随击数的增加而逐渐减小，如图 2-9 所示，图中曲线 1 的击实能＞曲线 2 的击实能＞曲线 3 的击实能。

2）当含水率较低时，击数的影响较明显；当含水率较高时，含水率与干密度关系曲线趋近于饱和线，即这时提高击实能是无效的，见图 2-9。

2．最优含水率的影响

试验证明，最优含水率 w_{op} 与 w_p 相近，$w_{op} \approx w_p + 2$。填土中所含的细粒越多（黏土矿物越多），则最优含水率越大，最大干密度越小。

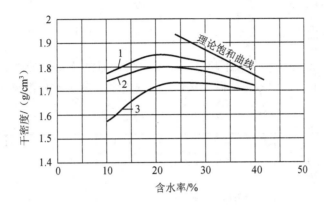

图 2-9　击实能对击实曲线的影响

3．土中有机质含量的影响

有机质对土的击实效果有不利影响，因为有机质亲水性强，所以不易将土击实到较大的干密度，且其能使土质恶化。

4．土的颗粒级配的影响

在同类土中，土的颗粒级配对土的击实效果影响很大，颗粒级配不均匀的土容易压实，均匀的土不易压实。这是因为级配均匀的土中较粗颗粒形成的孔隙很少有细颗粒填充。

2.5　土的工程分类

土中固体颗粒粒径及颗粒级配不同，其土的性质不同，主要分为碎石土、砂土、粉土和黏性土。另外，还有人工填土和特殊土。

2.5.1　碎石土

粒径大于 2mm 的颗粒含量超过总质量 50%的土，称为碎石土。碎石土按粒组含量及颗粒形状分类，其划分标准见表 2-8。

表 2-8　碎石土按粒组含量及颗粒形状划分

土的名称	颗粒形状	粒组含量
漂石	圆形及亚圆形为主	粒径大于 200mm 的颗粒超过总质量的 50%
块石	棱角形为主	
卵石	圆形及亚圆形为主	粒径大于 20mm 的颗粒超过总质量的 50%
碎石	棱角形为主	
圆砾	圆形及亚圆形为主	粒径大于 2mm 的颗粒超过总质量的 50%
角砾	棱角形为主	

注：分类时应根据粒组含量栏从上到下以最先符合者确定。

2.5.2 砂土

粒径大于 2mm 的颗粒含量不超过总质量 50%，而粒径大于 0.075mm 的颗粒含量超过总质量 50%的土，称为砂土。砂土按粒组含量分类，其分类标准见表 2-9。

表 2-9 砂土的分类标准

土的名称	颗粒级配	土的名称	颗粒级配
砾砂	粒径大于 2mm 的颗粒占总质量的 25%~50%	细砂	粒径大于 0.075mm 的颗粒超过总质量的 85%
粗砂	粒径大于 0.5mm 的颗粒超过总质量的 50%	粉砂	粒径大于 0.075mm 的颗粒不超过总质量的 50%
中砂	粒径大于 0.25mm 的颗粒超过总质量的 50%	—	—

注：定名时应根据粒径分组由大到小，以最先符合者确定。

常见的砾砂、粗砂和中砂为良好地基，粉砂和细砂要具体分析，如为饱和疏松状态，则为不良地基。

例 2-6：按表 2-10 所给的颗粒分析资料，根据粒径分组由大到小确定土的名称。

表 2-10 某无黏性土样颗粒分析结果

粒径/mm	2~10	0.5~2	0.25~0.5	0.075~0.25	<0.075
相对含量/%	4.5	12.4	35.5	33.5	14.1

解：1）大于 2mm 的颗粒含量为 4.5%，所以不是碎石土，由表 2-9 可知，也不是砾砂。

2）粒径大于 0.5mm 的颗粒含量为（4.5+12.4）%=16.9%<50%，由表 2-9 可知，也不是粗砂。

3）粒径大于 0.25mm 的颗粒含量为（4.5+12.4+35.5）%=52.4%>50%，由表 2-9 可知，为中砂。

2.5.3 粉土

粉土为介于砂土与黏性土之间，塑性指数≤10，且粒径大于 0.075 mm 的颗粒含量不超过总质量 50%的土。它具有砂土和黏性土的某些特征，粉土根据黏粒的含量可分为砂质粉土［（砂粒含量较多）和黏质粉土（黏的含量较多）］。砂粒含量较多的粉土，地震可能产生液化，类似于砂土性质；黏粒含量较多的粉土不易液化，其性质近似于黏性土；西北一带的黄土，颗粒含量以粉粒为主，砂粒及黏粒含量均很低。

2.5.4 黏性土

塑性指数>10 的土称为黏性土。黏性土按塑性指数分为黏土和粉质黏土。黏性土按沉积年代分为新近沉积黏性土、一般黏性土和老黏性土。

1）新近沉积黏性土是指沉积年代较近的土，第四纪全新世晚期 Q4（文化期以来）沉积的土，分布在湖、塘，沟、谷、河道泛滥及山前冲积扇。其结构性差，有的土体处于欠压密状态。

2）一般黏性土是指第四纪全新世早期 Q4（文化期以前）沉积的土，分布于全国各地，是经常遇到的勘查对象，一般属于中等压缩的土。

3）老黏性土一般是指沉积年代在第四纪更新世 Q3 或更早沉积的土，其力学性能优于一般的黏性土，老黏性土的承载力比一般黏性土高 1.3～2 倍，压缩性低。

2.5.5　人工填土

人工填土是人类活动堆积而成的土，根据组成及成因分为素填土、杂填土和冲填土，见表 2-11。

表 2-11　人工填土类型、组成及工程性质

类型	组成及工程性质
素填土	① 素填土由碎石、砂土、粉土和黏性土等组成，其中不含杂质（碎砖、瓦砾、灰渣和朽木）或杂质含量很少，是天然土受扰动后堆积而成的土 ② 素填土组成物质简单，性能较好，经过分层压实或夯填后的素填土称为压实填土
杂填土	① 杂填土是由各种物质组成的填土，其成分复杂，成因很不规律，分布极不均匀，包括生活垃圾、工业垃圾（矿渣、粉煤灰等）和建筑垃圾（碎砖、瓦砾、灰渣和朽木） ② 结构松散、强度低、压缩性高，还具有浸水湿陷性，对基础的侵蚀性（有机质含量较大时），并普遍存在于古城镇区域，一般不宜做建筑地基，需经过地基处理
冲填土	① 冲填土是水力冲刷泥砂形成的填土，如在整理和疏通江河航道或围海造地时用挖泥船通过泥浆泵将夹有大量水分的泥砂吹送至洼地形成的填土，分布在我国长江、珠江、上海黄浦江及天津海河等沿海地区 ② 其含水率很高、强度低，当为黏性土时，排水固结时间长

2.5.6　特殊土

特殊土的工程性质不同于一般土，是具有一定分布区域，有特殊成分、状态和结构特征，工程性质特殊的土。常见的有软土、红黏土、湿陷性黄土、冻土、膨胀土和盐渍土等。这些区域性软土、红黏土、湿陷性黄土、冻土和膨胀土的特性将在专业教材中详细介绍。

思考与习题

1. 土是如何形成的？土的结构有哪些？其特征如何？
2. 什么是土粒的级配曲线？如何从级配曲线的陡缓判断土的工程性质？
3. 什么是土的塑性指数？其大小与土粒组成有什么关系？
4. 什么是土的液性指数？如何应用液性指数的大小评价土的工程性质？

5. 简述影响土压实性的因素。

6. 某办公楼工程地质勘查中取原状土做试验，用 $100\,cm^3$ 的环刀取样，用天平测得环刀加湿土的质量为 245.00g，环刀的质量为 55.00g，烘干后土样的质量为 215.00g，土粒相对密度为 2.700，计算此土样的天然密度、干密度、饱和密度、天然含水率、孔隙比、孔隙率及饱和度，并比较各种密度的大小。

7. 某完全饱和黏性土的含水率为 45%，土粒相对密度为 2.68，试求土的孔隙比 e 和干重度 γ_d。

8. 在土类定名时，无黏性土与黏性土各主要依据什么指标？

9. 简述土的工程分类。

10. 常见的特殊土有哪些？

第3章 土的渗透性

本章导读 ☞

　　水在土孔隙介质中的流动即地下水流动。不同的土具有不同的渗透能力,主要由土的颗粒组成和孔隙比等决定。研究渗流问题的基本定律是达西定律。渗流的作用是在土中产生渗透力,而渗透力将导致土体发生渗透变形(包括流砂和管涌)。渗流理论在水利、石油、采矿和化工等领域有着广泛的应用,在土木工程中能为地下水资源的开发、降低地下水位和防止建筑物地基发生渗流变形提供理论依据。

　　本章重点掌握以下两点:

　　(1)掌握土的渗透定律、渗透力和土中渗流量的计算方法,具备对地基渗透变形进行正确分析的能力。

　　(2)了解二维渗流及流网绘制,掌握土中水的渗透力与地基渗透变形分析。

　　引言:土中水运动应用于许多工程实践问题,如流砂、冻胀、渗透固结和渗透时的边坡稳定等。渗流可以造成水量的损失,影响工程效益;也会引起土体内部应力状态的变化,从而改变水工建筑物或地基的稳定条件,严重时还会酿成破坏事故。

　　Teton 坝是土坝,坝高90m,坝长1000m,建于1972~1975年,1976年6月失事,造成直接经济损失8000万美元,起诉5500起,花费2.5亿美元,死亡14人,受灾2.5万人,60万亩土地、32千米铁路被淹没,见图3-1。

　　通过本章的学习,了解 Teton 坝失事的原因,失事和本章的知识点有何联系。

（a）1976年6月5日上午10:30左右，
下游坝面有水渗出并带出泥土

（b）1976年6月5日11:00左右，
洞口不断扩大并向坝顶靠近，泥水流量增加

（c）1976年6月5日12:00过后，坍塌口加宽

（d）失事现场当时的状况

图3-1　美国Teton坝失事图

3.1　达西定律及其适用范围

1. 渗流模型

实际土体中的渗流仅流经土粒间的孔隙，由于土体孔隙的形状、大小及分布极为复杂，渗流水质点的运动轨迹很不规则，见图3-2（a）。考虑到实际工程中并不需要了解具体孔隙中的渗流情况，可以对渗流做出如下简化，见图3-2（b）。

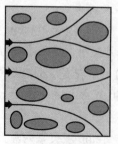
（a）水在土孔隙中的流动

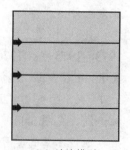
（b）渗流模型

图3-2　渗流简化示意图

1）不考虑渗流路径的迂回曲折，只分析它的主要流向。

2）不考虑土体中颗粒的影响，认为孔隙和土粒所占的空间之和均被渗流充满。

简化后的渗流是一种假想的土体渗流，称为渗流模型。为了使渗流模型在渗流特性上与真实的渗流相一致，它还应该符合以下要求：

1）在同一过流断面，渗流模型的流量等于真实渗流的流量。

2）在任意截面上，渗流模型的压力与真实渗流的压力相等。

3）在相同体积内，渗流模型所受到的阻力与真实渗流所受到的阻力相等。

因此，渗透速度实际上是一种假想的平均速度。主要原因：假设水在土中渗流是通过整个土面积，而实际上水仅通过土体中的孔隙，所以水在土体中渗流的实际平均速度比达西定律求得的值大得多。

根据流体力学中的连续性原理，有

$$Q = vA = v_s A_v \tag{3-1}$$

由式（3-1）得

$$v_s = v\frac{A}{A_v} = \frac{v}{n} = \frac{v(1+e)}{e} \tag{3-2}$$

式中，Q 为通过某一过流断面的流量（m^3/s）；A 为总面积（m^2）；A_v 为实际过流断面面积（m^2）；v 为渗流的假想的平均速度（m/s）；v_s 为渗流的实际平均速度（m/s）；n 为孔隙率；e 为孔隙比。

2. 达西定律

假设渗流的流速很小，流速水头可以忽略不计，则断面的总水头为

$$H = H_P = z + \frac{P}{\rho g} \tag{3-3}$$

式中，ρ 为水的密度；g 为重力加速度；H 为总水头；H_P 为测压管水头；z 为位置水头；P 为压强；$P/\rho g$ 为压强水头。

渗流的测压管水头等于总水头，测压管水头差就是水头损失，测压管水头线的坡度就是水力坡度。

$$I_P = I \tag{3-4}$$

式中，I_P 为测压管水头线坡度；I 为水头损失。

法国工程师达西通过试验研究，总结出渗流水头损失与渗流速度之间的关系式，称为达西定律。

由图 3-3 所示的渗流试验示意图可知：装置中的①是横截面积为 A 的直立圆筒，其上端开口，在圆筒侧壁装有两支相距为 l 的侧压管。筒底以上一定距离处装一滤板②，滤板上填放颗粒均匀的砂土。水由上端注入圆筒，多余的水从溢水管③溢出，使筒内的

水位维持一个恒定值。渗透过砂层的水从短水管④流入量杯⑤中，并以此来计算渗流量q。

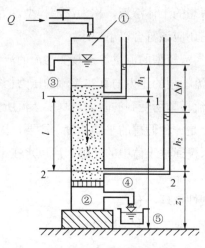

图 3-3　渗流试验示意图

设Δt时间内流入量杯的水体体积为ΔV，则渗流量为$q = \Delta V / \Delta t$。同时读取断面 1—1 和断面 2—2 处的侧压管水头值h_1、h_2，Δh为两断面之间的水头损失。

达西通过渗流试验发现：水在土中的渗透速度与试样两端面间的水位差成正比，而与渗径长度成反比。

$$q = kA\frac{\Delta h}{l} = kAi \tag{3-5}$$

$$v = \frac{q}{A} = ki \tag{3-6}$$

式中，v为渗透速度（cm/s 或 m/s）；q为渗流量（cm³/s 或 m³/s）；i为水力梯度，$i = \Delta h / l$，它是沿渗流方向单位距离的水头损失，量纲一；Δh为试样两端的水位差（cm 或 m）；l为渗径（cm 或 m）；k为渗透系数（cm/s 或 m/s），其物理意义是当水力梯度$i = 1$时的渗透速度；A为试样端面面积（cm² 或 m²）。

试验表明，达西定律只适用于层流运动。达西定律的适用范围通常采用临界雷诺数进行判别。雷诺数为流体惯性力与黏滞力之比，流速增大，雷诺数增大，最终黏滞力失去主控作用，渗流将由层流转向紊流。

图 3-4 中，对于砂土而言，流速与水力梯度成线性关系，符合达西定律；砾石类土中的渗流不符合达西定律，i较小时为线性，i较大时为非线性；密实黏土呈非线性特性，当水力梯度等于初始水力梯度时，才发生渗流。

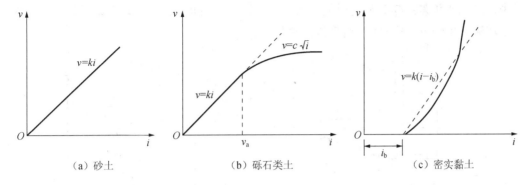

（a）砂土　　　　　　（b）砾石类土　　　　　　（c）密实黏土

图 3-4　渗流流速与水力梯度的关系

3.2　渗透系数及其确定方法

渗透系数的物理意义是单位水力梯度（$i=1$）时孔隙流体的渗流速度。它反映了土体渗透性的大小，是土的重要力学性质之一，可以通过试验测定。渗透系数 k 的试验测定分室内和野外两种方法。室内渗透试验测定方法包括常水头渗透试验和变水头渗透试验：常水头渗透试验法，适用于透水性较强的无黏性土；变水头渗透试验法，适用于透水性较差的黏性土。野外渗透试验测定方法包括井水抽水渗透试验和井口渗透注水试验。井口抽水渗透试验法，适用于透水性较强的无黏性土；井口注水渗透试验法，适用于黏性土和无黏性土。

本节主要介绍室内渗透试验和抽水试验。

3.2.1　室内渗透试验测定方法

室内渗透试验见图 3-5。试验前土样充分饱和，以排除孔隙中气泡的影响，使渗流通道完全畅通。通常使用无空气水，同时使试验水温略高于室温，保证水中空气不因升温而析出。

1. 常水头渗透试验

室内常水头渗透试验见图 3-5（a）。

试验条件：H，A，L。

量测变量：Q，t。

渗透系数：

$$k = \frac{QL}{AH} \tag{3-7}$$

$$Q = \frac{V}{t} \tag{3-8}$$

式中，H 为水头差；Q 为稳定时的渗流量；A 为试样的断面面积；L 为试样长度；V 为稳定渗流开始经过一段时间 t 流量渗流总体积。

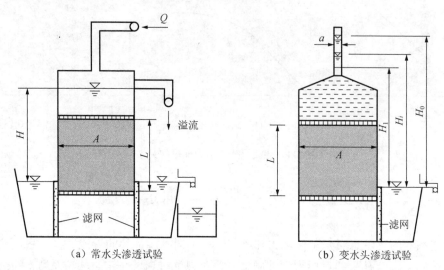

（a）常水头渗透试验　　　　　　　　（b）变水头渗透试验

图 3-5　室内渗透试验

2. 变水头渗透试验

室内变水头渗透试验见图 3-5（b）。

试验条件：H 变，A，L=常数。

量测变量：H_0，H_1，t。

渗透系数：

$$k = 2.3 \frac{aL}{At} \lg \frac{H_0}{H_1} \qquad (3-9)$$

式中，a 为供水管的断面面积；A 为试样断面面积；H_0 为试验初始水头；H_1 为经过时间 t 的水头。

k 值还与试验用水的温度有关。通常以 20℃时的水温所测定的渗透系数作为标准的 k 值。若试验时温度为 t，由式（3-10）换算成 20℃时的渗透系数：

$$k_{20℃} = k_t \frac{\eta_{t℃}}{\eta_{20℃}} \frac{\gamma_{w20℃}}{\gamma_{w,t℃}} \qquad (3-10)$$

式中，γ_w 为水的重度；η 为水的动力黏滞系数。

3.2.2　野外渗透试验测定方法

野外渗透试验测试方法主要介绍抽水渗透试验，抽水渗透试验见图 3-6 和图 3-7。抽水渗透试验可获得现场较为可靠的平均渗透系数，但费用较高、耗时较长。

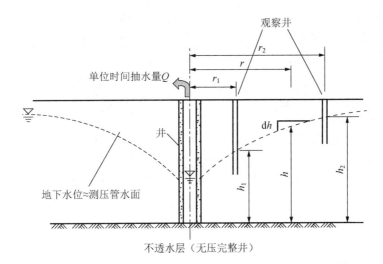

图 3-6　无压完整井抽水渗透试验示意图

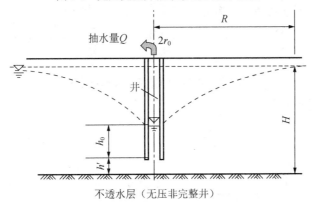

图 3-7　无压非完整井抽水渗透试验示意图

无压完整井抽水渗透试验见图 3-6。

试验条件：一口抽水井，两口观察井。

量测变量：Q，r_1，h_1，r_2，h_2。

$$k = \frac{Q}{\pi} \frac{\ln(r_2 / r_1)}{h_2^2 - h_1^2} \tag{3-11}$$

式中，Q 为单位时间的抽水量；r_1、r_2 分别为两口观察井到抽水井中心的距离；h_1、h_2 分别为对应两口观察井的水面位置。

若在试验中不设观测井，则需测定抽水井的水深 h_0，并确定其降水影响半径 R，此时降水影响范围内的平均渗透系数为

$$k = \frac{Q}{\pi} \frac{\ln(R / r_0)}{h_2^2 - h_0^2} \tag{3-12}$$

式中，r_0 为井的半径；R 为降水影响半径。

R 的取值对渗透系数 k 的影响不大，在无实测资料时可采用经验值计算。通常透水层（卵石、砾石层），$R=200\sim300$m；中等透水层（中砂、细砂等），$R=100\sim200$m。

对于无压非完整井抽水试验（图 3-7），渗透系数为

$$k=\frac{Q}{\pi}\frac{\ln(R/r_0)}{[(H-h')^2-h_0^2]\left[1+\left(0.30+\frac{10r_0}{H}\right)\sin\left(\frac{1.8h'}{H}\right)\right]} \quad (3-13)$$

渗透系数 k 值还可以用一些经验公式来估算，如哈森（Hasen）和太沙基分别提出过相应的经验公式。这些经验公式都有一定的局限性。

对于较均匀的砂土，哈森提出了渗透系数 k 与有效粒径 d_{10} 之间的关系式，即

$$k=d_{10}^2 \quad (3-14)$$

太沙基提出了考虑土体孔隙比 e 的经验公式：

$$k=2d_{10}^2e^2 \quad (3-15)$$

式中，k 为渗透系数（cm/s）；d_{10} 为有效粒径（mm）。

渗透系数是表示土渗流性的参数，其大小取决于土和流体的性质。土的性质主要包括矿物成分、结构、级配及孔隙大小等，其中级配和孔隙比是主要影响因素。各种土的渗透系数参考 k 值见表 3-1。

表 3-1　各种土的渗透系数参考 k 值

土类	k/(cm/s)	土类	k/(cm/s)
黏土	$<10^{-7}$	粗砂	10^{-2}
粉质黏土	$10^{-6}\sim10^{-5}$	中砂	10^{-2}
粉土	$10^{-5}\sim10^{-4}$	砾砂	10^{-1}
粉砂	$10^{-4}\sim10^{-3}$	砾石	$>10^{-1}$
细砂	10^{-3}	—	—

3.2.3　成层土等效渗透系数

天然土层多为成层土，每层土的渗透系数不同，可以根据每层的渗透系数和土层厚度确定等效渗透系数。等效渗透系数是实际多土层的渗透系数与单一土层的渗透作用相同的渗透系数。

已知一实际土层由 n 层组成，土层厚度为 H_i，水平渗透系数为 k_{ix}，竖向渗透系数为 k_{iz}。

对于水平渗流情况，等效渗透系数为

$$k_x=\frac{1}{H}\sum k_{ix}H_i \quad (3-16)$$

对于竖向渗流情况，等效渗透系数为

$$k_z=\frac{H}{\sum\frac{H_i}{k_{iz}}} \quad (3-17)$$

式中，$H = \sum H_i$ 为渗透土层的总厚度。

例 3-1：已知某实际土层为 3 层，土层参数为 $\begin{cases} H_1 = 1.0\text{m}, & k_1 = 0.01\text{m/d} \\ H_2 = 1.0\text{m}, & k_2 = 1\text{m/d} \\ H_3 = 1.0\text{m}, & k_3 = 100\text{m/d} \end{cases}$，试计算水平和竖向等效渗透系数。

解：1）水平等效渗透系数为

$$k_x = \frac{\sum k_{ix} H_i}{H} = 33.67\text{m/d}$$

计算结果表明，水平等效渗透系数在数值上等于层厚加权平均值，由较大值控制。

2）竖向等效渗透系数为

$$k_z = \frac{H}{\sum \dfrac{H_i}{k_{iz}}} = 0.03\text{m/d}$$

计算结果表明，竖向等效渗透系数的倒数在数值上等于各土层渗透系数的倒数层厚加权平均值，由较小值控制。

例 3-2：某变水头试验，黏土试样的截面积 $A = 30\text{cm}^2$，厚度 $L = 4\text{cm}$，渗透仪玻璃管内径 $d = 0.4\text{cm}$。试验开始时，水位差 $H_0 = 160\text{cm}$，经过 445s 后，观测得到水头差 $H_1 = 145\text{cm}$。试验时水温为 20℃，试求该土样的渗透系数。

解：玻璃管内截面面积

$$a = \frac{\pi d^2}{4} = \frac{0.4^2 \pi}{4} = 0.126(\text{cm}^2)$$

$$k = 2.3 \frac{aL}{At} \lg \frac{H_0}{H_1} = 2.3 \frac{0.126 \times 4}{30 \times 445} \lg \frac{160}{145} = 3.71 \times 10^{-6}(\text{cm/s})$$

3.3　渗透变形及其防治

3.3.1　渗透力

渗透变形示意图见图 3-8，图中 Δh 为渗流经过土样前后的水位差。通过试验观察到：

1）当 $\Delta h = 0$ 时，土样处在静水中，土骨架会受到浮力作用。

2）当 $\Delta h > 0$ 时，水经过土样发生渗流，渗透水流受到来自土骨架的阻力，同时渗透水流对土骨架产生拖曳力，即渗透力。

渗透力：在渗流作用中，孔隙水对土骨架产生的拖曳力称为渗透力。渗透力是体积力，其方向与渗流方向一致，作用在土骨架上。渗透力大小为

$$j = \gamma_w i \tag{3-18}$$

式中，j 为渗透力（kN/m³）；γ_w 为水的重度（kN/m³）；i 为水力梯度，量纲一。

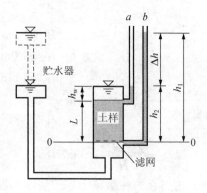

图 3-8　渗透变形示意图

3.3.2　渗透变形

渗流可以引起土体渗透变形或破坏。水工建筑物的坝基及坝体渗透变形的最常见区域是渗流出口处和不同土层之间的接触部位。土的渗透变形或破坏包括流土、管涌、接触流失和接触冲刷四种类型。

在渗流作用下，土体表面局部隆起、浮动或某一部分颗粒呈群体同时移动而流失，这种现象称为流土。渗流带走土中的细小颗粒，使孔隙扩大，并形成管状渗流通道的现象称为管涌。在层次分明、渗透系数相差很大的两土层之间发生方向垂直层面的渗流，使细粒层中的细颗粒流入粗颗粒层的现象称为接触流失。其表现形式可能是较细层中的单个颗粒进入粗粒层，也可能是细粒群体进入粗粒层。渗流沿着不同级配土层的接触面带走细颗粒的现象称为接触冲刷。对单一土层而言，渗透变形主要是流土和管涌，因此本节主要介绍流土和管涌。

1. 流土

图 3-9 为土坝渗透变形示意图。在渗流的出逸处取一单元体进行受力分析，受力图见图 3-9（b）。

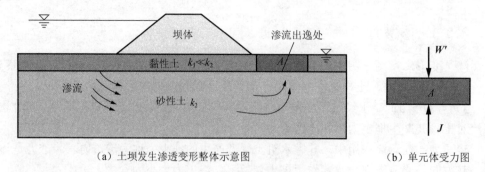

（a）土坝发生渗透变形整体示意图　　　　　（b）单元体受力图

图 3-9　土坝渗透变形示意图

土坝渗流出逸处单元体 A 受重力和渗透力作用，由单元体的受力图可知：当 $W' > J$ 时，土体处于稳定状态；当 $W' < J$ 时，土体发生流土；当 $W' = J$ 时，土体处于发生流

土的临界状态，$W' - J = 0$ 即 $\gamma' = \gamma_\mathrm{w} i_\mathrm{cr}$。

$$i_\mathrm{cr} = \frac{\gamma'}{\gamma_\mathrm{w}} = \frac{\dfrac{(G_\mathrm{s} - 1)\gamma_\mathrm{w}}{1 + e}}{\gamma_\mathrm{w}} = \frac{G_\mathrm{s} - 1}{1 + e} \qquad (3\text{-}19)$$

式中，G_s 为土粒相对密度；e 为孔隙比。

$i = i_\mathrm{cr}$ 是发生流土的临界条件；$i > i_\mathrm{cr}$ 是发生流土的条件。

在黏性土中，渗透力的作用往往使渗流出逸处某一范围内的土体出现表面隆起变形；而在粉砂、细砂及粉土等黏聚力较差的细粒土中，渗透力的作用使渗流出逸处出现表面隆起的同时，还可能出现渗透水流夹带泥土向外涌出的砂沸现象，工程中将这种流土现象称为流砂。

在设计时，渗流出逸处的水力梯度应满足

$$i < [i] = \frac{i_\mathrm{cr}}{K} \qquad (3\text{-}20)$$

式中，$[i]$ 为容许水力梯度；K 为大于 1 的安全系数，一般取 2.0～2.5。

渗流出逸处的水力梯度 i 可以通过流网来确定计算。

2. 管涌

管涌是渗透变形的另一种形式。管涌开始时，细颗粒沿水流方向逐渐移动，不断流失，随后较粗的土粒发生移动，使土体内部形成较大的连续型通道，并带走大量砂粒，从而掏空地基或坝基，使地基或坝基变形、失稳，最后使土体坍塌而产生破坏。管涌一般发生在砂砾石地基中。管涌破坏一般有时间发展过程，是一种渐进性的破坏。管涌发生的部位可以在渗流的出逸处，也可以发生在土体的内部。管涌发生的内因为土体中有足够多的粗颗粒形成大于细粒直径的孔隙，管涌发生的外因为土骨架受到的渗透力足够大。表 3-2 为流土与管涌的比较。

表 3-2　流土与管涌的比较

形式 / 项目	流土	管涌
现象	土体局部范围的颗粒同时发生移动	土体内细颗粒通过粗粒形成的孔隙通道移动
位置	只发生在水流渗出的表层	可发生于土体内部和渗流出逸处
土类	只要渗透力足够大，可发生在任何土中	一般发生在特定级配的无黏性土或分散性黏土中
历时	破坏过程短	破坏过程相对较长
后果	导致下游坡面产生局部滑动等	导致结构发生塌陷或溃口

管涌一般发生在无黏性土中。无黏性土渗透变形形式的判别可采用以下方法。

1）不均匀系数 $C_u \leqslant 5$ 的土只有流土一种形式。

2）不均匀系数 $C_u > 5$ 的土可采用下列判别方法。

① 流土型

$$P \geqslant 35\% \qquad (3\text{-}21)$$

② 管涌型

$$P < 25\% \tag{3-22}$$

③ 过渡型

$$25\% \leqslant P < 35\% \tag{3-23}$$

式中，P 为土体中的细料含量。

确定细料含量的方法如下：

① 级配不连续的土。颗粒级配曲线中至少有一个粒组颗粒含量不大于 3% 的土，称为级配不连续的土。例如，工程中常见的砂砾石，粒径 1~2mm 和 2~5mm 的两种粒径组的总含量一般不大于 6%，称为级配不连续的土。

将级配不连续部分分为粗料和细料，并以此确定细料含量 P。对于天然无黏性土，不连续部分的平均粒径为 2mm，小于 2mm 的粒径含量为细料含量。

② 级配连续的土。对于级配连续的土，粗细料的区分粒径为

$$d = \sqrt{d_{70}d_{10}} \tag{3-24}$$

式中，d_{70} 为占总土质量 70% 的颗粒粒径（mm）；d_{10} 为占总土质量 10% 的颗粒粒径（mm）。

3. 无黏性土流土和管涌的临界水力梯度

1）流土与管涌的临界水力梯度宜采用下列方法确定。

① 流土型临界水力梯度可采用下式计算：

$$i_{cr} = (G_s - 1)(1 - n)$$

式中，i_{cr} 为临界水力梯度；G_s 为土粒相对密度；n 为土的孔隙率（%）。

② 管涌型或过渡型临界水力梯度可采用下式计算：

$$i_{cr} = 2.2(G_s - 1)(1 - n)^2 \frac{d_5}{d_{20}}$$

式中，d_5、d_{20} 分别为占总土质量 5%、20% 的土粒粒径（mm）。

管涌型临界水力梯度也可采用下式计算：

$$i_{cr} = \frac{42d_3}{\sqrt{\dfrac{k}{n^3}}}$$

式中，k 为渗透系数（cm/s）；d_3 为占总土质量 3% 的土粒粒径（mm）。

当 C_u 大于 5 时，可采用下式计算：

$$i_{cr} = \frac{0.1}{\sqrt[3]{k}}$$

2）无黏性土的允许水力梯度可采用下列方法确定。

土的临界水力梯度除以一定的安全系数（1.5~2.0），流土型安全系数取 2.0；对于特别重要的工程，安全系数也可取 2.5，管涌型安全系数取 1.5。

当无试验资料时，无黏性土允许水力梯度可根据表 3-3 选用经验值。

表 3-3　无黏性土允许水力梯度

允许水力梯度	渗透变形形式					
	流土型			过渡型	管涌型	
i_{cr}	$C_u \leqslant 3$	$3 < C_u \leqslant 5$	$C_u > 5$		级配连续	级配不连续
	0.25~0.35	0.35~0.50	0.50~0.80	0.25~0.40	0.15~0.25	0.10~0.20

3.3.3　渗透变形的防治

防止渗透变形，一般可以采取两方面的措施。一方面减少水力梯度 i，为此可以在上游延长渗径或在下游减少水压；另一方面在渗透出逸处增设反滤层、加盖压重或在建筑物下游设置减压井、减压沟等，使渗透水流有通畅的出路。

1. 流土的防治

防治流土的关键在于控制渗流出逸处的水力梯度，为了保证实际的出逸处水力梯度不超过允许水力梯度，水利工程上常采用下列措施：

1）上游做垂直的防渗帷幕，如混凝土防渗墙、板桩或灌浆帷幕等。

2）上游做防渗斜墙及铺盖（图 3-10），以延长渗径，降低下游出逸处的水力梯度。

3）下游挖减压沟或打减压井，贯穿渗透系数小的黏性土层，以降低作用在黏性土层底面的渗透压力。

4）在下游加透水盖作为压重，以防止土体因渗透力而悬浮。

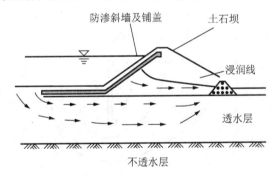

图 3-10　土石坝示意图

2. 管涌的防治

以图 3-10 中的土石坝为例，防止管涌一方面可以改善几何条件，如设反滤层等；另一方面可以改善水力条件，减少渗流的坡降。

反滤层的功能是滤土减压，防止渗流出口处的渗透破坏。滤土的基本原理：反滤层的孔隙平均直径不大于被保护土中对渗透破坏起控制作用的最大粒径。减压的基本原理：反滤层的渗透系数至少大于被保护土的渗透系数的四倍，使渗透水流进入反滤层后渗透压力基本消失。

3.4   二维流网在渗透稳定计算中的应用

在实际工程中，经常遇到边界条件较为复杂的二维和三维渗流问题，在这类渗流问题中，渗流场中各点的渗流流速 v 与水力梯度 i 等均是位置坐标的二维或三维函数。对于二维或三维渗流问题的求解，需建立这类问题所满足的渗流微分方程，然后结合边界条件求解。对于边界条件复杂的渗流问题，其严密的解析解一般都很难求得。因此，对渗流问题的求解除了采用解析解外，还有数值解法、图解法和模型试验法等，其中最常用的是图解法，即流网法。

二维渗流（或平面渗流）是三维渗流（空间渗流）的一种特例。这类构筑物有一个共同特点，即轴线长度远远大于其横向尺寸，因而可以认为渗流仅发生在横断面内（严格地说只有在轴向长度为无限长时才成立）。因此对这类问题，每一个横断面都是对称面，其物理量是横断面内各点位置的函数，与轴向坐标无关，这类问题为二维渗流问题（或平面渗流问题），本节只讨论二维渗流问题。

3.4.1   流网及其性质

平面稳定渗流基本微分方程的解可以用渗流区平面内两簇相互正交的曲线表示。其中一簇为流线，其代表水流的流动路径，该簇曲线上各点的切线方向为流动方向；另一簇为等势线，在任何一条等势线上，各点的测压水位或总水头线是常数（为一水平线）。工程上把这种等势线和流线簇交织的网格图形称为流网。图 3-11 为一板桩支护的基坑渗流流网示意图，其中实线为流线，虚线为等势线。

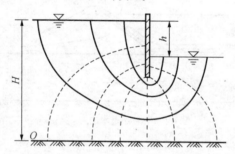

图 3-11   板桩支护的基坑渗流流网示意图

各向同性土的流网性质如下：

1）流网是相互正交的网格（由于流线和等势线是正交的，因此流网为正交的网格）。

2）流网为曲边正方形（在流网网格中，网格的长度与宽度的比值一般取 1.0，因此网格称为曲边正方形）。

3）任意相邻等势线间的水头损失相等（在渗流区内水头依等势线等量变化，相邻等势线之间的水头差相同）。

4）任意两相邻流线间的单位渗流量相等。

流槽：相邻流线间的渗流区称为流槽。每一流槽的单位渗流量与总水头 h、渗透系数 k 及等势线间隔数有关，与流槽位置无关。

3.4.2　流网的绘制

流网绘制的方法大致有三种，分别为解析法、试验法和近似作图法。

解析法：从渗流微分方程出发，考虑边界条件进行求解，得到流函数和势函数，再令其函数等于一系列常数，就可以绘出一簇流线和等势线。

试验法：常用的试验方法是水电比拟法。该方法利用水流与电流在数学和物理上相似，通过绘制相似几何边界上电场的等电位线，获得流场的等势线和流线。

近似作图法：根据流网的性质和确定的边界条件，用作图方法逐步近似画出流线和等势线的方法。

上述三种方法，解析法只有在几何形状和边界简单的条件下才能求解，对于复杂边界条件在数值上求解还有较大困难；试验方法在操作上比较复杂，不易推广；目前常用的方法还是近似作图法。

近似作图法的基本要求如下：

1）正交性，即流线与等势线必须正交。

2）各个网格的长宽比 c 应为常数，取 $c=1$，即为曲边正方形。

3）在边界上满足渗流场边界条件要求，保证解的唯一性。

绘制方法：先按流动趋势画出流线，然后根据流网正交性画出等势线，初步形成流网，经过反复修正，最终形成精度较高的流网，绘制步骤见图 3-12。

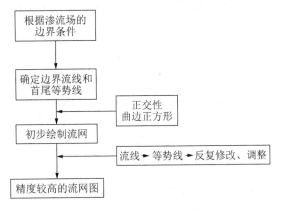

图 3-12　流网绘制步骤

3.4.3　流网的工程应用

根据流网可以计算网格内的渗透力、渗流流速和渗流量等。

对图 3-13 中的流网，假设等势线条数为 n，任意两相邻等势线之间的水头损失为

$$\Delta h_i = \Delta h = \frac{h}{n-1}$$

式中，h 为上游、下游水头差。

任意两相邻等势线之间的平均水力梯度为

$$i_i = \frac{\Delta h}{l_i}$$

式中，l_i 为任意两相邻等势线之间的渗径。

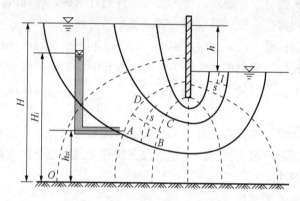

图 3-13　流网工程的工程应用

1. 渗透水压力

对于等水头线，即等势线有

$$H_i = h_{zi} + \frac{p_i}{\gamma_w}$$

已知等势线后，在渗流场内任意第 i 点上的水压力 u_i，等于测压管水头 H_i 与该点的垂直坐标 h_{zi} 之差，即

$$u_i = \gamma_w \left(H_i - h_{zi} \right)$$

2. 渗透力

根据公式 $j_{ABCD} = \gamma_w i$ 计算网格 $ABCD$ 的渗透力为

$$J_{ABCD} = j V_{ABCD} = \gamma_w i A_{ABCD}$$

而 $i = \dfrac{\Delta h}{l}$，所以网格 $ABCD$ 的总渗透力为

$$J = \gamma_w \frac{\Delta h}{l} ls = \gamma_w \Delta h s$$

式中，V_{ABCD}、A_{ABCD} 分别为网格的体积、面积，对于平面问题，取网格厚度为 1 个单位，$V_{ABCD} = A_{ABCD} \cdot 1 = l \cdot s$，所以网格体积与网格面积的数值相等；$l$、$s$ 分别为网格的长度、宽度；Δh 为两相邻等势线的水头损失。

网格总渗透力的方向与流线方向一致，作用在网格的形心。

3. 渗流流速及出逸处的水力梯度

流线 AB 相邻两等势线间的平均流速为

$$v = ki = k\frac{\Delta h}{l_{AB}}$$

出逸处的水力梯度为

$$i_{出逸处} = \frac{\Delta h}{l_{出逸处}}$$

式中，$l_{出逸处}$ 为渗流出逸处网格的渗径。

4. 渗流量计算

通过任意一流槽的单宽流量为

$$q_i = k\frac{\Delta h}{l_i} \cdot s_i = k\Delta h, \quad q = Mq_i$$

式中，q_i 为通过任意一流槽的单宽流量；l_i、s_i 分别为该流槽上任意网格的平均长度、平均宽度；M 为流槽数目；q 为通过 M 条相邻流槽向的流量总和。

例 3-3：图 3-14 中的板桩支护的基坑渗流流网，上下游水位差为 7m，渗透系数 $k = 10^{-5}$ cm/s，其他尺寸如图所示。试计算 A 点的静水压力、网格 $ABCD$ 的渗透力、渗流出逸处 EF 的水力梯度和总渗流量。

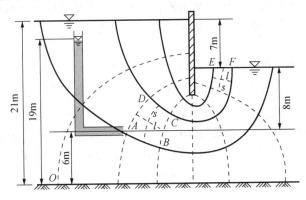

图 3-14　例 3-3 图示

解：已知上下游水位差 $h = 7$m，$H = 21$m，A 点的测压管水头 $H_1 = 19$m，等势线数 $n = 8$，流槽数 $M = 4$，则任意两相邻等势线之间的水头损失为

$$\Delta h = \frac{7}{8-1} = 1(\text{m})$$

1）A 点的静水压力

$$\begin{aligned}
u_A &= \gamma_w(H_i - h_{zi})\\
&= 10 \times (19 - 6) = 130(\text{kPa})
\end{aligned}$$

2）网格 $ABCD$ 的渗透力。网格 $ABCD$ 中 $l = s = 5.0$m，则

$$J_{ABCD} = \gamma_w \Delta h s = 10 \times 1 \times 5.0 = 50(\text{kN/m})$$

3）渗流出逸处 *EF* 的水力梯度。渗流出逸处网格 $l = s = 2.5$m，则

$$i_{出逸处} = \frac{1}{2.5} = 0.4$$

4）总渗流量。任一流槽的渗流量为

$$q_i = k \frac{\Delta h}{l_i} \cdot s_i = k \Delta h$$

$$= 10^{-5} \times 10^{-2} \times 1 = 10^{-7}(\text{m}^3/\text{s})$$

总渗流量为

$$q = Mq_i = 4 \times 10^{-7}(\text{m}^3/\text{s})$$

思考与习题

1. 什么是达西定律？其适用条件是什么？渗透系数的物理意义是什么？

2. 什么是渗透力？如何计算？

3. 渗透变形有哪几种形式？有何特征？其产生的机理和条件是什么？在工程上如何防治？

4. 简述二维流网的性质？在工程上有哪些应用？

5. 土样进行常水头试验，试验水头差 $h = 1.0$m，土样高度 $L = 6$cm，横截面积 $A = 38.5$cm^2，当渗流稳定后，量得 $t = 30$min 内流经土样的水量 $V = 3000$cm^3，求试样的渗透系数。

6. 某黏土样进行变水头试验，当试样经过 $\Delta t = 80$min 时，测压管水头从 $h_1 = 315.5$cm 降至 $h_2 = 312.4$cm。已知横截面面积 $A = 35.1$cm^2，试样高度为 3.0cm，变水头测压管的截面面积 $a = 1.1$cm^2，求试样的渗透系数。

7. 在厚度为9m的黏土层上进行基坑开挖，下层为砂层，见图 3-15。砂层顶面具有7.5m高压力水头（承压水），试求开挖深度为6m时，基坑中水深 h 至少要多少才能防止发生流土。

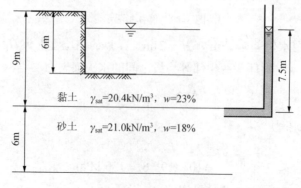

图 3-15　习题 7 图示

8. 有一黏土层位于两砂层之间,其中砂层的湿重度 $\gamma = 17.6\text{kN/m}^3$,饱和重度 $\gamma_{\text{sat}} = 20.0\text{kN/m}^3$;黏土层的饱和重度 $\gamma_{\text{sat}} = 21.0\text{kN/m}^3$。土层厚度及分布见图 3-16,地下水位保持在地面以下 1.5m 处。若下层砂中有承压水,其测压管水头高出地面 2.0m,试计算:

1）黏土层中的孔隙水压力。

2）若要使黏土产生流土,则下层砂中的承压水引起测压管水位高出地面多少?

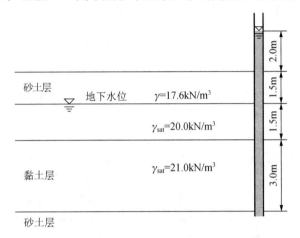

图 3-16　习题 8 图示

9. 图 3-17 所示的基坑,基坑外水深 $h_1 = 2.1\text{m}$,坑内水深 $h_2 = 1.2\text{m}$,渗流流网如图所示。已知土层的孔隙比 $e = 0.96$,土粒密度 $\rho_s = 2.70\text{g/cm}^3$,渗透系数 $k = 1.2\text{cm/s}$,a 点、b 点和 c 点分布位于地面以下 3.5m、3.0m 和 2.0m。试求:

1）整个渗流区的单宽流量。

2）ab 段、bc 段的平均渗流速度。

3）土中 a 点、b 点和 c 点的孔隙水压力。

4）作用在网格 $abef$ 上的渗透力。

5）评判 $g\sim h$ 区段的渗流稳定性。

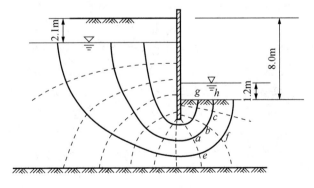

图 3-17　习题 9 图示

第 4 章 　 地基中的应力计算

本章导读 ☞

　　地基中的应力包括自重应力和附加应力。自重应力是土受到重力作用而产生的，其随深度的增加而增加。在建筑物等荷载作用下，地基中必然产生应力和变形。由建筑物等荷载作用下产生的应力称为附加应力。二者的产生条件不同，因此二者的分布规律和计算方法也不同。地基的变形和强度问题与地基中的应力是分不开的。本章是后续章节的基础。

　　本章重点掌握以下几点：

　　（1）土的自重应力计算。

　　（2）基底压力和基底附加压力的分布与计算等。

　　（3）各种荷载条件下土中附加应力计算及其分布规律。

　　土的总应力由土骨架和孔隙流体共同承受，由土骨架承担的应力称为有效应力，由孔隙流体承担的应力称为孔隙压力。对于饱和土来说，总应力等于有效应力与孔隙水压力之和，这就是饱和土的有效应力原理。土体的变形与强度都只取决于有效应力。明确有效应力的概念，有助于对全书的理解。

　　引言：在建筑场地选定之后，首先要弄清楚该场地无建筑之前地基中的自重应力是如何分布的；其次确定由于建造于地基之上的建筑物与构筑物的荷载通过基础传到地基上的基底附加压力，基底附加压力在地基中产生的附加应力。地基中应力过大时，会使土体因强度不足而发生破坏，甚至使地基发生滑动。此外地基中的附加应力会引起地基变形，使地基上的建筑物发生沉降、倾斜和水平位移等。因此，地基中的应力大小和分布是地基变形与强度分析的基础。

图 4-1 为加拿大特朗斯康谷仓失事现场图。该谷仓长 59.4m、宽 23.5m、高 31.0m，共 65 个圆筒仓；钢混筏板基础，厚 61cm，埋深 3.66m；1911 年动工，1913 年完工；自重 20000t。1913 年 9 月装谷物，10 月 17 日装了 31822t 谷物后，1 小时竖向沉降达 30.5cm，24 小时倾斜 26°53′，西端下沉 7.32m，东端上抬 1.52m，上部钢混筒仓完好无损。

通过本章的学习，了解加拿大特朗斯康谷仓失事的原因，以及失事和本章的知识点有何联系。

图 4-1　加拿大特朗斯康谷仓失事现场图

4.1　土的自重应力

为了研究地基中的应力，首先要明确地基中应力的定义、符号和相关规定。我们把地基土视为均匀的、连续的、各向同性的空间半无限体。在地基中任一点取一微单元体（图 4-2），当它趋于无穷小时就代表一个点。作用在单元体上有 3 个法向应力分量为 σ_x、σ_y、σ_z；6 个切应力分量为 τ_{xy}、τ_{yx}、τ_{yz}、τ_{zy}、τ_{zx}、τ_{xz}。应该注意，在土力学中应力符号规定与弹性力学中的符号规定相反。土力学中规定：法向应力压应力为正，拉应力为负；当切应力作用面上的法向应力方向与坐标轴的正方向相同时，则切应力的方向

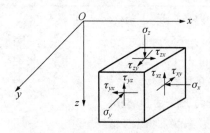

图 4-2 地基中一点的应力状态

与坐标轴正方向一致时为正，反之为负；当切应力作用面上的法向应力方向与坐标轴的正方向相反时，则切应力的方向与坐标轴正方向相反时为正，反之为负。

地基中常见的应力状态有空间（三维）应力状态、平面（二维）应力状态和单向（一维）应力状态。

在修建建筑物以前，地基中由土体本身的有效质量而产生的应力称为自重应力。自重应力是在外荷载作用前存在于地基中的初始应力，一般自土体形成之日起就产生于土中。

假设土体表面为一无限大的水平面，水平面上（$z=0$）没有任何荷载，因此在 $z=0$ 处，$\sigma_z = \tau_{zx} = \tau_{zy} = 0$。随着深度 z 的增加，土中自重应力也增加。由于土体的水平方向为无限大，因此任一铅垂面可视作对称面，根据对称性，对称面上的切应力均为零。根据切应力互等原理，水平面上的切应力也等于零。因此在竖直与水平面上只有正应力（为主应力）存在，水平面和竖直面为主应力面。

4.1.1 均质土层的自重应力

对于均质土层（土的重度为常数），计算地表下 z 深度处的竖向自重应力 σ_{cz}（图 4-3）。

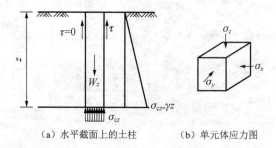

（a）水平截面上的土柱　　　（b）单元体应力图

图 4-3 均质土层的自重应力

由土柱的竖向平衡条件，可知 σ_{cz} 等于单位面积上土柱体的重力，即

$$\sigma_{cz} = \frac{W_z}{A} = \frac{\gamma A z}{A} = \gamma z \tag{4-1}$$

式中，σ_{cz} 为地表下 z 深度处的竖向自重应力（kPa）；W_z 为土柱的重力（kN）；A 为土柱的面积（m²）；γ 为土的重度（kN/m³）；z 为计算点深度（m）。

由式（4-1）可知，竖向自重应力 σ_{cz} 随深度 z 线性增加，呈三角形分布（图 4-3）。水平方向自重应力 σ_{cx}、σ_{cy} 与 σ_{cz} 成正比：

$$\sigma_{cx} = \sigma_{cy} = K_0 \sigma_{cz} = K_0 \gamma z \tag{4-2}$$

式中，σ_{cx}、σ_{cy} 为水平方向的自重应力（kPa）；K_0 为侧压力系数，也称静止土压力系数。土的静止土压力系数与土的性质、结构和形成条件等有关，其值可通过室内或原位试验测定。

4.1.2　成层土的自重应力

实际的地基土通常为成层土，设计算深度 z 范围内的分层土层数为 n，则在深度 z 处的竖向自重应力为

$$\sigma_{cz} = \sum_{i=1}^{n} \gamma_i h_i \tag{4-3}$$

式中，h_i 为第 i 层土的厚度（m）；γ_i 为第 i 层土的重度（kN/m³）。

4.1.3　地下水和不透水层存在时的自重应力

1. 地基中有地下水存在时

当地基中有地下水存在时，处于地下水位以下的土，由于受到水的浮力作用，其自重应力减小。因此在地下水位以下的土层计算自重应力时，要减去水对土的浮力（图4-4），即

$$\sigma_{cz} = \gamma_1 h_1 + \gamma_2 h_{21} + \gamma_2' h_{22} + \gamma_3' h_3 + \gamma_4' h_4 = \sum_{i=1}^{n} \gamma_i h_i \tag{4-4}$$

式中，γ_i 为第 i 层土的重度（kN/m³），地下水位以下取有效重度 γ_i'。

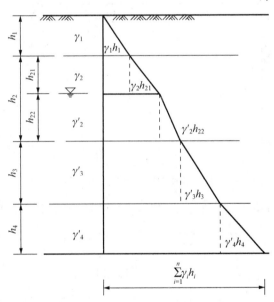

图 4-4　成层土中的竖向自重应力沿深度的分布

2. 地基中有不透水层存在时

当地基中有不透水层（不透水的岩基或致密的黏土层）存在时，在不透水层顶面处的自重应力等于该处的自重应力与静水压力之和，即

$$\sigma_{cz} = \sum_{i=1}^{n} \gamma_i h_i + \gamma_w h_w \tag{4-5}$$

式中，γ_i 为第 i 层土的重度（kN/m³），地下水位以上取 γ_i，地下水位以下取有效重度 γ_i'；

γ_w 为水的重度，通常取 $10kN/m^3$；h_w 为地下水位至不透水层的距离（m）。

例 4-1：试计算图 4-5 中土层的自重应力及作用在基岩顶面的土的自重应力和静水压力。

解：
$$\sigma_{cz1} = \gamma_1 h_1 = 19 \times 2.0 = 38kPa$$
$$\sigma_{cz2} = \gamma_1 h_1 + \gamma_1' h_2 = 38 + (19.4 - 10) \times 2.5 = 61.5kPa$$
$$\sigma_{cz3} = \gamma_1 h_1 + \gamma_1' h_2 + \gamma_2' h_3 = 61.5 + (17.4 - 10) \times 4.5 = 94.8kPa$$
$$\sigma_w = \gamma_w h_w = 10 \times 7.0 = 70kPa$$

作用在基岩顶面处的自重应力为 94.8kPa，静水压力为 70kPa，总应力 = 94.8 + 70 = 164.8kPa。

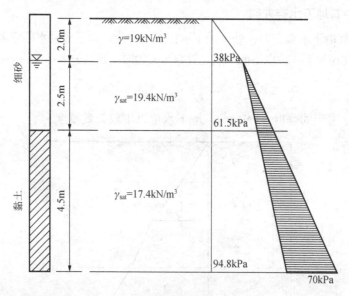

图 4-5　土的自重应力及其分布图

例 4-1 剖析：例 4-1 的难点在于自重应力计算时，地下水位以下土的重度如何取值，不透水层顶面处的竖向应力应包括该处的静水压力。

4.2　基底压力

建筑物荷载通过基础传给地基的压力称为基础底面压力，即基底压力，与基底压力相对应的地基土对基底的反作用力称为地基反力。基底压力和地基反力是基础与地基之间的相互作用力，是计算地基中附加应力和进行基础设计的前提，也是基础的沉降或差异沉降的重要影响因素，因此研究接触压力的大小和分布形式具有重要的工程意义。

4.2.1　基底压力的分布

试验和理论都已经证明，基底压力的大小和分布受很多因素的影响，如基础的形状、尺寸和埋置深度、基础的刚度、基础所受的荷载的大小和分布情况，以及土的性质等。

通常基底压力分布可以近似按直线分布考虑。然而基础刚度大时，基础压力未必是均匀分布的。刚度小的基础（柔性基础）就像橡胶膜一样传递压力，所以上部传来的均布荷载又均匀地传向地基，见图 4-6（a）；刚度大的基础（刚性基础），其上部传来的均布荷载通过基础，形成了以基础端部应力集中的形式传向地基，见图 4-6（b）。

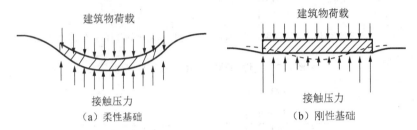

图 4-6　基础的刚度和接触压力分布

布西奈斯克假定地基是半无限弹性体，基底没有摩擦力，刚性基础的接触压力 $p(x,y)$ 按下式计算。

1）条形基础的接触压力为

$$p(x) = \frac{2Q}{\pi B} \frac{1}{\sqrt{1-(2x/B)^2}}$$
(4-6)

式中，Q 为作用于条形基础的线荷载；B 为基础的宽度；x 为距基础中心的距离。

2）长方形基础的接触压力为

$$p(x,y) = \frac{2\sqrt{Q}}{\pi B \sqrt{1-(2x/B)^2}} \frac{2\sqrt{Q}}{\pi L \sqrt{1-(2y/L)^2}}$$
(4-7)

式中，Q 为作用于长方形基础的集中荷载；B 和 L 分别为矩形基础的宽度和长度；x 和 y 分别为距基础中心宽度和长度方向的距离。

3）圆形基础的接触压力为

$$p(r) = \frac{Q}{2\pi R^2} \frac{1}{\sqrt{1-(r/R)^2}}$$
(4-8)

式中，Q 为作用于圆形基础的集中荷载；R 为基础的半径；r 为距基础中心的距离。

由式（4-6）～式（4-8）可知，弹性地基上刚性基础的接触压力在基础的端部为无穷大，见图 4-7（a）。但实际上由于压力集中，在基础端部的土屈服后，会产生压力的重分布，形成图 4-7（b）中的压力分布形式。

另外砂土地基与黏土地基的基底压力也是不同的，形成图 4-8 所示的分布规律。其原因主要是在基础的端部，砂土比较容易出现侧向移动，这与砂土和黏土的压缩特性不同有关系。总之，基础的接触压力分布会因基础的刚性、基底摩擦力的大小、地基的压缩性及变形、强度特性和基础端部土的约束条件等因素的不同而不同，不能简单地下结论。

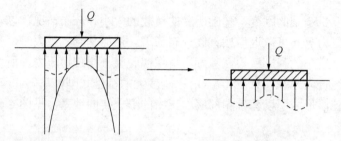

（a）半无限弹性体地基的接触压力分布　　　　　（b）端部屈服时的接触压力分布

图 4-7　刚性基础的基底压力分布规律

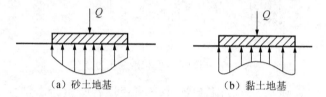

（a）砂土地基　　　　　　　　　　　（b）黏土地基

图 4-8　砂土地基与黏土地基的基底压力分布规律

4.2.2　基底压力的简化计算

目前对基底压力的计算尚无精确的简化计算方法。因此，对于一般的建筑地基，基底压力的分布可近似地认为是按直线规律变化来采用简化计算方法，即实际上采用了材料力学中的偏心受压公式。

1. 中心荷载作用下的基底压力

在中心荷载作用下，假设基底压力是均匀分布的（图 4-9），即

$$p_k = \frac{F_k + G_k}{A} \tag{4-9}$$

$$G_k = \gamma_G A d \tag{4-10}$$

式中，p_k 为相应于荷载效应标准组合时的基底压力（kPa）；F_k 为相应于荷载效应标准组合时，上部结构传至基础顶面的竖向力值（kN）；A 为基底面积（m²）；d 为基础埋深（m），$d = \frac{1}{2}(d_1 + d_2)$；$G_k$ 为基础自重和基础上的土重（kN）；γ_G 为基础及其上填土的平均重度（kN/m²）。

2. 偏心荷载作用下的基底压力

在中心荷载作用下，假设基底压力是直线分布的（图 4-10），即

$$p_{k,max} = \frac{F_k + G_k}{A} + \frac{M_k}{W} \tag{4-11}$$

$$p_{k,min} = \frac{F_k + G_k}{A} - \frac{M_k}{W} \tag{4-12}$$

$$M_k = (F_k + G_k)e$$

式中，M_k 为相应于荷载效应标准组合时，作用于基底的力矩值（kN·m）；W 为基底的抵抗矩（m³）；$p_{k,max}$ 为相应于荷载效应标准组合时，基底边缘的最大压力值（kPa）；$p_{k,min}$ 为相应于荷载效应标准组合时，基底边缘的最小压力值（kPa）。

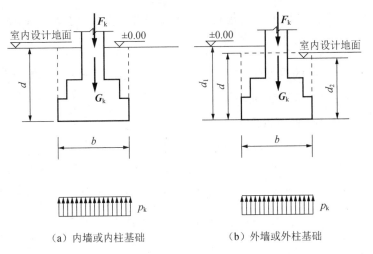

（a）内墙或内柱基础　　　（b）外墙或外柱基础

图 4-9　中心荷载作用下的基底平均压力分布图

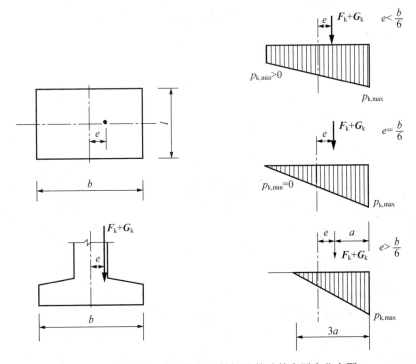

图 4-10　单向偏心荷载作用下的矩形基础基底压力分布图

当偏心矩 $e > \dfrac{b}{6}$ 时（图 4-10），$p_{k,max}$ 应按式（4-13）计算：

$$p_{k,max} = \frac{2(F_k + G_k)}{3la} \qquad (4\text{-}13)$$

式中，l 为垂直于力矩作用方向的基底边长；a 为合力作用点至基底最大压力边缘的距离，$a = \dfrac{b}{2} - e$。

式（4-13）是按平衡的原理计算得到的，这时基底反力的合力与荷载的合力（$F_k + G_k$）大小相等、方向相反，作用在同一直线上。

3. 水平荷载作用下的基底压力

承受水压力或土压力的建筑物，基础常受到倾斜荷载的作用，见图 4-11，斜荷载除了会引起竖向基底压力 p_{kv} 外，还会引起水平向压力 p_{kh}。计算时可将斜荷载 F_k 分解为竖向荷载 F_{kv} 和水平方向荷载 F_{kh}，由 F_{kh} 引起的基底水平应力 p_{kh} 一般假定为均匀分布于整个基底。

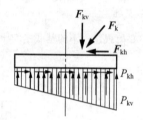

图 4-11　基础受斜荷载作用示意图

对于矩形基础：

$$p_{kh} = \frac{F_{kh}}{A} \qquad (4\text{-}14)$$

对于条形基础：

$$p_{kh} = \frac{F_{kh}}{b} \qquad (4\text{-}15)$$

4.2.3　基底附加压力

建筑物荷载在地基中增加的压力称为附加压力。

1. 基础位于地面上

设基础建在地面上，见图 4-12（a），则基底附加压力为

$$p_0 = p_k \qquad (4\text{-}16)$$

2. 基础位于地面下

设基础建在地面下，见图 4-12（b），则基底附加压力为

$$p_0 = p_k - \gamma_m d \qquad (4\text{-}17)$$

式中，p_0 为基底附加压力；d 为基础埋置深度；γ_m 为基底以上地基土的加权平均重度，地下水位以下取有效重度的加权平均值。

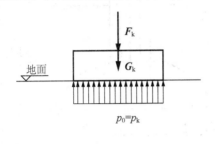

（a）基础位于地面上　　　　　　（b）基础位于地面下

图 4-12　基底附加压力

思考：式（4-17）为什么要减去 $\gamma_m d$？

例 4-2：（2012 年岩土注册师专业案例）某独立基础（图 4-13）底面尺寸为 2.5m×2.0m，埋深 2.0m，$F_k=700\text{kN}$，$\gamma_G = 20\text{kN/m}^3$，$M_k=260\text{kN·m}$，$H=190\text{kN}$，求基础最大压力。

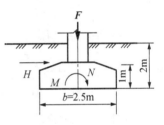

图 4-13　例 4-2 图示

解：1）基础及其上土重

$$G_k = \gamma_G bld = 20 \times 2 \times 2.5 \times 2 = 200\text{kN}$$

2）基底的力矩

$$M_k = 260 + 190 \times 1.0 = 450\text{kN·m}$$

3）偏心矩

$$e = \frac{M_k}{F_k + G_k} = \frac{450}{700+200} = 0.5 > \frac{b}{6} = \frac{2.5}{6} = 0.42 \quad （大偏心）$$

4）基础最大压力

$$p_{k,\max} = \frac{2(F_k + G_k)}{3al} = \frac{2 \times (700+200)}{3 \times 2 \times \left(\dfrac{2.5}{2} - 0.5\right)} = 400\text{kPa} \quad （大偏心）$$

例 4-2 剖析：例 4-2 的难点在于判断是大偏心还是小偏心，根据偏心距的大小选择合适的基底压力计算公式。

例 4-3：（2013 年岩土注册师专业案例）图 4-14 中的双柱基础，相应于作用的标准组合时，Z_1 的柱底轴力 1680kN，Z_2 的柱底轴力 4800kN，假设基底压力线性分布，试计算基础边缘 A 的压力值（基础及其上土平均重度取 20 kN/m³）。

解：1）计算基底弯矩

$$M_k = 1680 \times 0.8 - 4800 \times 0.2 = 384\text{kN·m} \quad （逆时针方向，A 点压力为 p_{k,\max}）$$

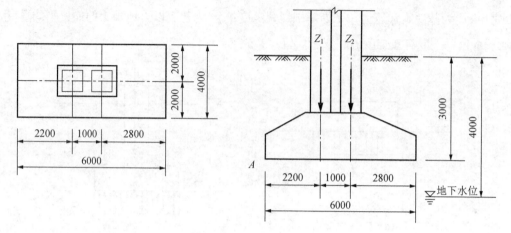

图 4-14 例 4-3 图示

2）偏心距

$$e = \frac{M_k}{F_k + G_k} = \frac{384}{1680 + 4800 + 20 \times 3 \times 4 \times 6} = 0.0485 < \frac{b}{6} = 1 \text{（小偏心）}$$

3）基础最大压力

$$p_{k,max} = \frac{F_k + G_k}{A} + \frac{M_k}{W} = \frac{6480 + 20 \times 3 \times 4 \times 6}{4 \times 6} + \frac{384}{4 \times 6^2 / 6} = 346\text{kPa}$$

例 4-3 剖析：例 4-3 的难点在于判断是大偏心还是小偏心，根据偏心距的大小选择合适的基底压力计算公式。

4.3 地基附加应力

地基中的附加应力计算比较复杂。目前采用的地基中附加应力计算方法，是根据弹性力学理论推导出来的。因此假设地基满足以下三个条件：①地基是半无限空间弹性体；②地基土是连续且均匀的，即变形模量 E 和泊松比 μ 处处相等；③地基土是各向同性的，即同一点的变形模量 E 和泊松比 μ 各个方向相同。

4.3.1 地基附加应力和位移的 Boussinesq 解答

任意形状基础受铅垂分布荷载作用下的地基附加应力的计算，主要利用半无限弹性体受集中力作用下的 Boussinesq 解答。

设地基中任意点 $M(x,y,z)$ 的应力为

$$\sigma_x = \frac{3P}{2\pi} \left\{ \frac{x^2 z}{R^5} + \frac{1-2\mu}{3} \left[\frac{R^2 - Rz - z^2}{R^3(R+z)} - \frac{x^2(2R+z)}{R^3(R+z)^2} \right] \right\} \quad (4-18)$$

$$\sigma_y = \frac{3P}{2\pi} \left\{ \frac{y^2 z}{R^5} + \frac{1-2\mu}{3} \left[\frac{R^2 - Rz - z^2}{R^3(R+z)} - \frac{y^2(2R+z)}{R^3(R+z)^2} \right] \right\} \quad (4-19)$$

$$\sigma_z = \frac{3P}{2\pi} \frac{z^3}{R^5} \qquad (4\text{-}20)$$

$$\tau_{xy} = \frac{3P}{2\pi} \left[\frac{xyz}{R^5} - \frac{1-2\mu}{3} \frac{(2R+z)xy}{(R+z)^2 R^3} \right] \qquad (4\text{-}21)$$

$$\tau_{xz} = \frac{3P}{2\pi} \frac{xz^2}{R^5} \qquad (4\text{-}22)$$

$$\tau_{yz} = \frac{3P}{2\pi} \frac{yz^2}{R^5} \qquad (4\text{-}23)$$

式中，$R = \sqrt{x^2 + y^2 + z^2}$ 。

在地基附加应力计算中，重点关心的是竖向附加应力 σ_z，因此重点分析 σ_z 的分布规律。

令 $r^2 = x^2 + z^2$，因此 $R^2 = r^2 + y^2$，

$$\sigma_z = \frac{3P}{2\pi z^2} \frac{1}{\left[1 + \left(\dfrac{r}{z} \right)^2 \right]^{5/2}} = K \frac{P}{z^2} \qquad (4\text{-}24)$$

$$K = \frac{3}{2\pi} \frac{1}{\left[1 + \left(\dfrac{r}{z} \right)^2 \right]^{5/2}} \qquad (4\text{-}25)$$

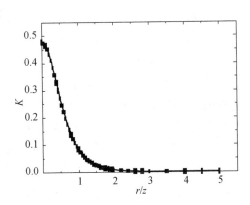

图 4-15　K-r/z 关系曲线

式中，K 为应力系数，为 r/z 的函数，随 r/z 的增加而减少（图 4-15），见表 4-1。

表 4-1　集中荷载作用下竖向附加应力系数 K 值

r/z	K	r/z	K	r/z	K	r/z	K	r/z	K
0.00	0.4775	0.50	0.2733	1.00	0.0844	1.50	0.0251	2.00	0.0085
0.05	0.4745	0.55	0.2466	1.05	0.0744	1.55	0.0224	2.20	0.0058
0.10	0.4655	0.60	0.2214	1.10	0.0658	1.60	0.0200	2.40	0.0040
0.15	0.4516	0.65	0.1978	1.15	0.0581	1.65	0.0179	2.60	0.0029
0.20	0.4329	0.70	0.1762	1.20	0.0513	1.70	0.0160	2.80	0.0021
0.25	0.4103	0.75	0.1565	1.25	0.0454	1.75	0.0144	3.00	0.0015
0.30	0.3849	0.80	0.1386	1.30	0.0402	1.80	0.0129	3.50	0.0007
0.35	0.3577	0.85	0.1226	1.35	0.0357	1.85	0.0116	4.00	0.0004
0.40	0.3294	0.90	0.1083	1.40	0.0317	1.90	0.0105	4.50	0.0002
0.45	0.3011	0.95	0.0956	1.45	0.0282	1.95	0.0095	5.00	0.0001

图 4-16 是集中力作用下土中应力 σ_z 值在水平面和铅垂面上的分布图。σ_z 值在集中力作用线上最大，并随 r 的增加而逐渐减小。随深度 z 增加，集中力作用线上的 σ_z 值减小，而水平面上应力的分布趋于均匀。

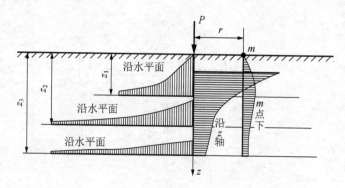

图 4-16   集中力作用下土中应力分布图

若在空间将 σ_z 值相同的点连接成曲面，就可以得到 σ_z 的等值线，见图 4-17。其空间曲线的形状如泡状，所以也称应力泡。

通过对上述应力 σ_z 分布图（图 4-16）的讨论，应该建立起土中应力分布的正确概念：集中力 P 作用在地基中引起的附加应力 σ_z 的分布是向下、向四周无限扩散开的，与材料力学杆件中应力的传递完全不同。

当地基表面作用有几个集中力时，可以采用叠加原理计算出地基中的总应力。图 4-18 中，a 线为集中力 P_1 在地基中产生的附加应力系数，b 线为集中力 P_2 在地基中产生的附加应力系数，将 a 线和 b 线的对应点相加就得到在集中力 P_1 和 P_2 共同作用下地基中产生的附加应力系数，即图 4-18 中的 c 线。

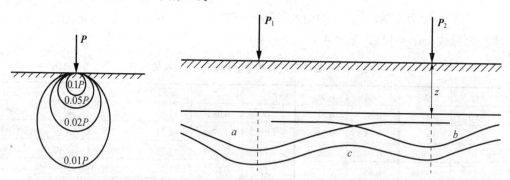

图 4-17 σ_z 的等值线   图 4-18   两个集中荷载作用下竖向附加应力系数 K 值

根据 Boussinesq 应力解答式（4-24），用积分法可以求得任意形状竖向分布荷载 $p(\varsigma, \eta)$ 作用下地基中任意点 $M(x, y, z)$ 的铅垂向的附加应力。令

$$F_\sigma(\varsigma, \eta) = \frac{3p(\varsigma, \eta)}{2\pi} \frac{z^3}{[(x - \zeta)^2 + (y - \eta)^2 + z^2]^{5/2}} \qquad (4\text{-}26)$$

则

$$\sigma_z = \iint_D p(\varsigma, \eta) F_\sigma(\varsigma, \eta) \mathrm{d}\varsigma \mathrm{d}\eta \qquad (4\text{-}27)$$

1. 均布荷载作用下

均布荷载分布集度为 $p(\varsigma,\eta) = p_0$。

地基中任意点 $M(x,y,z)$ 的竖向附加应力的积分表达式为

$$\sigma_z = \iint p_0 F_\sigma(\varsigma,\eta)\mathrm{d}\varsigma\mathrm{d}\eta = K_s p_0 \tag{4-28}$$

式中，$K_s = \dfrac{3z^3}{2\pi}\displaystyle\iint_A \dfrac{\mathrm{d}\zeta\mathrm{d}\eta}{[(x-\zeta)^2 + (y-\eta)^2 + z^2]^{5/2}}$，为均布荷载作用下附加应力分布系数，是坐标点 $M(x,y,z)$ 的函数。

1）矩形基础角点下的附加应力。

$$K_s = \frac{1}{2\pi}\left[\arctan\frac{m}{n\sqrt{1+m^2+n^2}} + \frac{nm}{\sqrt{1+m^2+n^2}}\left(\frac{1}{m^2+n^2} + \frac{1}{1+n^2}\right)\right]$$

$$= f(m,n) = f\left(\frac{l}{b},\frac{z}{b}\right) \tag{4-29}$$

K_s 是 $m = l/b$ 和 $n = z/b$ 的函数，见表 4-2。

$$\sigma_z = K_s p_0 = f\left(\frac{l}{b},\frac{z}{b}\right)p_0 \tag{4-30}$$

表 4-2 矩形面积受竖向均布荷载作用时角点下的附加应力系数 K_s

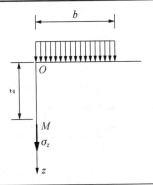

z/b	l/b											
	1.0	1.2	1.4	1.6	1.8	2.0	3.0	4.0	5.0	6.0	10.0	条形
0.0	0.2500	0.2500	0.2500	0.2500	0.2500	0.2500	0.2500	0.2500	0.2500	0.2500	0.2500	0.2500
0.2	0.2487	0.2490	0.2491	0.2492	0.2492	0.2493	0.2493	0.2493	0.2493	0.2493	0.2493	0.2493
0.4	0.2402	0.2421	0.2430	0.2436	0.2439	0.2440	0.2444	0.2444	0.2444	0.2444	0.2444	0.2444
0.6	0.2230	0.2276	0.2302	0.2316	0.2325	0.2331	0.2340	0.2342	0.2343	0.2343	0.2343	0.2343
0.8	0.2000	0.2076	0.2121	0.2148	0.2166	0.2177	0.2197	0.2201	0.2203	0.2203	0.2204	0.2204
1.0	0.1753	0.1852	0.1915	0.1956	0.1982	0.2000	0.2035	0.2043	0.2045	0.2046	0.2047	0.2047
1.2	0.1517	0.1629	0.1706	0.1758	0.1794	0.1819	0.1871	0.1883	0.1886	0.1888	0.1889	0.1889
1.4	0.1306	0.1424	0.1509	0.1570	0.1613	0.1645	0.1713	0.1731	0.1736	0.1739	0.1740	0.1740

续表

z/b	l/b											
	1.0	1.2	1.4	1.6	1.8	2.0	3.0	4.0	5.0	6.0	10.0	条形
1.6	0.1124	0.1241	0.1330	0.1396	0.1446	0.1483	0.1567	0.1591	0.1599	0.1602	0.1605	0.1605
1.8	0.0970	0.1083	0.1172	0.1241	0.1294	0.1335	0.1434	0.1464	0.1475	0.1479	0.1483	0.1483
2.0	0.0841	0.0948	0.1035	0.1104	0.1159	0.1202	0.1314	0.1350	0.1364	0.1369	0.1374	0.1374
2.2	0.0733	0.0833	0.0916	0.0984	0.1039	0.1084	0.1206	0.1248	0.1264	0.1271	0.1278	0.1278
2.4	0.0642	0.0735	0.0813	0.0879	0.0934	0.0980	0.1109	0.1156	0.1176	0.1184	0.1192	0.1192
2.6	0.0566	0.0651	0.0725	0.0788	0.0842	0.0887	0.1021	0.1074	0.1096	0.1106	0.1116	0.1116
2.8	0.0502	0.0580	0.0649	0.0709	0.0761	0.0805	0.0942	0.0999	0.1024	0.1036	0.1048	0.1048
3.0	0.0448	0.0519	0.0583	0.0640	0.0690	0.0733	0.0871	0.0932	0.0960	0.0973	0.0987	0.0987
3.2	0.0401	0.0467	0.0526	0.0580	0.0627	0.0668	0.0806	0.0871	0.0901	0.0916	0.0932	0.0932
3.4	0.0361	0.0422	0.0477	0.0527	0.0572	0.0611	0.0748	0.0815	0.0847	0.0864	0.0883	0.0883
3.6	0.0326	0.0382	0.0434	0.0480	0.0523	0.0561	0.0695	0.0764	0.0799	0.0817	0.0838	0.0838
3.8	0.0297	0.0348	0.0396	0.0440	0.0480	0.0516	0.0647	0.0717	0.0754	0.0773	0.0796	0.0796
4.0	0.0270	0.0318	0.0362	0.0403	0.0441	0.0476	0.0603	0.0674	0.0712	0.0733	0.0759	0.0759
4.2	0.0247	0.0291	0.0333	0.0371	0.0407	0.0440	0.0563	0.0634	0.0674	0.0696	0.0724	0.0724
4.4	0.0227	0.0268	0.0306	0.0343	0.0376	0.0407	0.0527	0.0598	0.0639	0.0662	0.0692	0.0692
4.6	0.0209	0.0247	0.0283	0.0317	0.0349	0.0378	0.0493	0.0564	0.0606	0.0631	0.0663	0.0663
4.8	0.0193	0.0229	0.0262	0.0294	0.0324	0.0352	0.0463	0.0533	0.0576	0.0601	0.0636	0.0636
5.0	0.0179	0.0212	0.0244	0.0273	0.0302	0.0328	0.0435	0.0504	0.0547	0.0574	0.0610	0.0610
6.0	0.0127	0.0151	0.0174	0.0196	0.0218	0.0238	0.0325	0.0388	0.0431	0.0460	0.0506	0.0506
7.0	0.0094	0.0112	0.0130	0.0147	0.0164	0.0180	0.0251	0.0306	0.0347	0.0376	0.0428	0.0428
8.0	0.0073	0.0087	0.0101	0.0114	0.0127	0.0140	0.0199	0.0246	0.0283	0.0312	0.0368	0.0368
9.0	0.0058	0.0069	0.0080	0.0091	0.0102	0.0112	0.0161	0.0202	0.0235	0.0262	0.0319	0.0319
10.0	0.0047	0.0056	0.0065	0.0074	0.0083	0.0092	0.0132	0.0168	0.0198	0.0222	0.0279	0.0279

注：l 为基础长度（m）；b 为基础宽度（m）；z 为计算点离基底的垂直距离（m）。

2）矩形基础任意点的附加应力——角点法。利用叠加原理，可以计算图 4-19 中 M' 点以下的附加应力。

M' 在矩形面积内 [图 4-19（a）] 时的附加应力为

$$\sigma_{zM'} = (K_{sM'hbe} + K_{sM'ecf} + K_{sM'fdg} + K_{sM'gah})p_0$$

M' 在矩形面积外 [图 4-19（b）] 时的附加应力为

$$\sigma_{zM'} = (K_{sM'hbe} - K_{sM'hag} + K_{sM'ecf} - K_{sM'gdf})p_0$$

注意：当应用角点法计算每一小块的矩形面积的附加应力系数值时，b 恒为短边，l 恒为长边。

3）圆形基础竖向均布荷载作用时，图心点下的附加应力。

$$\sigma_z = K_0 p_0 \qquad\qquad (4\text{-}31)$$

$$K_0 = 1 - \frac{1}{\left[1 + \left(\dfrac{r}{z}\right)^2\right]^{3/2}} = f\left(\frac{r}{z}\right) \qquad\qquad （4\text{-}32）$$

式中，K_0 为圆形面积均布荷载作用时，圆心点下的竖向应力分布系数，是 r/z 的函数，见表 4-3；r 为圆面积半径（m）；p_0 为均布荷载强度（kPa）。

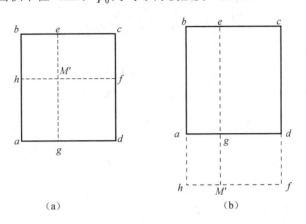

（a）　　　　　　　　　　　　　（b）

图 4-19　角点法计算 M' 点以下附加应力图示

表 4-3　圆形面积均布荷载中心点下的应力系数 K_0

r/z	K_0	r/z	K_0
0.20	0.0571	1.60	0.8511
0.40	0.1996	1.80	0.8855
0.60	0.3695	2.00	0.9106
0.80	0.5239	3.00	0.9684
1.00	0.6464	4.00	0.9857
1.20	0.7376	5.00	0.9925
1.40	0.8036	∞	1.0000

例 4-4：有一均布荷载 $p = 100\text{kPa}$，荷载面积 $2.0\text{m} \times 1.0\text{m}$，见图 4-20，求荷载面积角点 A、边点 E、中心点 O 及荷载面积外 F 点和 G 点下 $z = 1.0\text{m}$ 深度处的附加应力。

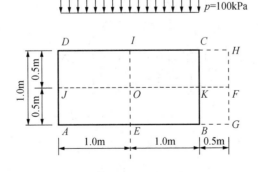

图 4-20　例 4-4 图示

解：1）A 点下的应力。A 点是矩形面积 $ABCD$ 的角点，且 $m = \dfrac{l}{b} = \dfrac{2.0}{1.0} = 2$，$n = \dfrac{z}{b} =$
$\dfrac{1.0}{1.0} = 1$。查表 4-2 得 $K_{sABCD} = 0.2000$，故

$$\sigma_{zA} = K_{sABCD} p = 0.2000 \times 100 = 20.0 \text{kPa}$$

2）O 点下的应力。通过 O 点将矩形荷载面积分成 4 个相等的矩形 $OEAJ$、$OJDI$、$OICK$ 和 $OEBK$。有 $m = \dfrac{l}{b} = \dfrac{1.0}{0.5} = 2.0$，$n = \dfrac{z}{b} = \dfrac{1.0}{0.5} = 2.0$，查表 4-2 得 $K_{sOEAJ} = 0.1202$，故

$$\sigma_{zO} = 4K_{sOEAJ} p = 4 \times 0.1202 \times 100 = 48.1 \text{kPa}$$

3）F 点下应力。通过 F 点将矩形荷载面积分成 4 个相等的矩形 $FJDC$、$FJAG$、$FKCH$、$FKBG$。对于矩形 $FJDC$ 和 $FJAG$，$m = \dfrac{l}{b} = \dfrac{2.5}{0.5} = 2$，$n = \dfrac{z}{b} = \dfrac{1.0}{0.5} = 2$，查表 4-2 得 $K_{sFGDC} = K_{sFJAG} = 0.1364$，对于矩形 $FKCH$ 和 $FKBG$，有 $m = \dfrac{l}{b} = \dfrac{0.5}{0.5} = 1$，$n = \dfrac{z}{b} = \dfrac{1.0}{0.5} = 2$，查表 4-2 得，$K_{sFKCH} = K_{sFKBG} = 0.0841$，故 $\sigma_{zF} = [K_{sFJDC} + K_{sFJAG} - (K_{sFKCH} + K_{sFKBG})] p = (2 \times 0.1364 - 2 \times 0.0841) \times 100 = 10.6 (\text{kPa})$。

4）E 点下的应力。

E 点为矩形 $EADI$ 和 $EBCI$ 的角点，根据叠加原理，对于矩形 $EADI$，有 $m = \dfrac{l}{b} = \dfrac{1.0}{1.0} = 1.0$，$n = \dfrac{z}{b} = \dfrac{1.0}{1.0} = 1.0$，查表 4-2 得 $K_{sEADI} = 0.1753$，故

$$\sigma_{zE} = 2K_{sEADI} p = 2 \times 0.1753 \times 100 = 35.1 (\text{kPa})$$

5）G 点下的应力。

$$\begin{aligned}
\sigma_{zG} &= (K_{sDAGH} - K_{sGBCH}) p \\
&= \left[K_{sFJDH} \left(\frac{2.5}{1.0}, \frac{1.0}{1.0} \right) - K_{sGBCH} \left(\frac{1.0}{0.5}, \frac{1.0}{0.5} \right) \right] \times 100 \\
&= [K_{sDFGH}(2.5, 1) - K_{sGBCH}(2, 2)] \times 100 \\
&= (0.2016 - 0.1202) \times 100 = 8.1 \text{kPa}
\end{aligned}$$

2. 三角形分布铅垂荷载作用下

三角形荷载分布集度为 $p(\varsigma, \eta) = \dfrac{p_t}{b} \varsigma$。

地基中任意点 $M(x, y, z)$ 的竖向附加应力积分表达式为

$$\sigma_z = \iint_A \frac{p_t}{b} \varsigma F_\sigma(\varsigma, \eta) \mathrm{d}\varsigma \mathrm{d}\eta = K_t p_t \tag{4-33}$$

式中，p_t 为三角形分布荷载的最大荷载值；$K_t = \dfrac{3z^3}{2\pi} \iint_A \dfrac{\dfrac{\varsigma}{b} \mathrm{d}\varsigma \mathrm{d}\eta}{[(x - \varsigma)^2 + (y - \eta)^2 + z^2]^{5/2}}$，为三角形分布荷载作用下的附加应力分布系数，是坐标 (x, y, z) 的函数。

矩形基础三角形分布荷载作用下，角点 O 下：

$$K_t = \frac{mn}{2\pi}\left[\frac{1}{n\sqrt{m^2+n^2}} + \frac{n^2}{(1+n^2)\sqrt{1+m^2+n^2}}\right] = f(m,n) = f\left(\frac{l}{b}, \frac{z}{b}\right)$$

可查表 4-4。

$$\sigma_z = K_t p_0 \tag{4-34}$$

式中，K_t 为附加应力系数，是 $m = l/b$ 和 $n = z/b$ 的函数；l、b 分别为基底底面的长度、宽度。

表 4-4　矩形面积受竖向三角形荷载作用时角点下的附加应力系数 K_t

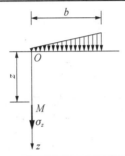

z/b	l/b														
	0.2	0.4	0.6	0.8	1.0	1.2	1.4	1.6	1.8	2.0	3.0	4.0	6.0	8.0	10.0
0.0	0.0000	0.0000	0.0000	0.0000	0.0000	0.0000	0.0000	0.0000	0.0000	0.0000	0.0000	0.0000	0.0000	0.0000	0.0000
0.2	0.0223	0.0280	0.0296	0.0301	0.0304	0.0305	0.0305	0.0306	0.0306	0.0306	0.0306	0.0306	0.0306	0.0306	0.0306
0.4	0.0269	0.0420	0.0487	0.0517	0.0532	0.0539	0.0543	0.0545	0.0546	0.0547	0.0549	0.0549	0.0549	0.0549	0.0549
0.6	0.0259	0.0448	0.0560	0.0621	0.0655	0.0673	0.0684	0.0690	0.0694	0.0697	0.0701	0.0702	0.0702	0.0702	0.0702
0.8	0.0232	0.0421	0.0553	0.0637	0.0689	0.0720	0.0739	0.0751	0.0759	0.0764	0.0774	0.0776	0.0777	0.0777	0.0777
1.0	0.0201	0.0375	0.0508	0.0603	0.0666	0.0708	0.0736	0.0754	0.0766	0.0774	0.0790	0.0794	0.0796	0.0796	0.0796
1.2	0.0171	0.0325	0.0450	0.0546	0.0615	0.0664	0.0698	0.0722	0.0738	0.0750	0.0774	0.0780	0.0782	0.0783	0.0783
1.4	0.0145	0.0278	0.0392	0.0484	0.0554	0.0606	0.0645	0.0672	0.0693	0.0707	0.0740	0.0748	0.0752	0.0753	0.0753
1.6	0.0123	0.0238	0.0339	0.0424	0.0492	0.0545	0.0586	0.0617	0.0640	0.0657	0.0697	0.0709	0.0714	0.0715	0.0715
1.8	0.0105	0.0204	0.0294	0.0371	0.0435	0.0487	0.0528	0.0560	0.0585	0.0604	0.0652	0.0666	0.0674	0.0675	0.0676
2.0	0.0090	0.0176	0.0255	0.0325	0.0384	0.0434	0.0474	0.0507	0.0533	0.0553	0.0607	0.0625	0.0634	0.0636	0.0636
3.0	0.0035	0.0070	0.0104	0.0136	0.0166	0.0194	0.0220	0.0244	0.0265	0.0284	0.0350	0.0383	0.0409	0.0416	0.0419
4.0	0.0046	0.0092	0.0135	0.0176	0.0214	0.0249	0.0280	0.0307	0.0331	0.0352	0.0419	0.0449	0.0469	0.0475	0.0476
6.0	0.0018	0.0036	0.0054	0.0071	0.0088	0.0104	0.0120	0.0135	0.0148	0.0162	0.0214	0.0249	0.0283	0.0296	0.0301
8.0	0.0009	0.0019	0.0028	0.0038	0.0047	0.0056	0.0064	0.0073	0.0081	0.0089	0.0124	0.0152	0.0187	0.0204	0.0213
10.0	0.0005	0.0009	0.0014	0.0019	0.0023	0.0028	0.0033	0.0037	0.0041	0.0046	0.0066	0.0084	0.0111	0.0128	0.0139

3. 梯形分布的铅垂荷载作用下

梯形荷载分布为

$$p(\varsigma, \eta) = p_{t1} + \frac{p_{t2} - p_{t1}}{b}\varsigma$$

式中，p_{t1}、p_{t2} 分别为梯形分布荷载的最大荷载值和最小荷载值。

地基中任意点 $M(x,y,z)$ 的竖向附加应力的积分表达式为

$$\sigma_z = \iint\limits_{A} \left(p_{t1} + \frac{p_{t2} - p_{t1}}{b} \varsigma \right) \varsigma F_\sigma(\varsigma, \eta) \mathrm{d}\varsigma \mathrm{d}\eta = K_s p_{ti} + K_t (p_{t2} - p_{t1}) \tag{4-35}$$

4.3.2 地基附加应力的 Flamant 解答

在地表面无限长直线上，作用有竖向均布线荷载 $\overline{p}$，见图 4-21，求地基中任一点 $M(x,y,z)$ 的应力。该解答首先由 Flamant 给出，又称 Flamant 解答。其可以简化成平面应变问题，则任一点 $M(x,y,z)$ 的应力为

$$\left.\begin{array}{c} \sigma_z = \dfrac{2\overline{p}}{\pi} \dfrac{z^3}{(x^2 + z^2)^2} \\[3mm] \sigma_x = \dfrac{2\overline{p}}{\pi} \dfrac{x^2 z}{(x^2 + z^2)^2} \\[3mm] \tau_{xy} = \tau_{yx} = \dfrac{2\overline{p}}{\pi} \dfrac{xz^2}{(x^2 + z^2)^2} \end{array}\right\} \tag{4-36}$$

式中，$\overline{p}$ 为单位长度上的线荷载（kN/m）。

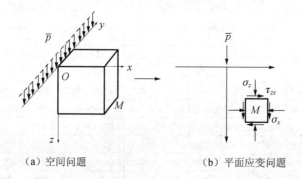

（a）空间问题　　　　　　　　　（b）平面应变问题

图 4-21　竖直均布线荷载作用下的应力状态

此外，根据广义胡克定律和 $\varepsilon_y = 0$ 的条件，可以推出

$$\sigma_y = \mu(\sigma_x + \sigma_z) \tag{4-37}$$

虽然在实际意义上的线荷载是不存在的，但可以把它看作条形面积在宽度趋于零时的特殊情况。以线荷载为基础，通过积分可以推导条形面积上作用各种分布荷载时，地基中附加应力的计算公式。

1. 条形面积竖向均布荷载作用下

条形均布荷载作用下（图 4-22）的土中应力计算公式为

$$\sigma_z = K_z^s p \tag{4-38}$$

$$\sigma_x = K_x^s p \tag{4-39}$$

$$\tau_{xz} = K_{xz}^s p \tag{4-40}$$

$$K_z^s = \frac{1}{\pi}\left[\arctan\frac{0.5-m}{n} + \arctan\frac{0.5+m}{n} - \frac{n(m^2-n^2-1/4)}{(n^2+m^2-1/4)^2+n^2}\right] = f(m,n) = f\left(\frac{x}{b},\frac{z}{b}\right)$$

$$K_x^s = \frac{1}{\pi}\left[\arctan\frac{0.5-m}{n} + \arctan\frac{0.5+m}{n} + \frac{n(m^2-n^2-1/4)}{(n^2+m^2-1/4)^2+n^2}\right] = f(m,n) = f\left(\frac{x}{b},\frac{z}{b}\right)$$

$$K_{xz}^s = \frac{1}{\pi}\left[\frac{2mn^2}{(n^2+m^2-1/4)^2+n^2}\right] = f(m,n) = f\left(\frac{x}{b},\frac{z}{b}\right)$$

式中，K_z^s、K_x^s 和 K_{xz}^s 分别为条形面积上受竖向均布荷载作用时竖向附加应力系数、水平向附加应力系数和切应力分布系数，它们是 $m = x/b$ 和 $n = z/b$ 的函数，见表 4-5。

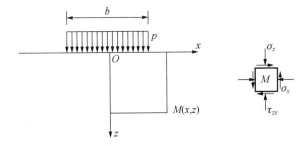

图 4-22 条形均布荷载作用下的土中应力

表 4-5 条形面积竖向均布荷载作用时的应力系数 K_z^s、K_x^s 和 K_{xz}^s

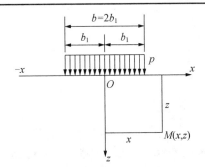

z/b	x/b																	
	0.00			0.25			0.50			1.00			1.50			2.00		
	K_z^s	K_x^s	K_{xz}^s	K_z^s	K_x^s	K_{xz}^s	K_z^s	K_x^s	K_{xz}^s	K_z^s	K_x^s	K_{xz}^s	K_z^s	K_x^s	K_{xz}^s	K_z^s	K_x^s	K_{xz}^s
0.00	1.00	1.00	0.00	1.00	1.00	0.00	0.50	0.50	0.32	0.00	0.00	0.00	0.00	0.00	0.00	0.00	0.00	0.00
0.25	0.96	0.45	0.00	0.90	0.39	0.13	0.50	0.35	0.30	0.02	0.17	0.06	0.00	0.07	0.01	0.00	0.04	0.01
0.50	0.82	0.18	0.00	0.74	0.19	0.16	0.48	0.23	0.25	0.08	0.21	0.13	0.02	0.12	0.04	0.01	0.07	0.02
0.75	0.67	0.08	0.00	0.61	0.10	0.13	0.45	0.14	0.20	0.15	0.18	0.16	0.04	0.14	0.08	0.02	0.09	0.04
1.00	0.55	0.04	0.00	0.51	0.06	0.10	0.41	0.09	0.16	0.18	0.15	0.16	0.07	0.13	0.10	0.03	0.10	0.05
1.25	0.46	0.02	0.00	0.44	0.03	0.07	0.37	0.06	0.12	0.20	0.11	0.14	0.10	0.12	0.10	0.04	0.10	0.07
1.50	0.40	0.01	0.00	0.38	0.02	0.06	0.33	0.04	0.10	0.21	0.08	0.13	0.11	0.10	0.11	0.06	0.10	0.07
1.75	0.35		0.00	0.33	0.01	0.04	0.30	0.03	0.08	0.21	0.06	0.11	0.13	0.09	0.10	0.07	0.09	0.08

z/b	x/b																	
	0.00			0.25			0.50			1.00			1.50			2.00		
	K_z^s	K_x^s	K_{xz}^s	K_z^s	K_x^s	K_{xz}^s	K_z^s	K_x^s	K_{xz}^s	K_z^s	K_x^s	K_{xz}^s	K_z^s	K_x^s	K_{xz}^s	K_z^s	K_x^s	K_{xz}^s
2.00	0.31		0.00	0.30		0.03	0.28	0.02	0.06	0.20	0.05	0.10	0.13	0.07	0.10	0.08	0.08	0.08
3.00	0.21		0.00	0.21		0.02	0.20	0.01	0.03	0.17	0.02	0.06	0.14	0.03	0.07	0.10	0.04	0.07
4.00	0.16		0.00	0.16		0.01	0.15	0.00	0.02	0.14	0.01	0.03	0.12	0.02	0.04	0.10	0.03	0.05
5.00	0.13		0.00	0.13			0.12	0.00		0.12	0.00		0.11			0.09		
6.00	0.11		0.00	0.11			0.10	0.00		0.10	0.00		0.09					

2．条形面积三角形分布铅垂荷载作用下

在地基表面作用三角形分布条形荷载（图 4-23），其最大值为 p，计算土中 $M(x,z)$ 的竖向应力 σ_z，按下式计算：

$$\sigma_z = K_z^t p \tag{4-41}$$

$$K_z^t = \frac{1}{\pi}\left[m\arctan\frac{m}{n} - \arctan\frac{m-1}{n} - \frac{n(m-1)}{(m-1)^2 + n^2} \right] = f(m,n) = f\left(\frac{x}{b}, \frac{z}{b}\right)$$

式中，K_z^t 为应力系数，可查表 4-6。

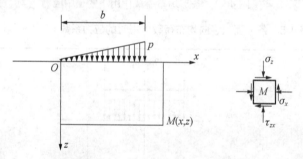

图 4-23　三角形分布荷载作用下的土中应力

表 4-6　条形基底受三角形分布荷载作用时的应力系数 K_z^t

$m = x/b$	$n = z/b$									
	0.01	0.10	0.20	0.40	0.60	0.80	1.00	1.20	1.40	2.00
0.00	0.003	0.032	0.061	0.110	0.141	0.155	0.159	0.157	0.151	0.127
0.25	0.250	0.251	0.255	0.263	0.258	0.243	0.224	0.204	0.186	0.143
0.50	0.500	0.499	0.489	0.441	0.378	0.321	0.275	0.239	0.210	0.153
0.75	0.750	0.738	0.682	0.535	0.421	0.343	0.287	0.246	0.215	0.155
1.00	0.497	0.469	0.437	0.379	0.328	0.285	0.250	0.221	0.198	0.148
1.25	0.000	0.010	0.050	0.137	0.177	0.187	0.184	0.175	0.165	0.134
1.50	0.000	0.001	0.009	0.042	0.080	0.106	0.121	0.126	0.127	0.115
-0.25	0.000	0.001	0.009	0.037	0.066	0.089	0.104	0.111	0.114	0.109

4.3.3　地基附加应力的 Cerruti 解答

如果地基表面作用有平行于 xOy 面的水平集中力 $\boldsymbol{P}_h$，求解在地基中任一点 $M(x,y,z)$ 所引起的应力问题（图 4-24），由西罗提（Cerruti）用弹性力学解出。这里只介绍与沉降计算关系最大的竖向应力 σ_z 的表达式。

任意形状基础受水平分布的荷载作用下的解答，主要是利用弹性体半空间在水平方向受集中力 $\boldsymbol{P}_h$ 作用下的 Cerruti 解答：

$$\sigma_z = \frac{3P_h}{2\pi}\frac{xz^3}{R^5} \tag{4-42}$$

式中，$R = \sqrt{x^2 + y^2 + z^2}$。

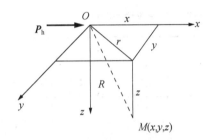

图 4-24　水平集中荷载作用于地基表面

1. 任意形状基础在水平分布荷载作用下的附加应力

设水平分布荷载的荷载集度为 $p_h(\varsigma,\eta)$，则利用 Cerruti 解答可以得到：任意形状的基础在任意水平分布荷载的作用下，沿垂直向的附加应力为

$$\sigma_z = \frac{3z^3}{2\pi}\iint\limits_A \frac{(x-\zeta)p_h(\varsigma,\eta)\mathrm{d}\zeta\mathrm{d}\eta}{[(x-\zeta)^2 + (y-\eta)^2 + z^2]^{5/2}} \tag{4-43}$$

水平方向受均布荷载时，则有

$$p_h(\varsigma,\eta) = p_{h0} \tag{4-44}$$

沿垂直向任意点 $M(x,y,z)$ 的竖向附加应力为

$$\sigma_z = \frac{3z^3}{2\pi}\iint\limits_A \frac{(x-\zeta)p_{h0}\mathrm{d}\zeta\mathrm{d}\eta}{[(x-\zeta)^2 + (y-\eta)^2 + z^2]^{5/2}} = K_s^h p_{h0} \tag{4-45}$$

式中，$K_s^h = \dfrac{3z^3}{2\pi}\iint\limits_A \dfrac{(x-\zeta)\mathrm{d}\zeta\mathrm{d}\eta}{[(x-\zeta)^2 + (y-\eta)^2 + z^2]^{5/2}}$，为附加应力系数。

矩形角点下深度 z 处的附加应力 σ_z（图 4-25），简化后为

$$\sigma_z = \mp K_h p_{h0} \tag{4-46}$$

$$K_h = \frac{1}{2\pi}\left[\frac{m}{\sqrt{m^2 + n^2}} - \frac{mn^2}{(1+n^2)\sqrt{1+m^2+n^2}}\right] = f(m,n) = f\left(\frac{l}{b},\frac{z}{b}\right)$$

式中，b 为平行于水平荷载作用方向的边长；l 为垂直于水平荷载作用方向的边长；K_h 为附加应力系数，是 $m = l/b$ 和 $n = z/b$ 的函数，见表 4-7。

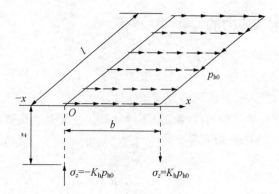

图 4-25 矩形面积作用水平均布荷载时角点下的 σ_z

表 4-7 矩形面积水平均布荷载时角点下的应力系数 K_h

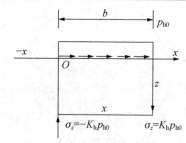

$m = z/b$	$n = l/b$										
	1.0	1.2	1.4	1.6	1.8	2.0	3.0	4.0	6.0	8.0	10.0
0	0.1592	0.1592	0.1592	0.1592	0.1592	0.1592	0.1592	0.1592	0.1592	0.1592	0.1592
0.2	0.1519	0.1524	0.1527	0.1528	0.1529	0.1530	0.1531	0.1531	0.1531	0.1531	0.1531
0.4	0.1329	0.1347	0.1357	0.1363	0.1366	0.1368	0.1372	0.1372	0.1373	0.1373	0.1373
0.6	0.1091	0.1122	0.1140	0.1150	0.1157	0.1161	0.1169	0.1170	0.1171	0.1171	0.1171
0.8	0.0861	0.0900	0.0924	0.0939	0.0949	0.0955	0.0967	0.0970	0.0971	0.0971	0.0971
1.0	0.0666	0.0708	0.0736	0.0754	0.0766	0.0774	0.0790	0.0794	0.0796	0.0796	0.0796
1.2	0.0513	0.0553	0.0582	0.0601	0.0615	0.0625	0.0645	0.0650	0.0652	0.0652	0.0653
1.4	0.0396	0.0433	0.0460	0.0480	0.0495	0.0505	0.0528	0.0534	0.0537	0.0538	0.0538
1.6	0.0308	0.0341	0.0366	0.0385	0.0400	0.0411	0.0436	0.0443	0.0446	0.0447	0.0447
1.8	0.0242	0.0271	0.0293	0.0311	0.0325	0.0336	0.0362	0.0370	0.0374	0.0375	0.0375
2.0	0.0192	0.0217	0.0237	0.0253	0.0266	0.0277	0.0304	0.0312	0.0317	0.0318	0.0318
2.5	0.0113	0.0130	0.0145	0.0157	0.0168	0.0176	0.0202	0.0212	0.0217	0.0219	0.0219
3.0	0.0071	0.0083	0.0093	0.0102	0.0110	0.0117	0.0140	0.0150	0.0156	0.0158	0.0159
5.0	0.0018	0.0021	0.0024	0.0027	0.0030	0.0032	0.0043	0.0050	0.0057	0.0059	0.0060
7.0	0.0007	0.0008	0.0009	0.0010	0.0012	0.0013	0.0018	0.0022	0.0027	0.0029	0.0030
10.0	0.0002	0.0003	0.0003	0.0004	0.0004	0.0005	0.0007	0.0008	0.0011	0.0013	0.0014

2. 条形基础在水平分布荷载作用下的附加应力

图 4-26 中，利用在弹性体半空间受水平集中力的 Cerruti 解答得

$$\sigma_z^h = K_z^h p_h \tag{4-47}$$

式中，$K_z^h = \dfrac{n^2}{\pi}\left[\dfrac{1}{(m-1)^2+n^2}-\dfrac{1}{m^2+n^2}\right]=f(m,n)=f\left(\dfrac{x}{b},\dfrac{z}{b}\right)$，$m=\dfrac{x}{b}$，$n=\dfrac{z}{b}$。

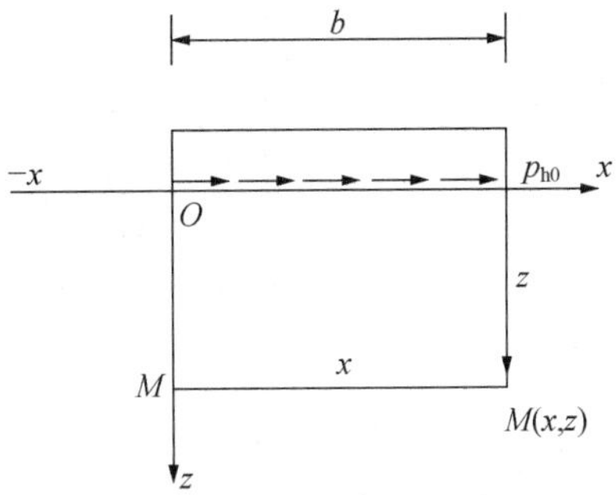

图 4-26　条形基础受水平均布荷载作用

条形基础受水平荷载作用时的应力系数 K_z^h 值见表 4-8。

表 4-8　条形基础受水平荷载作用时的应力系数 K_z^h

$m=x/b$	$n=z/b$									
	0.01	0.10	0.20	0.40	0.60	0.80	1.00	1.20	1.40	2.00
0.00	-0.3184	-0.3153	-0.3062	-0.2745	-0.2342	-0.1942	-0.1592	-0.1305	-0.1076	-0.0637
0.25	-0.0005	-0.0384	-0.1031	-0.1585	-0.1471	-0.1206	-0.0959	-0.0762	-0.0612	-0.0344
0.50	0.0000	0.0000	0.0000	0.0000	0.0000	0.0000	0.0000	0.0000	0.0000	0.0000
0.75	0.0005	0.0384	0.1031	0.1585	0.1471	0.1206	0.0959	0.0762	0.0612	0.0344
1.00	0.3184	0.3153	0.3062	0.2745	0.2342	0.1942	0.1592	0.1305	0.1076	0.0637
1.25	0.0005	0.0419	0.1163	0.1994	0.2117	0.1976	0.1755	0.1525	0.1314	0.0846
1.50	0.0001	0.0108	0.0384	0.1031	0.1440	0.1585	0.1568	0.1471	0.1342	0.0959
-0.25	-0.0005	-0.0419	-0.1163	-0.1994	-0.2117	-0.1976	-0.1755	-0.1525	-0.1314	-0.0846

例 4-5：已知某条形面积宽度 $b=15\text{m}$，其上作用的荷载分布见图 4-27，试求中点 A 下 30m 深度范围内的附加应力 σ_z 分布。

解：将体系荷载分成均布荷载 $p=80\text{kPa}$ 和三角形荷载 $p_t=40\text{kPa}$；坐标原点设在图 4-27 中的 O 点，以便查表。由于 A 点是中点，$m=x/b=0.5$，计算结果见表 4-9。

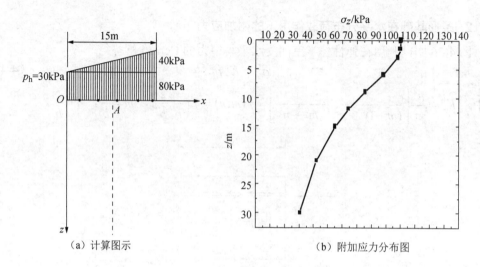

（a）计算图示　　　　　　　　　（b）附加应力分布图

图 4-27　例 4-5 图示

表 4-9　*A* 点下附加应力计算结果

z/m	$n=z/b$	$p=80$kPa		$p_t=40$kPa		$p_h=30$kPa		σ_z /kPa
		K_z^s	σ_z^s	K_z^t	σ_z^t	K_z^h	σ_z^h	
0.15	0.01	0.999	79.9	0.500	20.0	0	0	99.9
1.5	0.1	0.997	79.8	0.498	19.9	0	0	99.7
3.0	0.2	0.987	78.2	0.498	19.9	0	0	98.1
6.0	0.4	0.881	70.5	0.441	17.6	0	0	88.1
9.0	0.6	0.756	60.5	0.378	15.1	0	0	75.6
12.0	0.8	0.642	51.4	0.321	12.8	0	0	64.2
15.0	1.0	0.549	43.9	0.275	11.0	0	0	54.9
21.0	1.4	0.420	33.6	0.210	8.4	0	0	42.0
30.0	2.0	0.306	24.5	0.153	6.1	0	0	30.6

4.4　有效应力原理

计算土中应力的目的是研究土体受力后的变形和强度问题，但是其体积变化和强度大小并不直接取决于土体所受的全部应力（称为总应力），这是因为土是三相物质组成的碎散材料，受力后存在以下三个问题：

1）外力如何由三种成分来分担？

2）它们是如何传递与相互转化的？

3）它们和材料的变形与强度有什么关系？

太沙基早在 1923 年就提出了土力学中最重要的有效应力原理和固结理论（详见第 5 章）。有效应力原理的提出和应用阐述了碎散颗粒材料与连续固体材料在应力-应变关系上的重大区别，是使土力学成为一门独立学科的重要标志。

4.4.1 有效应力原理的基本概念

土体微小面积上的应力，一部分由孔隙中的液体、气体承受，称为孔隙应力（又称孔隙压力）；另一部分由土粒骨架承受，称为粒间应力（又称有效应力）。

有效应力是通过颗粒接触点传递的，如果不考虑颗粒之间电的作用力（引力和斥力），并以 A_s、A_w、A_a 分别表示单位面积上颗粒、孔隙中水和空气各自所占的面积，那么单位面积上的应力为

$$\sigma = \sigma_s A_s + u_w A_w + u_a A_a \tag{4-48}$$

式中，σ 为总应力；σ_s 为粒间应力；u_w 为孔隙中的水压力；u_a 为孔隙中的气压力。

对于饱和土，孔隙中不存在气体，A_a 和 u_a 都等于零。$A_w + A_s = 1$。因为 A_s 很小，一般只占 3% 以下，所以 $A_w \approx 1$。因此饱和土的有效应力原理为

$$\sigma = \sigma_s A_s + u_w \tag{4-49}$$

式中，$\sigma_s A_s$ 为土骨架的有效应力，通常用 σ' 表示。

式（4-49）可改写为

$$\sigma = \sigma' + u_w \tag{4-50}$$

式（4-50）表明，饱和土中的总应力为有效应力与孔隙水压力之和，土体的变形（压缩）与强度的变化只取决于有效应力的变化。

4.4.2 饱和土中孔隙水压力和有效应力计算

1. 自重应力情况

图 4-28 中，地下水位位于 H_1 处，计算 A 点的总应力 σ、孔隙水压力 u_w 和有效应力 σ'。

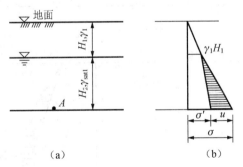

（a）　　　　　　　　　（b）

图 4-28 静水条件下的 σ、u_w 和 σ'

作用在 A 点水平面上的总应力

$$\sigma = \gamma_1 H_1 + \gamma_{sat1} H_2 \tag{4-51}$$

孔隙水压 u_w 等于 A 点的静水压强

$$u_w = \gamma_w H_2 \tag{4-52}$$

作用在 A 点处的竖向有效应力

$$\sigma' = \sigma - u_w = \gamma_1 H_1 + \gamma_{sat1} H_2 - \gamma_w H_2 = \gamma_1 H_1 + (\gamma_{sat1} - \gamma_w)H_2 = \gamma_1 H_1 + \gamma' H_2 \quad (4\text{-}53)$$

由计算结果可以看出，σ' 就是 A 点的自重应力，因此自重应力就是有效应力。

思考：当地下水位降低或者上升 ΔH 时，有效应力如何变化？

当地下水以上某个高度 h_c 范围内出现毛细饱和区时，见图4-29。在毛细饱和区内的水呈张拉状态，故孔隙水压力为负值。毛细压力分布与静水压力分布相同。

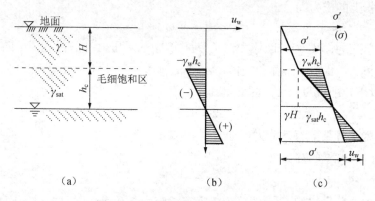

图4-29　毛细饱和区的 u_w、σ' 和 σ

例4-6：某土层剖面，见图4-30。试求：①垂直方向总应力 σ、孔隙水压力 u_w 和有效应力 σ' 沿深度 z 的分布？②若砂层中地下水位以上1m范围内为毛细饱和区（图4-31），u_w、σ' 和 σ 将如何分布？

解：1）地下水位以上无毛细饱和区时 σ、u_w 和 σ' 分布值见表4-10。σ、u_w 和 σ' 分布见图4-30。

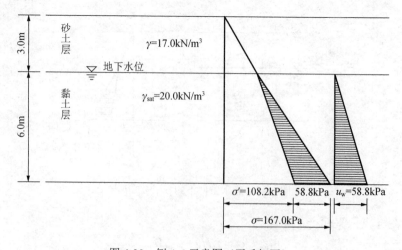

图4-30　例4-6示意图（无毛细区）

表 4-10　σ、u_w 和 σ' 分布值（无毛细区）

深度 z / m	σ / kPa	u_w / kPa	σ' / kPa
2	$2\times17=34$	0	34
3	$3\times17=51$	0	51
5	$3\times17+2\times20=91$	$2\times9.8=19.6$	71.4
9	$3\times17+2\times20+4\times19=167$	$6\times9.8=58.8$	108.2

2）地下水位以上 1m 内为毛细饱和区时 σ、u_w 和 σ' 分布值见表 4-11。σ、u_w 和 σ' 分布见图 4-31。

表 4-11　σ、u_w 和 σ' 分布值（有毛细区）

深度 z / m	σ / kPa	u_w / kPa	σ' / kPa
2	$2\times17=34$	-9.8	43.8
3	$2\times17+1\times20=54$	0	54
5	$54+2\times20=94$	$2\times9.8=19.6$	74.4
9	$94+4\times19=170$	$6\times9.8=58.8$	111.2

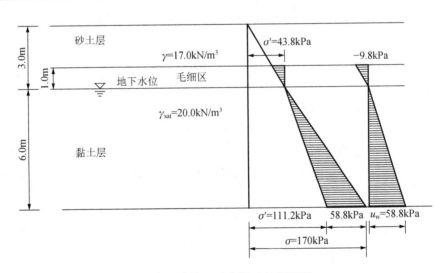

图 4-31　例 4-6 示意图（有毛细区）

2. 稳定渗流条件下

现在分析当土体中发生向上和向下的稳定渗流时，土中孔隙水压力和有效应力的计算。图 4-32 中的饱和土层，厚度为 H，地下水位位于黏土层表面，下面为砂层，砂层中有承压水，在黏土层与砂层的层界面 A 处有一测压管，其测压管水位高出黏土层表面 Δh，所以黏土层将有向上的稳定渗流发生，试计算 A 点 z 方向的 σ、u_w 和 σ'。

A 点 z 方向的总应力为

$$\sigma = \gamma_{sat} H \tag{4-54}$$

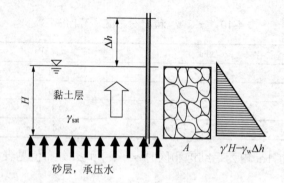

图 4-32 土体发生向上渗流示意图

A 点 z 方向的孔隙水压力为

$$u_\mathrm{w} = \gamma_\mathrm{w} H + \gamma_\mathrm{w} \Delta h \tag{4-55}$$

A 点 z 方向的有效应力为

$$\begin{aligned} \sigma' = \sigma - u_\mathrm{w} &= \gamma_\mathrm{sat} H - (\gamma_\mathrm{w} H + \gamma_\mathrm{w} \Delta h) \\ &= (\gamma_\mathrm{sat} - \gamma_\mathrm{w}) H - \gamma_\mathrm{w} \Delta h \\ &= \gamma' H - \gamma_\mathrm{w} \Delta h \end{aligned} \tag{4-56}$$

将式（4-56）与静水条件下的 σ' 和 u_w 相比较，孔隙水压力增加了 $\gamma_\mathrm{w} \Delta h$，有效应力减少了 $\gamma_\mathrm{w} \Delta h$，一般称 $\gamma_\mathrm{w} \Delta h$ 为渗透压力。

如果发生向下稳定渗流，见图 4-33，Δh 下降，这时 A 点的总应力不变，仍为

$$\sigma = \gamma_\mathrm{sat} H \tag{4-57}$$

A 点 z 方向的孔隙水压力为

$$u_\mathrm{w} = \gamma_\mathrm{w} H - \gamma_\mathrm{w} \Delta h \tag{4-58}$$

A 点 z 方向的有效应力为

$$\begin{aligned} \sigma' = \sigma - u_\mathrm{w} &= \gamma_\mathrm{sat} H - (\gamma_\mathrm{w} H - \gamma_\mathrm{w} \Delta h) \\ &= (\gamma_\mathrm{sat} - \gamma_\mathrm{w}) H + \gamma_\mathrm{w} \Delta h \\ &= \gamma' H + \gamma_\mathrm{w} \Delta h \end{aligned} \tag{4-59}$$

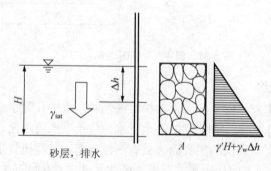

图 4-33 土体发生向下渗流示意图

将式（4-59）与静水条件下的 σ' 和 u_w 相比较，孔隙水压力减少了 $\gamma_\mathrm{w} \Delta h$，有效应力增加了 $\gamma_\mathrm{w} \Delta h$。有效应力增加，导致土层发生压密变形，故也称渗流压密。

思考与习题

1. 地基中含有不透水层时自重应力如何计算?

2. 试以矩形面积上的均布荷载和条形分布荷载为例,说明地基中的附加应力分布规律。

3. 为什么自重应力与附加应力计算方法不同?

4. 影响基底压力的因素有哪些?

5. 目前根据什么假设计算地基中的附加应力? 这些假设是否合理可行?

6. 简述太沙基有效应力原理。

7. 根据图 4-34 给出的资料,计算并绘出地基中的自重应力分布图。

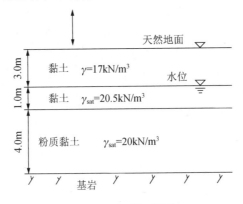

图 4-34　习题 7 图示

8. 图 4-35 中,已知矩形基底 $A = 4\text{m} \times 10\text{m}$,作用在基底中心荷载 $N = 4000\text{kN}$, $M = 2800\text{kN} \cdot \text{m}$(偏心在短边上),求基底压力的大小和分布。

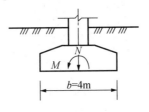

图 4-35　习题 8 图示

9. 图 4-36 中,有一矩形均布荷载 $p_0 = 250\text{kPa}$,受荷面积为 2m×6m 的矩形面积,分别求:

1)角点 A 下深度分别为 0m、2m 处的附加应力值。

2)中心点 O 下深度分别为 0m、2m 处的附加应力值。

3)边缘点 E 下深度分别为 0m、2m 处的附加应力值。

4）基底外一点 F 下深度分别为 0m、2m 处的附加应力值。

10. 图 4-37 中的条形分布荷载，p =150kPa。计算 G 点下深度为 3m 处的竖向应力 σ_z。

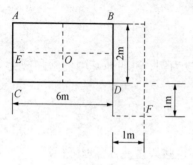

图 4-36　习题 9 图示

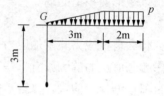

图 4-37　习题 10 图示

第 5 章　土的压缩性与地基沉降计算

本章导读 ☞

　　与其他材料一样，土体在荷载作用下会产生压缩变形，通过室内和现场原位试验结果可以找出土体在压力作用下的变形规律和压缩性指标，并可以根据测试指标评价地基土压缩性和计算地基最终沉降量。考虑土体应力时，分析土体所处的应力状态，作出土体的原始压缩曲线，并根据现场原始压缩曲线计算土体变形量。对于饱和土来说，土体压缩是以土体孔隙中水的排出为前提的，该压缩过程称为固结。饱和土的固结与时间关系密切，根据有效应力原理和土的压缩性指标，在一定假定前提条件下可以导出饱和土沉降与时间的关系，即太沙基一维固结理论，为实际工程提供设计依据。

　　本章重点掌握以下几点：

　　（1）土的侧限压缩试验、原位压缩试验及对应的压缩性指标。

　　（2）地基最终沉降量的计算方法，包括分层总和法与规范推荐方法。

　　（3）根据应力历史对土的状态进行分类，考虑应力历史计算地基土沉降量。

　　（4）地基沉降与时间关系的理论公式推导和工程计算。

　　地基土的压缩性是计算地基最终沉降量的前提，因此必须掌握土的压缩性的测试方法及指标的含义，才能够灵活应用指标计算地基最终沉降量。而沉降与时间关系的分析计算则与土的压缩性和最终沉降量密切相关，因此本章内容前后联系紧密，与实际工程结合密切，需要深入理解每个知识点才能熟练应用于工程实践。

引言：按照《建筑地基基础设计规范》（GB 50007—2011）的要求，设计等级为甲级、乙级和部分丙级的建筑物需要计算地基变形量，并不应大于地基变形允许值。因此在实际工程设计过程中，地基变形计算是非常重要的内容，如果地基变形量不能满足要求，会直接影响建筑的正常使用，甚至危及建筑物的安全。此外，在饱和软土路基处理过程中，经常使用的方法为排水固结法，在设计过程中需要计算达到某一沉降量（固结度）所需的时间，或在某个时间点对应的沉降量（固结度）。要解决以上问题，就需要掌握本章的知识点。

例如，1954 年兴建的上海工业展览馆中央大厅，因地基约有 14m 厚的淤泥质软黏土，尽管采用了 7.27m 的箱形基础，建成后当年就下沉 600mm。1957 年 5 月展览馆中央大厅四角的沉降量最大达 1465.5mm，最小沉降量为 1228mm。1957 年 7 月，经清华大学的专家观察、分析，认为对裂缝修补后可以继续使用（均匀沉降）。1979 年 9 月时，展览馆中央大厅平均沉降达 1600mm，当沉降逐渐趋向稳定后，建筑物可继续使用。

通过本章的学习，可以深入理解该建筑物产生过量变形的原因，以及沉降与时间之间的关系，掌握沉降计算相关方法。

5.1 概　　述

土体受压时体积压缩减小的性质称为土的压缩性，实际工程中地基土在荷载作用下产生的竖向压缩变形称为沉降。地基土沉降量的大小和完成全部沉降需要的时间不仅与荷载大小和分布情况有关，而且取决于受压地基土层的种类、厚度和土的压缩性高低。地基土的沉降量或差异沉降过大会直接影响建筑物的正常使用，严重的可能导致建筑物的基础和上部结构产生破坏，危及整个建筑的安全。因此，根据《建筑地基基础设计规范》（GB 50007—2011）的要求，建筑物的地基变形计算值不应大于地基变形允许值。

在计算地基变形值的过程中，《建筑地基基础设计规范》（GB 50007—2011）给出沉降量、沉降差、倾斜和局部倾斜四种情况，但不论哪种情况，都需要计算基础底面处某点的最终变形值，再依据计算结果判别变形是否符合规范要求，这就需要充分掌握土体的压缩性特征及具体指标，才能完成沉降计算。因此本章第一个重点是介绍土的压缩性、压缩性指标的测定及地基土最终沉降量的计算方法。

对于透水性较差的土层，如饱和软黏土，在上部荷载作用下排水固结速度较慢，要完成土体的压缩变形量需要的时间较长，因此工程中有时不仅需要确定最终沉降量，而且需要确定在荷载作用下地基沉降和时间的关系。例如，需要确定完成某个沉降值所用的时间，或者在某个时间点地基土完成沉降的大小等，即饱和土的固结。固结广义上就是指土体的压缩过程，在实际工程中，绝大多数是专指饱和土在荷载作用下的排水压密过程，这也是本章的第二个重点：饱和土的渗透固结理论。

5.2　土的压缩性

土的压缩性理论包括三个部分：①固体土颗粒的压缩；②土中水及封闭气体的压缩；③土中孔隙中的水和气体从孔隙中被挤出而产生的压缩三个部分。由于固体颗粒和水的压缩量与土体总压缩量相比非常微小，因此在一般压力作用下，可以忽略固体颗粒和水的压缩量，本章所讨论的压缩量都是由土体孔隙体积减小引起的。描述土体的压缩性主要是用土的压缩性指标，这些指标一般通过室内试验和现场原位试验测试得出。

5.2.1　侧限压缩试验及土压缩性指标

1. 侧限压缩试验

侧限压缩试验是目前室内测定土体压缩性最常用的方法，用于测定非饱和土的压缩性，当用于饱和黏土时称为固结试验。侧限压缩试验的试验方法和试验内容详见附录中压缩试验部分，其试验成果主要为 e-p 曲线。

2. 压缩曲线

通过压缩试验可以得出不同荷载作用下土样产生的变形总量，在土样压缩过程中，土样的土颗粒体积和横截面积不变，受压前后只是土样的高度较初始状态减小，见图5-1，设土样的横截面积为 A，初始孔隙比为 e_0，总体积为 V_0，高度为 h_0，孔隙体积为 V_{v0}；第一级荷载下压缩稳定后，土样的变形量为 s_1，孔隙比为 e_1，体积为 V_1，高度为 h_1，孔隙体积为 V_{v1}，压缩过程中土颗粒的体积不变，为 V_s。

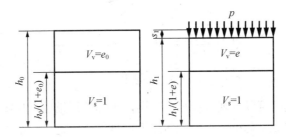

图 5-1　侧限条件下土样在加压后参数变化

根据土的三项指标换算公式 $V_\mathrm{v} = eV_\mathrm{s}$，可得

$$V_0 = V_{\mathrm{v}0} + V_\mathrm{s} = e_0 V_\mathrm{s} + V_\mathrm{s} = (1+e_0)V_\mathrm{s} = Ah_0 \tag{5-1}$$

$$V_\mathrm{s} = \frac{Ah_0}{1+e_0} \tag{5-2}$$

$$V_1 = V_{\mathrm{v}1} + V_\mathrm{s} = e_1 V_\mathrm{s} + V_\mathrm{s} = (1+e_1)V_\mathrm{s} = Ah_1 \tag{5-3}$$

$$V_\mathrm{s} = \frac{Ah_1}{1+e_1} \tag{5-4}$$

根据式（5-2）和式（5-4）可得

$$\frac{h_0}{1+e_0} = \frac{h_1}{1+e_1} \tag{5-5}$$

经整理后可得

$$e_1 = e_0 - \frac{s_1}{h_0}(1+e_0) \tag{5-6}$$

以此类推，可得任一级荷载作用下压缩稳定后的孔隙比的表达式为

$$e_i = e_0 - \frac{s_i}{h_0}(1+e_0)\, s_i = h_0 - h_i \tag{5-7}$$

式中，$e_0 = \dfrac{G_\mathrm{s}(1+w)\rho_\mathrm{w}}{\rho} - 1$，$w$ 和 ρ 分别为土样初始含水率和密度。

根据式（5-7）可以分别计算每一级荷载作用下稳定后土样的孔隙比，从而绘制 e-p 曲线，见图 5-2。

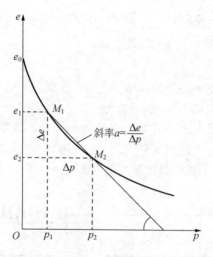

图 5-2　e-p 曲线

从曲线的变化规律可以直观分析加荷范围内土体的压缩性，压缩曲线越平缓，土体在荷载作用下孔隙比变化越小，说明土体压缩性越差；反之，压缩性越好。图 5-3 为密实砂土和软黏土压缩曲线。

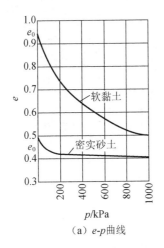 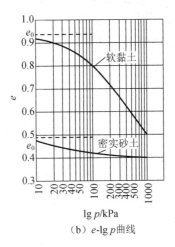

（a）*e-p* 曲线　　　　　　　　（b）*e-*lg *p* 曲线

图 5-3　密实砂土和软黏土压缩曲线

从图 5-3 可以明显看出，软黏土的压缩性要好于密实砂土。同时通过软黏土的压缩曲线变化规律可知，即便是压缩性较好的软黏土，随着竖向荷载不断增大，压缩曲线也会逐渐趋于平缓，土体在侧限条件下的压缩性逐渐减小。因此在实际工程中，对于饱和软黏土地基，一般采用前期堆载预压的方法促使土体排水固结，可有效降低土体压缩性，减小工程完工后的变形量。

3. 土的压缩性指标

根据 *e-p* 曲线，可以分析得出以下三个压缩性指标。

（1）压缩系数

根据试验结果绘制的 *e-p* 曲线（图 5-3），压缩系数可以定义为孔隙比随压力的变化率，即

$$a = -\frac{\mathrm{d}e}{\mathrm{d}p} \tag{5-8}$$

压缩系数实际上是压缩曲线上任意一点的切线斜率值，式中负号代表压缩系数随压力增加而减小。对于曲线上任一点压缩系数的值并不相同，在工程中应用较为不便，因此在应用过程中，根据土样加荷的范围，用 *e-p* 曲线中某段的割线斜率大小来代替切线斜率值，压缩系数可以近似表示为

$$a = -\frac{\Delta e}{\Delta p} = \frac{e_1 - e_2}{p_2 - p_1} \tag{5-9}$$

利用压缩系数可评价土体的压缩性，压缩曲线中不同荷载段所计算的压缩系数不同，在实际工程中，按照我国《建筑地基基础设计规范》（GB 50007—2011）的规定，地基土的压缩性可按 $p_1 = 100\mathrm{kPa}$、$p_2 = 200\mathrm{kPa}$ 时相对应的压缩系数值 a_{1-2} 划分为低、中、高压缩性，并符合以下规定：当 $a_{1-2} < 0.1\mathrm{MPa}^{-1}$ 时，为低压缩性土；当 $0.1\mathrm{MPa}^{-1} < a_{1-2} < 0.5\mathrm{MPa}^{-1}$ 时，为中压缩性土；当 $a_{1-2} > 0.5\mathrm{MPa}^{-1}$ 时，为高压缩性土。

（2）压缩指数

压缩指数是土体在侧限压缩条件下孔隙比的减小量与压力增量之间的比值，用 C_c 表示。根据压缩试验结果，绘制 $e\text{-}\lg p$ 曲线，见图 5-4。

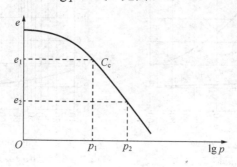

图 5-4　$e\text{-}\lg p$ 曲线

从图 5-4 可以看出，该曲线的后半段接近直线，因此可用直线的斜率值来表示该土样的压缩指数大小，即

$$C_c = \frac{e_1 - e_2}{\lg p_2 - \lg p_1} = \frac{\Delta e}{\lg \dfrac{p_2}{p_1}} \tag{5-10}$$

压缩指数同样可以用于评价土体压缩性，一般情况下 $C_c < 0.2$，属于低压缩性土；$0.2 < C_c < 0.4$，属于中压缩性土；$C_c > 0.4$，属于高压缩性土。

（3）压缩模量

压缩模量是土体在侧限压缩条件下竖向压应力与竖向应变之比，用 E_s 表示。压缩模量同样可以通过 $e\text{-}p$ 曲线求得。在压缩试验中，由于土样横截面积不变，因此土体的竖向应变可表示为

$$\varepsilon = \frac{h_1 - h_2}{h_1} \tag{5-11}$$

式中，h_1、h_2 分别为压缩试验中相邻两级压力作用下试样稳定后的高度。

根据式（5-4）可知

$$h_1 = \frac{1 + e_1}{A} V_s, \quad h_2 = \frac{1 + e_2}{A} V_s$$

将 h_1、h_2 的表达式代入式（5-11）可得

$$\varepsilon = \frac{e_1 - e_2}{1 + e_1} \tag{5-12}$$

根据压缩模量定义，有

$$E_s = \frac{\Delta p}{\varepsilon} \tag{5-13}$$

而根据压缩系数定义式（5-9），有

$$\Delta p = \frac{e_1 - e_2}{a} \tag{5-14}$$

将式（5-13）和式（5-14）代入式（5-12）整理后可得

$$E_S = \frac{1 + e_1}{a} \qquad\qquad (5\text{-}15)$$

式中，a 为相邻两级荷载段内土样的压缩系数；e_1 为两级荷载中的前一级荷载。

式（5-15）为在工程计算中压缩模量和压缩系数的关系式。

通过以上推导过程可知，土体的压缩模量与压缩系数一样，都是针对某相邻两级荷载范围内的指标，荷载范围不同，压缩模量也不同，土的压缩模量越小，土的压缩性越高。在实际工程中，压缩模量也采用 $p_1 = 100\text{kPa}$、$p_2 = 200\text{kPa}$ 荷载范围内的值来描述土的压缩性高低，用 E_{S1-2} 表示。一般情况下有：$E_{S1-2} < 4\text{MPa}$，为高压缩性土；$4\text{MPa} < E_{S1-2} < 16\text{MPa}$，为中压缩性土；$E_{S1-2} > 16\text{MPa}$，为低压缩性土。

4. 土的侧限回弹曲线和再压缩曲线

前述土体的侧限压缩曲线是土体在连续加荷的条件下得到的土体孔隙比与压力之间的关系曲线，若在加荷过程中，加到某一级荷载 p_i 后，当土样压缩稳定后不是继续加荷，而是逐级进行卸荷至零，并测得卸荷过程中各级荷载土样回弹稳定后的高度，换算得到土体的孔隙比，可以得到土体回弹过程中土体孔隙比与卸荷压力之间的曲线，称为回弹曲线，见图 5-5（a）。

在土样卸荷直至荷载为零的过程中，土样虽产生回弹，但在荷载卸至零并回弹稳定后，土样高度比未加荷时的高度要小，这说明，土样在压缩过程中产生的变形量有一部分在卸荷后是可以恢复的，称为弹性变形；应有一部分是不可恢复的，称为塑性变形。

在土样卸荷后，若重新逐级加荷，测得土样在每级荷载作用下的压缩变形量，并计算对应的孔隙比，根据孔隙比和压力可以得到土体的再压缩曲线，见图 5-5（b），从图中可知，土体的再压缩曲线与回弹曲线并未重合，两条线形成闭合环形，该曲线环称为回滞环，在土样经过多次加荷—卸荷过程后，回滞环的面积逐渐减小，到达一定程度后，在试验所加荷和卸荷的荷载大小范围内，再压缩曲线与回弹曲线基本重合，土样在此荷载范围内基本处于弹性变形状态。当再压缩过程的荷载超过卸荷时的荷载后，再压缩曲线与正常压缩曲线重合。

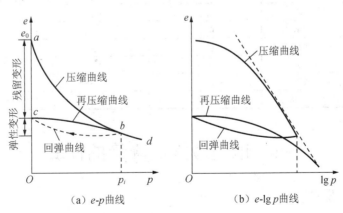

（a）e-p 曲线　　　　　　　（b）e-lg p 曲线

图 5-5　土的侧限回弹和再压缩曲线

5.2.2 现场原位测试压缩性指标

原位测试是指在岩土体所处的位置,基本保持岩土体原来的结构、湿度和应力状态,对岩土体进行的测试。对于天然土层,可以通过原位测试得到土体的压缩性指标,即变形模量 E_0。原位测试方法有浅层平板载荷试验、深层平板载荷试验和旁压试验等。下面就工程中最为常见的浅层平板载荷试验得出的变形模量进行简要介绍。

浅层平板载荷试验是在要测定的土层上逐级施加荷载,并严格按照时间间隔记录土层产生的变形量,根据试验结果绘制 p-s 曲线,即压力-沉降曲线,从而分析土体的变形特性和地基承载力(具体试验过程和承载力相关内容将在第 9 章中详细介绍)。根据《岩土工程勘察规范 [2009 年版]》(GB 50021—2001)的规定,土的变形模量应根据 p-s 曲线的初始直线段,按均质各向同性无限弹性介质的弹性理论计算。计算公式如下:

$$E_0 = I_0(1 - \mu^2)\frac{pd}{s} \tag{5-16}$$

式中,I_0 为刚性承压板的形状系数,圆形承压板取 0.785,方形承压板取 0.886;μ 为土的泊松比,碎石土取 0.27,砂土取 0.30,粉土取 0.35,粉质黏土取 0.38,黏土取 0.42;d 为承压板的直径或边长(m);p 为 p-s 曲线线性段的压力(kPa);s 为与 p 对应的沉降(mm)。

土的变形模量 E_0 是在原位测试中被压缩土体周围的土体起到的一定的侧限作用条件下测得的,并非完全侧限条件,因此变形模量与压缩模量有本质上的区别,根据弹性理论,E_0 和 E_s 可以用式(5-17)进行换算:

$$E_0 = \beta E_s \tag{5-17}$$

式中,$\beta = 1 - \dfrac{2\mu^2}{1 - \mu}$,$\mu$ 为土的泊松比,其值可参考表 5-1。

表 5-1　K_0、μ、β 参考值

土的种类和状态		K_0	μ	β
碎石土		0.18~0.25	0.15~0.20	0.95~0.90
砂土		0.25~0.33	0.20~0.25	0.90~0.83
粉土		0.33	0.25	0.83
粉质黏土	坚硬状态	0.33	0.25	0.83
	可塑状态	0.43	0.30	0.74
	软塑及流塑状态	0.53	0.35	0.62
黏土	坚硬状态	0.33	0.25	0.83
	可塑状态	0.53	0.35	0.62
	软塑及流塑状态	0.72	0.42	0.39

5.3　地基最终沉降量的计算

5.3.1　分层总和法

在基底附加压力作用下,地基土内部各点产生竖向附加应力,附加应力随深度的增

加不断减小，引起相应位置土层的变形量也越来越小，到达某个深度时，该深度以下附加应力很小，产生的变形量对于工程来说可以忽略不计，该深度称为计算深度，土层产生的最终沉降量可以近似地用计算深度以上土层的压缩变形量来代替。把计算深度以上土层进行合理分层，求出各个分层的压缩变形量再求和的方法，即分层总和法。

1. 基本假定

1）地基土是均质、各向同性的半无限空间弹性体，土体的应力-应变关系符合胡克定律。

2）土层在压缩变形时不考虑侧向变形，只产生竖向变形，因此可以采用室内侧限压缩试验的压缩模量计算变形。

3）以基础底面中心点以下土层的附加应力计算变形量，从而弥补采用侧限条件下的压缩性指标计算沉降偏小的缺点。

2. 计算步骤

1）将地基土分层（图 5-6）。地基土分层从基础底面以下土层开始，为减小计算误差，要求分层厚度不能过大，每层以 $0.4b$（b 为基础短边尺寸）或 $1\sim2\text{m}$ 为宜，同时要求天然土层面、地下水位面作为土层分界面。

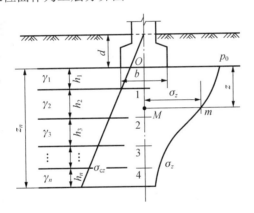

图 5-6　分层总和法计算示意图

2）计算每个土层分界面处的自重应力 σ_{cz}（自天然底面算起）和附加应力 σ_z（自基底算起），并计算每个分层上下分界面自重应力 σ_{cz} 和附加应力 σ_z 的平均值，即

$$\bar{\sigma}_{cz} = \frac{\sigma_{cz\pm} + \sigma_{cz\mp}}{2} = \frac{\sigma_{z\pm} + \sigma_{z\mp}}{2}$$

3）确定计算深。根据工程经验，地基压缩层深度的下限符合要求：一般性土层，取 $\sigma_z = 0.2\sigma_{cz}$；软土地基，取 $\sigma_z = 0.1\sigma_{cz}$。

4）计算每个分压缩变形量。令 $p_1 = \bar{\sigma}_{cz}$、$p_2 = \bar{\sigma}_{cz} + \bar{\sigma}_z$，分别对应侧限压缩试验所得曲线上的相邻两级荷载，并在该层土层的 $e\text{-}p$ 曲线上查得 p_1 和 p_2 对应的孔隙比 e_1 和 e_2。根据式（5-7）可计算第 i 分层土的压缩变形量

$$s_i = \frac{e_{1i} - e_{2i}}{1 + e_{1i}} h_i \qquad (5\text{-}18)$$

式中，h_i 为该分层土的厚度；e_{1i} 为根据第 i 层土上下分界面处自重应力的平均值，即该土层中原有应力 p_1，在 $e\text{-}p$ 曲线上查得的孔隙比；e_{2i} 为根据第 i 层土上下分界面处自重应力的平均值和附加应力的平均值总和，即该土层中在荷载作用下的总应力 p_2 在 $e\text{-}p$ 曲线上查得的孔隙比。

将式（5-9）和式（5-13）分别代入式（5-16），可得土层压缩变形量计算公式的另外两种表达式，如下：

$$s_i = \frac{e_{1i} - e_{2i}}{1 + e_{1i}} h_i = \frac{p_{2i} - p_{1i}}{1 + e_{1i}} a h_i \qquad (5\text{-}19a)$$

$$s_i = \frac{e_{1i} - e_{2i}}{1 + e_{1i}} h_i = \frac{\Delta \bar{\sigma}}{E_{S_i}} h_i \qquad (5\text{-}19b)$$

5）计算最终沉降量

$$s = \sum_{i=1}^{n} s_i \qquad (5\text{-}20)$$

例 5-1：某建筑独立基础，平面尺寸为 $4\text{m} \times 2\text{m}$，基础埋深 1.6m，经计算得基底附加压力 $p_0 = 100\text{kPa}$，土层参数见表 5-2，使用分层总和法计算该地基土的总沉降量。

表 5-2　土层参数表

土层	厚度/m	分层厚度/m	压缩模量/MPa	重度/（kN/m³）	f_{ak}/kPa
杂填土	1.6			17.5	
粉质黏土	2.4	0.8	8.0	18.6	185
		0.8			
		0.8			
粉土	2.0	1	6.2	19.0	145
		1			
中砂	3.6	1.2	9.5	19.5	210
		1.2			
		1.2			

解：根据现场土层情况，把基底以下土层进行分层，粉质黏土分为三层，每层 0.8m；粉土分为两层，每层 1m；中砂分为三层，每层 1.2m，见表 5-2。

1）分别计算分层面处的自重应力和附加应力，见表 5-3。根据土层模量，中砂层非高压缩性土，所以按照计算深度确定条件：$\sigma_z \leqslant 0.2\sigma_{cz}$，在深度为 4.4m 处，$\sigma_z = 16.28\text{kPa} \leqslant 0.2\sigma_{cz} = 22.13\text{kPa}$，满足要求，确定土层计算深度为基础底面以下 4.4m。

2）确定每层土的平均附加应力 $\bar{\sigma}_z = \dfrac{\sigma_{z(i-1)} + \sigma_{zi}}{2}$，计算结果见表 5-4。

3）根据式（5-16），计算分层变形量和总变形量，见表 5-4。

表 5-3 自重应力和附加应力计算结果

z_i / m	z_i / b	l / b	α_i	$\sigma_z = 4\alpha_i p_0$ / kPa	σ_{cz}
0	0	2/1	0.2500	100	28
0.8	0.8/1	2/1	0.2176	87.04	42.88
1.6	1.6/1	2/1	0.1482	59.28	57.76
2.4	2.4/1	2/1	0.0979	39.16	72.64
3.4	3.4/1	2/1	0.0611	24.44	91.64
4.4	4.4/1	2/1	0.0407	16.28	110.64

表 5-4 分层变形量和总变形量计算结果

层数	$\bar{\sigma}_z$	E_{s_i} / kPa	h_i / m	S_i / m
1	93.52	8000	0.8	0.0094
2	73.16	8000	0.8	0.0073
3	49.22	8000	0.8	0.0049
4	30.30	6200	1.0	0.0049
5	20.36	6200	1.0	0.0033
$\sum s_i$				0.0298

该独立基础中心点的总沉降量为 0.0298m。

5.3.2 《建筑地基基础设计规范》推荐的沉降计算方法

《建筑地基基础设计规范》（GB 50007—2011）推荐的方法基于前述分层总和法的计算思想，也采用侧限压缩模量并引入地基平均附加应力系数，规定地基变形计算深度的计算方法，按照天然土层界面分层来计算地基沉降量，可以减少土层划分数量，简化计算。该方法结合大量工程实测沉降资料，对理论计算沉降值进行修正，使理论计算值更加接近工程实测值，因此该方法在现在的实际工程中应用广泛。

1. 计算公式推导

见图 5-7，基础底面以下地基土为各向同性均质体，侧限压缩模量不随深度改变，在基础底面以下深度为 z 范围内土层压缩变形量可用积分的形式进行表示：

$$s' = \int_0^z \frac{\sigma_z}{E_S} \mathrm{d}z = \frac{1}{E_S}\int_0^z \sigma_z \mathrm{d}z = \frac{A}{E_s} \tag{5-21}$$

式中，σ_z 为地基竖向附加应力，可以按照附加应力的求解方法求出，即 $\sigma_z = \alpha p_0$，α 为附加应力系数；A 为基底某点下至任意深度 z 范围内的附加应力面积，即

$$A = \int_0^z \sigma_z \mathrm{d}z = p_0 \int_0^z \alpha \mathrm{d}z \tag{5-22}$$

引入地基平均附加应力系数 $\bar{\alpha}$，其是指从基底某点下到地基任意深度 z 范围内的附加应力面积与基底附加压力和地基深度的乘积之比，即 $\bar{\alpha} = \dfrac{A}{p_0 z}$，则可得

$$A = \bar{\alpha} p_0 z \qquad (5\text{-}23)$$

将式（5-23）代入式（5-21）可得

$$s' = \frac{\bar{\alpha} p_0 z}{E_s} \qquad (5\text{-}24)$$

式（5-24）就是引入平均附加应力系数得出的基底某点深度 z 范围内土层的变形量计算公式。利用式（5-24），结合图 5-7 可以得出第 i 层土的沉降量计算公式，如下：

$$\Delta s_i' = s_i' - s_{i-1}' = \frac{A_i - A_{i-1}}{E_{s_i}} = \frac{A_{1243} - A_{1265}}{E_{s_i}} = \frac{p_0}{E_{s_i}} (\bar{\alpha}_i z_i - \bar{\alpha}_{i-1} z_{i-1}) \qquad (5\text{-}25)$$

式中，$\bar{\alpha}_i$ 为平均附加应力系数，可分荷载情况按表 5-5 和表 5-6 查取（表 5-5 和表 5-6 中给出的是矩形面积上均布和三角形分布荷载作用下角点的附加应力系数表，圆形面积上分布荷载情况可参考《建筑地基基础设计规范》（GB 50007—2011）附录中的表格查取）。

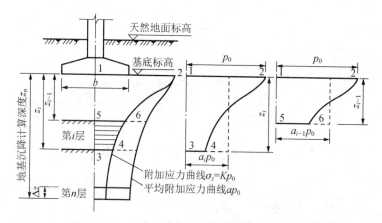

图 5-7　规范法地基沉降计算示意图

表 5-5　矩形面积上均布荷载作用下角点的平均附加应力系数 $\bar{\alpha}_i$

z/b \\ l/b	1.0	1.2	1.4	1.6	1.8	2.0	2.4	2.8	3.2	3.6	4.0	5.0	10.0
0.0	0.2500	0.2500	0.2500	0.2500	0.2500	0.2500	0.2500	0.2500	0.2500	0.2500	0.2500	0.2500	0.2500
0.2	0.2496	0.2497	0.2497	0.2498	0.2498	0.2498	0.2498	0.2498	0.2498	0.2498	0.2498	0.2498	0.2498
0.4	0.2474	0.2479	0.2481	0.2483	0.2483	0.2484	0.2485	0.2485	0.2485	0.2485	0.2485	0.2485	0.2485
0.6	0.2423	0.2437	0.2444	0.2448	0.2451	0.2452	0.2454	0.2455	0.2455	0.2455	0.2455	0.2455	0.2456
0.8	0.2346	0.2372	0.2387	0.2395	0.2400	0.2403	0.2407	0.2408	0.2409	0.2409	0.2410	0.2410	0.2410
1.0	0.2252	0.2291	0.2313	0.2326	0.2335	0.2340	0.2346	0.2349	0.2351	0.2352	0.2352	0.2353	0.2353
1.2	0.2149	0.2199	0.2229	0.2248	0.2260	0.2268	0.2278	0.2282	0.2285	0.2286	0.2287	0.2288	0.2289
1.4	0.2043	0.2162	0.2140	0.2164	0.2180	0.2191	0.2204	0.2211	0.2215	0.2217	0.2218	0.2220	0.2221
1.6	0.1939	0.2006	0.2049	0.2079	0.2099	0.2113	0.2130	0.2138	0.2143	0.2146	0.2148	0.2150	0.2152
1.8	0.1840	0.1912	0.1960	0.1994	0.2018	0.2034	0.2055	0.2066	0.2073	0.2077	0.2079	0.2082	0.2084
2.0	0.1746	0.1822	0.1875	0.1912	0.1938	0.1958	0.1982	0.1996	0.2004	0.2009	0.2012	0.2015	0.2018

续表

z/b \ l/b	1.0	1.2	1.4	1.6	1.8	2.0	2.4	2.8	3.2	3.6	4.0	5.0	10.0
2.2	0.1659	0.1737	0.1793	0.1833	0.1862	0.1883	0.1911	0.1927	0.1937	0.1943	0.1947	0.1952	0.1955
2.4	0.1578	0.1657	0.1715	0.1757	0.1789	0.1812	0.1843	0.1862	0.1873	0.1880	0.1885	0.1890	0.1895
2.6	0.1503	0.1583	0.1642	0.1686	0.1719	0.1745	0.1779	0.1799	0.1812	0.1820	0.1825	0.18332	0.1838
2.8	0.1433	0.1514	0.1574	0.1619	0.1654	0.1680	0.1717	0.1739	0.1753	0.1763	0.1769	0.1777	0.1784
3.0	0.1369	0.1449	0.1510	0.1556	0.1592	0.1619	0.1658	0.1682	0.1698	0.1708	0.1715	0.1725	0.1733
3.2	0.1310	0.1393	0.1450	0.1497	0.1533	0.1562	0.1602	0.1628	0.1645	0.1657	0.1664	0.1675	0.1685
3.4	0.1256	0.1334	0.1394	0.1441	0.1478	0.1508	0.1550	0.1577	0.1595	0.1607	0.1616	0.1628	0.1639
3.6	0.1205	0.1282	0.1342	0.1389	0.1427	0.1456	0.1500	0.1528	0.1548	0.1561	0.1570	0.1583	0.1595
3.8	0.1158	0.1234	0.1293	0.1340	0.1378	0.1408	0.1452	0.1482	0.1502	0.1516	0.1526	0.1541	0.1554
4.0	0.1114	0.1189	0.1248	0.1294	0.1332	0.1362	0.1408	0.1438	0.1459	0.1474	0.1485	0.1500	0.1516
4.2	0.1073	0.1147	0.1205	0.1251	0.1289	0.1319	0.1365	0.1396	0.1418	0.1434	0.1445	0.1462	0.1479
4.4	0.1035	0.1107	0.1164	0.1210	0.1248	0.1279	0.1325	0.1357	0.1379	0.1396	0.1407	0.1425	0.1444
4.6	0.1000	0.1070	0.1127	0.1172	0.1209	0.1240	0.1287	0.1319	0.1342	0.1359	0.1371	0.1390	0.1410
4.8	0.0967	0.1036	0.1091	0.1136	0.1173	0.1204	0.1250	0.1283	0.1307	0.1324	0.1337	0.1357	0.1379
5.0	0.0935	0.1003	0.1057	0.1102	0.1139	0.1169	0.1216	0.1249	0.1273	0.1291	0.1304	0.1325	0.1348
5.2	0.0906	0.0972	0.1026	0.1070	0.1106	0.1136	0.1183	0.1217	0.1241	0.1259	0.1273	0.1295	0.1320
5.4	0.0878	0.0943	0.0996	0.1039	0.1075	0.1105	0.1152	0.1186	0.1211	0.1229	0.1243	0.1265	0.1292
5.6	0.0852	0.0916	0.0968	0.1010	0.1046	0.1076	0.1122	0.1156	0.1181	0.1200	0.1215	0.1238	0.1266
5.8	0.0828	0.0890	0.0941	0.0983	0.1018	0.1047	0.1094	0.1128	0.1153	0.1172	0.1187	0.1211	0.1240
6.0	0.0805	0.0866	0.0916	0.0957	0.0991	0.1021	0.1067	0.1101	0.1126	0.1146	0.1161	0.1185	0.1216
6.2	0.0783	0.0842	0.0891	0.0932	0.0966	0.0995	0.1041	0.1075	0.1101	0.1120	0.1136	0.1161	0.1193
6.4	0.0762	0.0820	0.0869	0.0909	0.0942	0.0971	0.1016	0.1050	0.1076	0.1096	0.1111	0.1137	0.1171
6.6	0.0742	0.0799	0.0847	0.0886	0.0919	0.0948	0.0993	0.1027	0.1053	0.1073	0.1088	0.1114	0.1149
6.8	0.0723	0.0779	0.0826	0.0865	0.0898	0.0926	0.0970	0.1004	0.1030	0.1050	0.1066	0.1092	0.1129
7.0	0.0705	0.0761	0.0806	0.0844	0.0877	0.0904	0.0949	0.0982	0.1008	0.1028	0.1044	0.1071	0.1109
7.2	0.0688	0.0742	0.0787	0.0825	0.0857	0.0884	0.0928	0.0962	0.0987	0.1008	0.1023	0.1051	0.1090
7.4	0.0672	0.0725	0.0769	0.0806	0.0838	0.0865	0.0908	0.0942	0.0967	0.0988	0.1004	0.1031	0.1071
7.6	0.0656	0.0709	0.0752	0.0789	0.0820	0.0846	0.0889	0.0922	0.0948	0.0968	0.0984	0.1012	0.1056
7.8	0.0642	0.0693	0.0736	0.0771	0.0802	0.0828	0.0871	0.0904	0.0929	0.0950	0.0966	0.0994	0.1036
8.0	0.0627	0.0678	0.0720	0.0755	0.0785	0.0811	0.0853	0.0886	0.0912	0.0932	0.0948	0.0976	0.1020
8.2	0.0614	0.0663	0.0705	0.0739	0.0769	0.0795	0.0837	0.0869	0.0894	0.0914	0.0931	0.0959	0.1004
8.4	0.0601	0.0649	0.0690	0.0724	0.0754	0.0779	0.0820	0.0852	0.0878	0.0893	0.0914	0.0943	0.0938
8.6	0.0588	0.0636	0.0676	0.0710	0.0739	0.0764	0.0805	0.0836	0.0862	0.0882	0.0898	0.0927	0.0973
8.8	0.0576	0.0623	0.0663	0.0696	0.0724	0.0749	0.0790	0.0821	0.0846	0.0866	0.0882	0.0912	0.0959
9.2	0.0554	0.0599	0.0637	0.0670	0.0697	0.0721	0.0761	0.0792	0.0817	0.0837	0.0853	0.0882	0.0931
9.6	0.0533	0.0577	0.0614	0.0645	0.0672	0.0696	0.0734	0.0765	0.0789	0.0809	0.0825	0.0855	0.0905
10.0	0.0514	0.0556	0.0592	0.0622	0.0649	0.0672	0.0710	0.0739	0.0763	0.0783	0.0799	0.0829	0.0880
10.4	0.0496	0.0537	0.0572	0.0601	0.0627	0.0649	0.0686	0.0716	0.0739	0.0759	0.0775	0.0804	0.0857
10.8	0.0479	0.0519	0.0553	0.0581	0.0606	0.0628	0.0664	0.0693	0.0717	0.0736	0.0751	0.0781	0.0834

续表

l/b z/b	1.0	1.2	1.4	1.6	1.8	2.0	2.4	2.8	3.2	3.6	4.0	5.0	10.0
11.2	0.0463	0.0502	0.0535	0.0563	0.0587	0.0609	0.0644	0.0672	0.0695	0.0714	0.0730	0.0759	0.0813
11.6	0.0448	0.0486	0.0518	0.0545	0.0569	0.0590	0.0625	0.0652	0.0675	0.0694	0.0709	0.0738	0.0793
12.0	0.0435	0.0471	0.0502	0.0529	0.0552	0.0573	0.0606	0.0634	0.0656	0.0674	0.0690	0.0719	0.0774
12.8	0.0409	0.0444	0.0474	0.0499	0.0521	0.0541	0.0573	0.0599	0.0621	0.0639	0.0654	0.0682	0.0739
13.6	0.0387	0.0420	0.0448	0.0472	0.0493	0.0512	0.0543	0.0568	0.0589	0.0607	0.0621	0.0649	0.0707
14.4	0.0367	0.0398	0.0425	0.0448	0.0468	0.0486	0.0516	0.0540	0.0561	0.0577	0.0592	0.0619	0.0677
15.2	0.0349	0.0379	0.0404	0.0426	0.0446	0.0463	0.0492	0.0515	0.0535	0.0551	0.0565	0.0592	0.0650
16.0	0.0332	0.0361	0.0385	0.0407	0.0425	0.0442	0.0469	0.0492	0.0511	0.0527	0.0540	0.0567	0.0625
18.0	0.0297	0.0323	0.0345	0.0364	0.0381	0.0396	0.0422	0.0442	0.0460	0.0475	0.0487	0.0512	0.0520
20.0	0.0269	0.0292	0.0312	0.0330	0.0345	0.0359	0.0383	0.0402	0.0418	0.0432	0.0444	0.0468	0.0524

表 5-6　矩形面积上三角形分布荷载作用下的附加应力系数 $\bar{\alpha}_i$

点 z/b	l/b 0.2		0.4		0.6		0.8		1.0	
	1	2	1	2	1	2	1	2	1	2
0.0	0.0000	0.2500	0.0000	0.2500	0.0000	0.2500	0.0000	0.2500	0.0000	0.2500
0.2	0.0112	0.2161	0.0140	0.2308	0.0148	0.2333	0.0151	0.2339	0.0152	0.2341
0.4	0.0179	0.1810	0.0245	0.2084	0.0270	0.2153	0.0280	0.2175	0.0285	0.2184
0.6	0.0207	0.1505	0.0308	0.1851	0.0355	0.1966	0.0376	0.2011	0.0388	0.2030
0.8	0.0217	0.1277	0.0340	0.1640	0.0405	0.1787	0.0440	0.1852	0.0459	0.1883
1.0	0.0217	0.1104	0.0351	0.1461	0.0430	0.1624	0.0476	0.1704	0.0502	0.1746
1.2	0.0212	0.0970	0.0351	0.1312	0.0439	0.1480	0.0492	0.1571	0.0525	0.1621
1.4	0.0204	00865	0.0344	0.1187	0.0436	0.1356	0.0495	0.1451	0.0534	0.1507
1.6	0.0195	0.0779	0.0333	0.1082	0.0427	0.1247	0.0490	0.1345	0.0533	0.1405
1.8	0.0186	0.0709	0.0321	0.0993	0.0415	0.1153	0.0480	0.1252	0.0525	0.1313
2.0	0.0178	0.0650	0.0308	0.0917	0.0401	0.1071	0.0467	0.1169	0.0513	0.1232
2.5	0.0157	0.0538	0.0276	0.0769	0.0365	0.0908	0.0429	0.1000	0.0478	0.1063
3.0	0.0140	0.0458	0.0248	0.0661	0.0330	0.0786	0.0392	0.0871	0.0439	0.0931
5.0	0.0097	0.0289	0.0175	0.0424	0.0236	0.0476	0.0285	0.0576	0.0324	0.0624
7.0	0.0073	0.0211	0.0133	0.0311	0.0180	0.0352	0.0219	0.0427	0.0251	0.0465
10.00	0.0053	0.0150	0.0097	0.0222	0.0133	0.0253	0.0162	0.0308	0.0186	0.0336
0.0	0.0000	0.2500	0.0000	0.2500	0.0000	0.2500	0.0000	0.2500	0.0000	0.2500
0.2	0.0153	0.2342	0.0153	0.2343	0.0153	0.2343	0.0153	0.2343	0.0153	0.2343
0.4	0.0288	0.2187	0.0290	0.2189	0.0290	0.2190	0.0290	0.21907	0.0290	0.2191
0.6	0.0394	0.2039	0.0397	0.2043	0.0399	0.2046	0.0400	0.2047	0.0140	0.2048
0.8	0.0470	0.1899	0.0476	0.1907	0.0480	0.1912	0.0482	0.1905	0.0483	0.1917
1.0	0.0518	0.1769	0.0528	0.1781	0.0534	0.1798	0.0538	0.1794	0.0540	0.1797
1.2	0.0546	0.1649	0.0560	0.1666	0.0568	0.1678	0.0574	0.1684	0.0577	0.1689
1.4	0.0559	0.1541	0.0575	0.1562	0.0586	0.1576	0.0594	0.1585	0.0599	0.1591
1.6	0.0561	0.1443	0.0580	0.1467	0.0594	0.1484	0.0603	0.1494	0.0609	0.1502
1.8	0.0556	0.1354	0.0578	0.1381	0.0593	0.1400	0.0604	0.1413	0.0611	0.1422

续表

z/b \ l/b	0.2		0.4		0.6		0.8		1.0	
点	1	2	1	2	1	2	1	2	1	2
2.0	0.0547	0.1274	0.0570	0.1303	0.0587	0.1324	0.0599	0.1338	0.0608	0.1348
2.5	0.0513	0.1107	0.0540	0.1139	0.0560	0.1163	0.0575	0.1180	0.0586	0.1193
3.0	0.0476	0.0976	0.0503	0.1008	0.0525	0.1033	0.0541	0.1052	0.0554	0.1067
5.0	0.0356	0.0661	0.0382	0.0690	0.0403	0.0714	0.0421	0.0734	0.0435	0.0749
7.0	0.0277	0.0496	0.0299	0.0520	0.0318	0.0541	0.0333	0.0558	0.0347	0.0572
10.00	0.0207	0.0359	0.0224	0.0379	0.0239	0.0395	0.0252	0.0409	0.0263	0.0403
0.0	0.0000	0.2500	0.0000	0.2500	0.0000	0.2500	0.0000	0.2500	0.0000	0.2500
0.2	0.0153	0.2343	0.0153	0.2343	0.0153	0.2343	0.0153	0.2343	0.0153	0.2343
0.4	0.0290	0.2192	0.0291	0.2192	0.0291	0.2192	0.0291	0.2192	0.0291	0.2192
0.6	0.0423	0.2050	0.0402	0.2050	0.0402	0.2050	0.0402	0.2050	0.0402	0.2050
0.8	0.0486	0.1920	0.0487	0.1920	0.0487	0.1921	0.0487	0.1921	0.0487	0.1921
1.0	0.0545	0.1803	0.0546	0.1803	0.0546	0.1804	0.0546	0.1804	0.0546	0.1804
1.2	0.0584	0.1697	0.0586	0.1699	0.0587	0.1700	0.0587	0.1700	0.0587	0.1700
1.4	0.0609	0.1603	0.0612	0.1605	0.0613	0.1606	0.0613	0.1606	0.0613	0.1606
1.6	0.0623	0.1517	0.0626	0.1521	0.0628	0.1523	0.0628	0.1523	0.0628	0.1523
1.8	0.0628	0.1441	0.0633	0.1445	0.0635	0.1447	0.0635	0.1448	0.0635	0.1448
2.0	0.0629	0.1371	0.0634	0.1377	0.0637	0.1380	0.0638	0.1380	0.0638	0.1380
2.5	0.0614	0.1223	0.0623	0.1233	0.0627	0.1237	0.0628	0.1238	0.0628	0.1239
3.0	0.0589	0.1104	0.0600	0.1116	0.0607	0.1123	0.0609	0.1124	0.0609	0.1125
5.0	0.0480	0.0797	0.0500	0.0811	0.0515	0.0833	0.0519	0.0837	0.0521	0.0839
7.0	0.0391	0.0619	0.0414	0.0642	0.0435	0.0663	0.0442	0.0671	0.0445	0.0674
10.00	0.0302	0.0462	0.0325	0.0485	0.0349	0.0509	0.0359	0.0520	0.0364	0.0526

2. 计算深度选择

规范法的计算深度要求满足式（5-26）：

$$\Delta s_n' \leqslant 0.025 \sum_{i=1}^{n} \Delta s_i' \tag{5-26}$$

式中，$\Delta s_n'$ 为在计算深度 z_n 处，向上取厚度为 Δz 的土层计算所得的压缩变形量，Δz 的厚度大小与基础宽度 b 有关，可根据基础宽度查表 5-7 确定；$\Delta s_i'$ 为计算深度范围内每层土的压缩变形量。

表 5-7　计算层厚度 Δz 取值表　　　　　　　　　（单位：m）

b	$b \leqslant 2$	$2 < b \leqslant 4$	$4 < b \leqslant 8$	$b > 8$
Δz	0.3	0.6	0.8	1.0

按式（5-26）确定的地基变形计算深度以下有较软土层时，应继续向下计算，直到软弱土层中的变形量再次符合式（5-26）为止。

当无相邻荷载影响，基础宽度在 1～30m 内时，基础中点的地基变形计算深度也可按下列简化公式进行计算。

$$z_n = b(2.5 - 0.4\ln b) \tag{5-27}$$

在计算深度范围内存在基岩时，z_n 可取至基岩表面；当存在较厚的坚硬黏性土层，其孔隙比小于 0.5，压缩模量大于 50MPa，或存在较厚的密实砂卵石层，其压缩模量大于 80MPa 时，z_n 可取至该层土表面；考虑刚性下卧层的影响，按照《建筑地基基础设计规范》（GB 50007—2011）给出的公式计算变形量，在此不再详述。

3. 沉降计算经验修正系数 ψ_s

ψ_s 是根据大量工程实测与理论计算值的对比分析得出的沉降修正系数，其大小与地基土的压缩模量、基底附加压力和地基承载力有关，可按表 5-8 查取。

表 5-8　沉降计算经验系数 ψ_s

$\overline{E}_s$ /MPa　　　基底附加压力	2.5	4.0	7.0	15.0	20.0
$p_0 \geqslant f_{ak}$	1.4	1.3	1.0	0.4	0.2
$p_0 \leqslant 0.75 f_{ak}$	1.1	1.0	0.7	0.4	0.2

注：1）$\overline{E}_s$ 为地基变形计算深度范围内压缩模量的当量值，应按下式计算：

$$\overline{E}_s = \frac{\sum A_i}{\sum \dfrac{A_i}{E_{s_i}}}$$

式中，A_i 为第 i 层土附加应力系数沿土层厚度的积分值。

2）f_{ak} 为地基承载力特征值。

4. 地基最终沉降量计算公式

由分层总和法的计算原理，并考虑沉降计算经验系数可得《建筑地基基础设计规范》（GB 50007—2011）推荐的沉降计算公式为

$$s' = \sum_{i=1}^{n} \Delta s_i' = \sum_{i=1}^{n} \frac{p_0}{E_{s_i}} (\overline{\alpha}_i z_i - \overline{\alpha}_{i-1} z_{i-1}) \tag{5-28}$$

例 5-2：某建筑独立基础，建筑物荷载、基础尺寸和地基土等所有条件同例 5-1，试利用规范法计算例 5-1 中基础中心点的总沉降量。

解：1）确定计算深度。

$$z_n = b(2.5 - 0.4\ln b) = 2 \times (2.5 - 0.4\ln 2) = 4.45(\text{m})$$

2）确定平均附加应力系数 $\overline{\alpha}_i$ 及各层土的沉降量，计算结果见表 5-9。

表 5-9　平均附加应力系数及沉降量计算结果

z/m	l/b	z/b	$\overline{\alpha}_i$	$\overline{\alpha}_i z_i$	$4(\overline{\alpha}_i z_i - \overline{\alpha}_{i-1} \overline{z}_{i-1})$	E_{s_i}/kPa	$\Delta s'$/mm	s'/mm
0		0	0.2500	0				
0.8		0.8	0.2403	0.1922	0.7688	8000	9.61	
1.6		1.6	0.2113	0.3381	0.5836	8000	7.30	
2.4	2/1	2.4	0.1812	0.4349	0.3872	8000	4.84	
3.4		3.4	0.1508	0.5127	0.3112	6200	5.02	
4.4		4.4	0.1279	0.5628	0.2004	6200	3.23	30.00
4.7		4.7	0.1222	0.5743	0.0462	9500	0.49	30.49

根据表 5-9 中计算结果，在深度为 4.7m 处向上取 $\varDelta = 0.3$m，计算得 $\varDelta s_n = 0.49$mm，$0.025\sum_{i=1}^{n} s_i' = 0.025 \times 30.49 = 0.762$mm $> \varDelta s_n'$，计算深度满足要求。

3）计算沉降经验系数 ψ_s。

$$\bar{E}_S = \frac{\sum A_i}{\sum \dfrac{A_i}{E_{si}}}$$

$$= \frac{4p_0(\bar{\alpha}_n z_n - \bar{\alpha}_0 z_0)}{p_0\left(\dfrac{\bar{\alpha}_1 z_1 - \bar{\alpha}_0 z_0}{E_{s1}} + \dfrac{\bar{\alpha}_2 z_2 - \bar{\alpha}_1 z_1}{E_{s2}} + \dfrac{\bar{\alpha}_3 z_3 - \bar{\alpha}_2 z_2}{E_{s3}} + \dfrac{\bar{\alpha}_4 z_4 - \bar{\alpha}_3 z_3}{E_{s4}} + \dfrac{\bar{\alpha}_5 z_5 - \bar{\alpha}_4 z_4}{E_{s5}} + \dfrac{\bar{\alpha}_6 z_6 - \bar{\alpha}_5 z_5}{E_{s6}}\right)}$$

$$= \frac{4 \times 0.5743}{\left(\dfrac{0.7688}{8} + \dfrac{0.5836}{8} + \dfrac{0.3872}{8} + \dfrac{0.3112}{6.2} + \dfrac{0.2004}{6.2} + \dfrac{0.0462}{9.5}\right)} = 7.6\text{MPa}$$

由 $E_S = 7.6$MPa，$p_0 < 0.75 f_{ak}$，查表 5-9 得 $\psi_s = 0.68$。

4）确定基础最终沉降量。

$$s = \psi_s s' = 0.68 \times 30.49 = 20.73\text{mm}$$

5.3.3　考虑应力历史条件下地基沉降量的计算

1. 天然土层的应力历史

天然土层在形成的历史过程中受到的最大固结压力称为先期固结压力，用 p_c 表示。对于现在地表以下的某层土来说，其上覆土层的自重应力为 $p_c = p_{cz}$，那么定义先期固结压力与上覆土层自重应力的比值为超固结比（over-consolidation ratio，OCR），即

$$\text{OCR} = \frac{p_c}{p_{cz}} \tag{5-29}$$

根据 OCR 的大小，可以把土体按照应力历史情况分为三种类型：

1）正常固结土（OCR $= 1$），即现有土层中任一点的固结应力都等于上覆土层的自重应力，此状态表示该土层形成后，经历漫长的地质年代，土层在自重作用下已经排水固结达到完全稳定，土中任一点的固结应力都是土的自重应力，见图 5-8（a）。

2）超固结土（OCR > 1），即现有土层中任一点的固结应力都大于该点上覆土层的自重应力，此状态表示该土层形成后，在自重作用下排水固结稳定，后来由于流水等因素使固结稳定的土层表面被剥蚀掉一部分土层，因此对于现有土层中的一点来说，固结应力大小等于土层剥蚀前土层自重应力，而该点现有上覆土层的自重应力由于剥蚀作用比原来减少一部分，所以比前期固结应力小，见图 5-8（b）。

3）欠固结土（OCR < 1），即土层属于新近沉积的土层，还没有在自重作用下达到稳定状态，处于固结过程中，对于土中任一点来说，固结应力都没有达到上覆土层的自重应力大小，土体在后期还要进一步固结沉降，土层稳定后地面要比现在低，见图 5-8（c）。

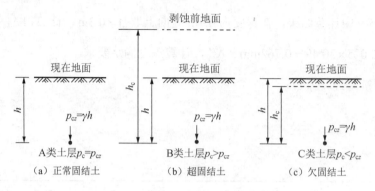

图 5-8　天然土层按 OCR 分类

2. 先期固结压力 p_c 的确定

确定先期固结压力 p_c 对于考虑应力历史来计算地基的沉降量非常关键，现在最常用

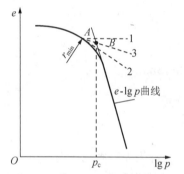

图 5-9　卡萨格兰德法确定先期固结压力示意图

的方法是卡萨格兰德（Cassagrande）建议的经验作图方法，见图 5-9。

具体步骤如下：

1）从 $e\text{-}\lg p$ 曲线上找出曲线段曲率半径最小的一点 A，过 A 点作水平线 $A1$ 和切线 $A2$。

2）作 $\angle 1A2$ 的平分线 $A3$，与 $e\text{-}\lg p$ 曲线中直线段的延长线相交于 B 点。

3）B 点所对应的有效应力就是先期固结压力 p_c。

3. 原始压缩 $e\text{-}\lg p$ 曲线及压缩性指标

前述确定先期固结压力所用的 $e\text{-}\lg p$ 曲线是通过室内侧限压缩试验测得的，在实际勘查过程中，受取样技术的影响，土体不可避免地受到不同程度的扰动，此外，土样取出后已经脱离原位的应力场状态，再加上室内试验中试验操作过程的多种因素影响，导致室内测得的 $e\text{-}\lg p$ 曲线已经不能完全代表土体在上部荷载作用下的 $e\text{-}\lg p$ 关系。因此，需要对室内压缩曲线进行修正，得到更加符合土层实际压缩性状的原始压缩曲线，为更加准确地计算沉降量提供条件。

对于正常固结土，在室内 $e\text{-}\lg p$ 曲线基础上，可根据施默特曼（Schmertmann）的方法按下列步骤进行修正，得到现场原始压缩曲线，见图 5-10。

1）假定实验室测定的孔隙比 e_0 就是现场取土深度处的孔隙比，在坐标系中的纵坐标处找到 e_0，并过 e_0 点作水平线。对于正常固结土，前期固结压力与取土处的自重应力相等，在横坐标上取坐标 $p_c = p_{cz}$，并过该点作竖直线与过 e_0 点的水平线交于 b 点。

2）根据许多室内压缩试验的成果，对一种土样进行不同程度的扰动，所得出的不同 $e\text{-}\lg p$ 曲线的直线大致都交于 $e = 0.42e_0$ 点。该成果说明，当土体压缩到一定程度，土样的扰动对土的压缩曲线已经没有影响，因此推出原始压缩曲线也大致交于此点，即图中 c 点。

3）连接 b、c 两点的直线即为原始压缩曲线，直线的斜率 C_c 即为原始压缩曲线的压缩指数。

对于超固结土，在室内试验中压力进入 e-lg p 曲线直线范围时，需要有卸荷回弹和再加荷的过程，得到土体的再压缩曲线。根据室内再压缩曲线，按照下列步骤修正得到超固结土原位压缩曲线，见图 5-11。

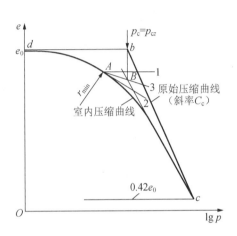 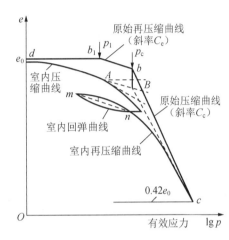

图 5-10　正常固结土原始压缩曲线　　　图 5-11　超固结土原始压缩曲线

1）与正常固结土相同，首先在坐标系中的纵坐标处找到 e_0，并过 e_0 点作水平线，该线上横坐标为自重应力 p_{cz} 的点定为 b_1 点。

2）过 b_1 点作斜线 $b_1 b$，并使斜线 $b_1 b$ 的斜率等于围成回滞环的两条曲线的平均斜率，即平行于线段 mn 该斜率为回弹指数 C_e。

3）同样找到 $e = 0.42 e_0$ 与室内 e-lg p 曲线的交点 c，连接 b 点和 c 点，即为超固结土原始压缩曲线，其斜率为压缩指数 C_c。

对于欠固结土，由于其在自重作用下尚未固结稳定，只能近似按正常固结土的方法求得原始压缩曲线，确定压缩指数 C_c。

4. 考虑应力历史影响的地基最终沉降量计算

（1）正常固结土的沉降计算

正常固结土中各点的先期固结压力与自重应力相等，即 $p_{ci} = p_{czi}$，见图 5-12。

该类土层固结沉降量 s 的计算公式如下：

$$s = \sum_{i=1}^{n} \varepsilon_i h_i = \sum_{i=1}^{n} \frac{\Delta e_i}{1 + e_{0i}} h_i = \sum_{i=1}^{n} \frac{h_i}{1 + e_{0i}} \left(C_{ci} \lg \frac{p_{0i} + \Delta p_i}{p_{0i}} \right) \tag{5-30}$$

式中，ε_i 为第 i 分层土的应变量；h_i 为第 i 分层土的厚度；Δe_i 为第 i 分层土在固结变形前后的孔隙比变化量；e_{0i} 为第 i 分层土的初始孔隙比；C_{ci} 为第 i 分层土的原始压缩指数；

p_{0i} 为第 i 分层土的自重应力平均值；Δp_i 为第 i 分层土的附加应力平均值。

（2）欠固结土的沉降计算

对于欠固结土，$p_c < p_{cz}$，土体在自重应力作用下还未完全固结稳定，见图 5-13。

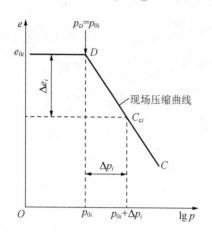

图 5-12 正常固结土沉降计算

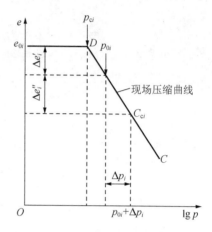

图 5-13 欠固结土沉降计算

该类土层在荷载附加应力作用下所产生的最终变形量应包括自重应力产生的固结沉降和附加应力产生的沉降两部分，计算公式如下：

$$s = \sum_{i=1}^{n} \frac{h_i}{1+e_{0i}} C_{ci} \left(\lg \frac{p_{0i}}{p_{ci}} + \lg \frac{p_{0i}+\Delta p_i}{p_{0i}} \right) = \sum_{i=1}^{n} \frac{h_i}{1+e_{0i}} C_{ci} \left(\lg \frac{p_{0i}+\Delta p_i}{p_{ci}} \right) \qquad (5\text{-}31)$$

式中，p_{ci} 为先期固结压力。

（3）超固结土的沉降计算

对于超固结土，$p_c > p_{cz}$，见图 5-14。

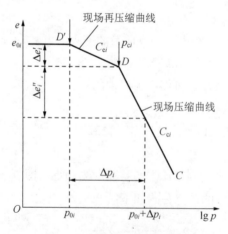

图 5-14 超固结土沉降计算

原始压缩曲线为折线，因此需要先根据土层中总应力（$p_{0i}+\Delta p_i$）与先期固结压力 p_{ci} 的大小关系来确定土层的压缩处于现场压缩曲线的哪个阶段，再计算沉降量。

1）当土层内的总应力 $p_{0i} + \Delta p_i < p_{ci}$ 时，压缩变形应处于压缩曲线的 $D'D$ 段，本质上土体处于再压缩阶段，其变形量按照下式计算：

$$s = \sum_{i=1}^{n} \frac{h_i}{1+e_{0i}} \left(C_{ei} \lg \frac{p_{0i} + \Delta p_i}{p_{0i}} \right) \tag{5-32}$$

式中，C_{ei} 为回弹指数。

2）当土层内的总应力 $p_{0i} + \Delta p_i > p_{ci}$ 时，压缩变形应处于压缩曲线的 DC 段，土层的压缩变形量应包括再压缩阶段和正常压缩阶段变形量两部分，其变形量按照下式计算：

$$s = \sum_{i=1}^{n} \frac{h_i}{1+e_{0i}} \left[C_{ei} \lg \frac{p_{ci}}{p_{0i}} + C_{ci} \lg \frac{p_{0i} + \Delta p_i}{p_{ci}} \right] \tag{5-33}$$

5.4　饱和土的渗透固结理论

5.3 节介绍的沉降计算方法，计算的是地基土在上部荷载作用下压缩稳定后所产生的最终沉降量。在实际工程中，地基土受到荷载作用时，沉降量是随时间增长逐渐增加的，土的渗透性和压缩性不同，要达到最终变形量所需的时间也不同，如透水性较好的砂类土，在施工期间地基沉降基本完成；对于透水性较差且压缩性很高的饱和软黏土，在施工期间产生的沉降量只占最终沉降量的 5%～20%，在施工完毕后很长一段时间内，沉降会继续增加，直到压缩稳定；而在有些工程中，如地基处理工程中的饱和软土地基预压处理，则需要预估荷载作用下地基土某个时间点所产生的沉降量或达到某一沉降量所需要的时间，这就需要建立沉降与时间的关系式，指导工程设计和施工。

5.4.1　饱和土的一维固结理论

1. 饱和土渗透固结模型

饱和土的渗透固结，实际上是土中的水在附加应力作用下在土体内部孔隙中产生渗流并逐渐流出土体，使土体孔隙减小和产生固结变形的过程。对于饱和土来说，土体只包括土颗粒和水两相，渗透固结过程可以用弹簧活塞模型来说明。图 5-15 中，将土体颗粒组成的骨架假设成活塞中的一根弹簧，弹簧连接活塞，活塞上设有排水孔，相当于土中的孔隙通道，在上部荷载作用下弹簧产生压缩，土中的水可以沿活塞中的孔排出，土体体积减小，这个模型可以形象地模拟土体在荷载作用下的渗透固结过程。土体的渗透固结主要包括以下三个阶段。

1）在初始状态下，饱和土中只有自重应力，土中孔隙水压力为静水压力，土体在自重应力作用下已经固结稳定。当有外荷载 σ 加在活塞上的一瞬间 [图 5-15 (a)]，活塞中的水尚未排出，土体总体积没有变化，弹簧没有受压变形，相当于土体颗粒间传递的有效应力没有增长，这时，全部压力由圆筒中的水来承担。孔隙水会瞬间产生孔隙水压力，这部分水压力是超过静水压力新增加的部分，称为超静孔隙水压力。根据有效应力原理 $\sigma = \sigma' + u$，对于 $t = 0$ 时刻，土中 $\sigma' = 0$，$u = \sigma$。

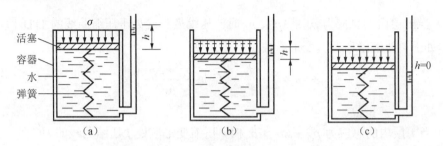

图 5-15　饱和土渗透固结模型

2）当外荷载施压后，随着时间推移［图 5-15（b）］，圆筒内的水在超静孔隙水压力 u 作用下，沿着活塞的孔隙向外排水，圆筒内孔隙减小，同时弹簧被压缩，相当于通过土颗粒间传递的有效应力 σ' 逐渐增加，超静孔隙水压力 u 不断减小，即 $0 < t \leqslant \infty$ 时，土中 $\sigma = \sigma' + u$，σ' 和 u 都不为零，且 σ' 逐渐增加，u 逐渐减小。

3）当外荷载作用时间很长时［图 5-15（c）］，随着排水不断进行，超静孔隙水压力逐渐减小至零，此时圆筒内的水压力大小重新回到静水压力值，此时超静孔隙水压力全部转化成有效应力，由弹簧承担，渗透固结随之结束，即 $t = \infty$ 时，$\sigma' = \sigma$，$u = 0$。

从以上渗透固结的三个阶段可知，对于任意时刻，饱和土中的有效应力 σ' 与孔隙水压力 u 之和总是等于总应力 σ，饱和土的渗透固结就是由外荷载引起的超静孔隙水压力消散和有效应力相应增长的过程。

2. 太沙基一维固结理论

太沙基在 1925 年提出饱和土一维固结理论，利用该理论可以建立饱和土层在渗透固结过程中的时间与变形的关系式，并可以在已知时间和变形其中一个参数情况下求解另外的参数。

（1）基本假定

图 5-16 中，已知某饱和土层厚度为 H，在平面上尺寸无限大，土层底面为不透水层，顶面透水。该土层在自重作用下已经固结稳定，土中超静孔隙水压力为零。在该土层上施加连续无限大均布荷载 p_0，在土中任意位置处所产生的附加应力为 $\sigma = p_0$，该土层在附加应力作用下产生渗透固结，且渗透固结的全过程遵循下列假定条件：

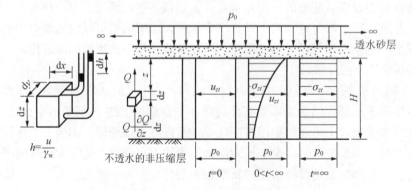

图 5-16　饱和土层单面排水条件下渗透固结过程

1）土层是均质、各向同性和完全饱和状态的。

2）土颗粒和孔隙水是不可压缩的。

3）土体只产生竖向渗透固结，且土中水的渗流符合达西定律，在排水固结过程中土的压缩系数 a、渗透系数 k 不变。

4）外荷载是一次性瞬时施加，保持在渗透过程中不变，沿深度均匀分布。

5）土的固结变形完全是由孔隙水排出和超静孔隙水压力消散引起的。

（2）竖向固结微分方程的建立

图 5-16 中，在饱和土层深度为 z 处取一个微元体，厚度为 $\mathrm{d}z$，截面积为 $\mathrm{d}x\mathrm{d}y$。根据固结时渗流自下向上的方向，在外荷载作用下，在某一时刻 t，从微元体底面流入的水量为 $Q + \dfrac{\partial Q}{\partial z}\mathrm{d}z$，从上面流出的水量为 Q，那么在 $\mathrm{d}t$ 时间段内，微元体被挤出的水量为

$$\mathrm{d}Q = Q + \frac{\partial Q}{\partial z}\mathrm{d}z - Q\mathrm{d}t = \frac{\partial Q}{\partial z}\mathrm{d}z\mathrm{d}t \tag{5-34}$$

同时，设土体初始孔隙比为 e_0，t 时刻微元体的孔隙比为 e_t，根据孔隙率的定义式可得 $V_{\mathrm{v}} = nV$，那么在 t 时刻微元体孔隙的体积可以表示如下：

$$V_{\mathrm{v}} = \frac{e_t}{1 + e_0}\mathrm{d}x\mathrm{d}y\mathrm{d}z \tag{5-35}$$

在 $\mathrm{d}t$ 时间内，微元体的孔隙体积的变化量为

$$\mathrm{d}V_{\mathrm{v}} = \frac{\partial V_{\mathrm{v}}}{\partial t}\mathrm{d}t \tag{5-36}$$

将式（5-35）代入式（5-36）整理后可得

$$\mathrm{d}V_{\mathrm{v}} = \frac{1}{1 + e_0}\frac{\partial e_t}{\partial t}\mathrm{d}x\mathrm{d}y\mathrm{d}z\mathrm{d}t \tag{5-37}$$

根据前面所提假设条件，土颗粒和水不可压缩，因此，$\mathrm{d}t$ 时间段内微元体被挤出的水量应该等于微元体孔隙体积的变化量，即

$$\mathrm{d}Q = \mathrm{d}V_{\mathrm{v}}$$

将式（5-34）和式（5-37）代入可得

$$\frac{\partial Q}{\partial z}\mathrm{d}z\mathrm{d}t = \frac{1}{1 + e_0}\frac{\partial e_t}{\partial t}\mathrm{d}x\mathrm{d}y\mathrm{d}z\mathrm{d}t \tag{5-38}$$

根据达西定律，且 $i = \dfrac{\partial h}{\partial z}$，$h = \dfrac{u}{\gamma_{\mathrm{w}}}$，可得

$$Q = kiA = k\frac{\partial h}{\partial z}\mathrm{d}x\mathrm{d}y = \frac{k}{\gamma_{\mathrm{w}}}\frac{\partial u}{\partial z}\mathrm{d}x\mathrm{d}y \tag{5-39}$$

根据压缩系数的定义式

$$a = -\frac{\mathrm{d}e}{\mathrm{d}p}, \quad \mathrm{d}e = -a\mathrm{d}p \tag{5-40}$$

根据有效应力原理，$\sigma' = \sigma - u$，式中 σ' 相当于式（5-40）中的 p，因此将 σ' 代入式（5-40）可得

$$de = -ad(\sigma - u) = adu = a\frac{\partial u}{\partial t}dt$$

即

$$\frac{\partial e}{\partial t} = a\frac{\partial u}{\partial t} \tag{5-41}$$

将式（5-39）和式（5-41）代入式（5-38），消去等式两侧 $dxdydzdt$，整理可得

$$\frac{\partial u}{\partial t} = \frac{k(1+e_0)}{a\gamma_w}\frac{\partial^2 u}{\partial z^2}$$

令 $C_v = \dfrac{k(1+e_0)}{a\gamma_w}$，上式可化简为

$$\frac{\partial u}{\partial t} = C_v\frac{\partial^2 u}{\partial z^2} \tag{5-42}$$

式中，C_v 为竖向固结系数（cm^2/s）。

式（5-42）即为饱和土一维固结微分方程式。

5.4.2　固结微分方程的解析解

一维固结微分方程可根据土层的边界条件和初始条件求得解析解。根据图 5-16，考虑饱和土固结过程中有效应力和孔隙水压力的变化与时间的关系，可得到以下条件：$t=0$ 时，在整个土层深度范围内，即 $0 \leqslant z \leqslant H$，$u = \sigma = p_0$，$\sigma' = 0$；$0 < t < \infty$ 时，在土层表面（$z=0$），由于孔隙水从土中排出，因此 $u = 0$，$\sigma' = \sigma = p_0$；在土层底面 $H=0$，即不透水层处，此面无渗流，因此 $Q=0$，$\dfrac{\partial u}{\partial z} = 0$；$t = \infty$ 时，在整个土层深度范围内，即 $0 \leqslant z \leqslant H$，$u = 0$，$\sigma' = \sigma = p_0$。

根据以上的初始条件和边界条件，采用分离变量法可求得超静孔隙水压力的表达式如下：

$$u_{zt} = \frac{4}{\pi}\sigma\sum_{m=1}^{\infty}\frac{1}{m}\sin\left(\frac{m\pi z}{2H}\right)e^{-\frac{m^2\pi^2}{4}T_v} \tag{5-43}$$

式中，m 为正奇数(1,3,5)；T_v 为时间因数，量纲一，$T_v = \dfrac{C_v}{H^2}t$，t 为时间（年）；H 为压缩土层的排水距离，当单面排水时取土层厚度，当双面排水时取土层厚度的一半。

5.4.3　地基固结度

固结度是指土层在某一附加应力作用下，在经过时间 t 后，土体中超静孔隙水压力消散的程度。对于任意深度 z 处的土层来说，经过时间 t 后的固结度可用下式表示：

$$U_{zt} = \frac{\sigma'_{zt}}{\sigma} = \frac{1-u_{zt}}{u_0} \tag{5-44}$$

式中，u_0 为初始孔隙水压力，大小等于总应力 σ；u_{zt} 是 t 时刻土层的孔隙水压力。

由于在排水固结过程中土层不同深度处的孔隙水压力消散程度不同，因此固结度的计算公式应用于实际工程很不方便。对于方便解决工程问题，土层的平均固结度更有意义。土层的平均固结度定义是，地基在固结过程中任一时刻 t 的固结沉降量 S_t 与地基土最终沉降量 S_∞ 的比值，即

$$U_t = \frac{S_t}{S_\infty} = \frac{\frac{1}{E_s}\int_0^H \sigma' \mathrm{d}z}{\frac{1}{E_s}\int_0^H \sigma \mathrm{d}z} = \frac{\int_0^H (\sigma - u_t)\mathrm{d}z}{\int_0^H \sigma \mathrm{d}z} = 1 - \frac{\int_0^H u_t \mathrm{d}z}{\int_0^H \sigma \mathrm{d}z} \tag{5-45}$$

式中，$\int_0^H \sigma' \mathrm{d}z$、$\int_0^H \sigma \mathrm{d}z$ 和 $\int_0^H u_t \mathrm{d}z$ 分别为附加应力作用下 t 时刻有效应力的分布面积、总应力面积和孔隙水压力面积。

在实际计算时，如果已知某时刻固结土层中有效应力的分布面积和总应力面积的比值或有效应力与孔隙水压力的比值，可以直接计算平均固结度。

将式（5-43）代入平均固结度的表达式可得

$$U_t = 1 - \frac{8}{\pi^2}\left(e^{-\frac{\pi^2}{4}T_v} + \frac{1}{9}e^{-9\frac{\pi^2}{4}T_v} + \frac{1}{25}e^{-25\frac{\pi^2}{4}T_v} + \cdots\right) \quad (m = 1,3,5,\cdots) \tag{5-46}$$

从式（5-46）可知，平均固结度 U_t 是时间因数 T_v 的单值函数，根据 T_v 的表达式可知，平均固结度与土层的竖向固结系数和排水距离有关，而与土中附加应力大小无关。因此，在实际工程中，在一定时间范围内，通过加大土层上的压力来提高土体的平均固结度是没有意义的。

U_t 的表达式为傅里叶级数，该级数收敛很快，当 T_v 较大时（$T_v \geqslant 0.16$），可取级数第一项进行计算，即

$$U_t = 1 - \frac{8}{\pi^2}e^{-\frac{\pi^2}{4}T_v} \tag{5-47}$$

以上讨论的是饱和土层中附加应力沿深度均匀分布情况下的平均固结度的计算。在实际工程中，对于单面排水条件，土层上除了作用大面积均布荷载外，很多情况下作用的是局部荷载，土层内的附加应力随深度产生变化，该情况下，可以简化附加应力沿深度分布为直线型，土层的平均固结度表达式仍可用上述方法求出。图 5-17 中，典型的附加应力分布情况共五种，定义透水面处的附加应力 σ'_z 与不透水面处的附加应力 σ''_z 比值为 α，即 $\alpha = \dfrac{\sigma'_z}{\sigma''_z}$，不同的 α 分别适用于不同的实际情况。

1）$\alpha = 1$，应力图形为矩形，适用于土层在自重作用下已经固结完毕，后期地表作用大面积荷载或大面积填土的情况。当基础底面积较大而压缩层较薄时也可以近似采用此情况。

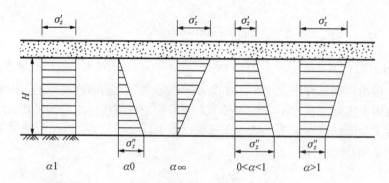

图 5-17　五种简化的初始固结应力分布情况

2）$\alpha = 0$，应力图形为三角形，适用于大面积填土在自重作用下产生排水固结的情况；或由于地下水位下降，在地下水位变化范围内，土层在新增加的自重应力下的固结情况。

3）$\alpha = \infty$，适用于基底面积小、土层较厚，在土层底面附加应力接近于零的情况。

4）$0 < \alpha < 1$，适用于土体在自重应力作用下尚未固结，土层上又作用新的荷载的情况。

5）$\alpha > 1$，适用于一般情况下附加应力随深度的增加而减小，但在固结土层底面处附加应力不为零的情况。

以上情况中，情况 1）已经导出了平均固结度的计算公式，对于附加应力三角形分布情况也可以利用类似于情况 1）的方法求出具体的 U_t 表达式，如下：

$$U_t = 1 - \frac{32}{\pi^3}\sum_{n=1}^{\infty}\frac{(-1)^{n-1}}{(2n-1)^3}e^{-(2n-1)^2\frac{\pi^2}{4}T_v} \quad (n=1,2,3,\cdots) \tag{5-48}$$

与式（5-46）类似，式（5-48）收敛速度更快，一般可取级数第一项，即

$$U_t = 1 - \frac{32}{\pi^3}e^{-\frac{\pi^2}{4}T_v} \tag{5-49}$$

有了情况 1）和情况 2）的平均固结度计算公式，以上五种附加应力分布情况下土层的平均固结度都可以用情况 1）和情况 2）两种情况的平均固结度来表示，公式如下：

$$U_t = \frac{2\alpha U_R + (1-\alpha)U_T}{1+\alpha} \tag{5-50}$$

式中，U_R 为矩形分布附加应力下土层的平均固结度，用式（5-47）计算；U_T 为三角形分布附加应力下土层的平均固结度，用式（5-49）计算。

将式（5-47）和式（5-49）代入式（5-50）整理后可得

$$U_t = 1 - \frac{\alpha(\pi-2)+2}{1+\alpha}\frac{16}{\pi^3}e^{-\frac{\pi^2}{4}T_v} \tag{5-51}$$

利用式（5-51），只需计算出 α，就可以计算不同附加应力情况下土层的平均固结度；也可以按照式（5-51）绘制不同应力分布及排水条件下平均固结度与时间因数的关系曲线，见图 5-18，根据曲线查取相应的数值。

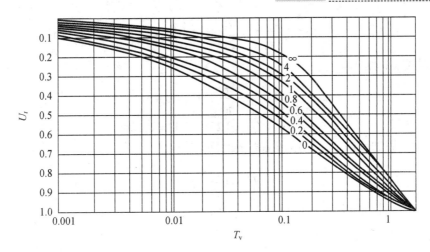

图 5-18 固结度与时间因数的关系曲线

对于双面排水条件，则不管土层中的附加应力分布是哪种情况，只要是线性分布，都按 $\alpha=1$ 进行求解，公式同单面排水的计算公式。但需注意，双面排水时，求时间因数 T_v 过程中的排水距离要取土层厚度的一半。

5.4.4 理论的实际工程应用

利用上述理论及推导的公式可以解决以下两类问题。

（1）求土体产生一定固结沉降量 s_t 所需的时间 t

对于该类问题，首先求地基最终沉降量 s_∞，然后根据 s_t 和 s_∞ 求出 U_t，再根据 α 值利用式（5-51）计算 T_v，最后利用 T_v 表达式求 t。

（2）求附加应力作用下经历某个时间段所产生的固结沉降量 s_t

对于该类问题，首先求地基最终沉降量 s_∞，然后根据土性指标求出土的竖向固结系数 C_v，再根据时间和排水距离计算时间因数，通过时间因数计算平均固结度 U_t，再根据平均固结度定义求 s_t。

以上两类问题中 U_t 和 T_v 的求解也可以利用 U_t-T_v 曲线。

例 5-3：厚度 $H=10m$ 的黏土层，上覆透水层，下卧不透水层，地面作用着无限均布荷载，大小为 200kPa，黏土层的初始孔隙比 $e_0=0.8$，压缩系数 $a=0.00025kPa^{-1}$，渗透系数 $k=0.02m/$年。试求：1）加荷一年后的沉降量 s_t；2）地基固结度达 $U_t=0.75$ 时所需要的时间 t。

解：1）加荷一年后的沉降量计算。地面作用荷载为无限均布，因此 $\alpha=1$。

$$总沉降量\, s_\infty = \frac{a}{1+e_1}\sigma_z H = \frac{0.00025}{1+0.8}\times 200\times 10 = 0.278m$$

$$竖向固结系数\, C_v = \frac{k(1+e_1)}{a\gamma_w} = \frac{0.02\times(1+0.8)}{0.00025\times 10} = 14.4m^2/年$$

时间因数 $T_v = \dfrac{C_v}{H^2}t = \dfrac{14.4}{10^2} \times 1 = 0.144$

根据式（5-47）

$$U_t = 1 - \frac{8}{\pi^2} e^{-\frac{\pi^2}{4}T_v} = 0.43$$

$$s_t = s_\infty \times U_t = 0.278 \times 0.43 = 0.12 \mathrm{m}$$

2）地基固结度达 $U_t = 0.75$ 所需要的时间 t 计算。

$$U_t = 1 - \frac{8}{\pi^2} e^{-\frac{\pi^2}{4}T_v}$$

$U_t = 0.75$ 时，计算得 $T_v = 0.478$。

根据公式 $T_v = \dfrac{C_v}{H^2}t$，得

$$t = \frac{T_v H^2}{C_v} = \frac{0.478 \times 10^2}{14.4} = 3.32 \text{年}$$

思考与习题

1. 试述各压缩性指标的含义、确定方法及工程应用。

2. 为什么分层总和法计算地基土的沉降时对较厚的同一种土层进行分层，且分层厚度有严格要求？

3. 有甲、乙两个正方形独立基础，场地的工程地质条件相同，基础的埋深相同，甲的面积是乙的 2 倍，且甲、乙基底附加压力相同，试分析比较甲、乙两基础中心点的沉降量的大小。

4. 地下水位升降对建筑物的沉降有何影响？

5. 什么是土的 OCR？在实际工程中如何根据 OCR 按照土的应力历史进行土的分类？

6. 应力历史对土的压缩性有何影响？在计算沉降量时有何不同？

7. 一维固结理论的基本假定是什么？如何得出微分方程的解析解？

8. 大小不同的无限均布荷载一次性瞬时施加到某一黏土层上，要使该黏土层达到同一固结度，所需的时间是否相同？

9. 固结度与平均固结度有何区别？

10. 在实验室内做侧限压缩试验，用内径 61.8mm，高度为 20mm 的环刀取重塑黏性土试样。土样的相对密度为 2.70，含水率为 35%，土样质量为 126g。在压力 100kPa 和 200kPa 作用下，测得试样的压缩量分别为 1.6mm 和 2.3mm。试计算两级荷载压缩后的土体的孔隙比，并计算土的压缩系数和压缩模量。

11. 某工程钻孔中取出粉质黏土和粉土的原状土样，做室内侧限压缩试验，试验数据见表 5-10，试绘制压缩曲线，并计算 a_{1-2}，并根据结果评价土的压缩性。

表 5-10　室内侧限压缩试验数据

P/kPa	试样	0	50	100	200	300	400
e	粉质黏土	0.853	0.776	0.750	0.732	0.716	0.709
	粉土	0.785	0.662	0.591	0.504	0.453	0.415

12. 某独立基础，底面尺寸为 3m×3m，基础埋深为 1.8m，上部结构传至基础的荷载为 920kN，地基土表层为粉质黏土，厚度为 4.8m，重度 $\gamma_1 = 17.5\text{kN/m}^3$，压缩模量 $E_{s1} = 8.5\text{MPa}$；第二层土为粉土，厚度为 3.4m，重度 $\gamma_2 = 18.5\text{kN/m}^3$，压缩模量 $E_{s1} = 4.6\text{MPa}$；第三层为中砂，厚度为 2.5m，重度 $\gamma_3 = 19.3\text{kN/m}^3$，压缩模量 $E_{s1} = 7.8\text{MPa}$，用分层总和法计算该基础中点的沉降量。

13. 某独立矩形基础，已知基础底面尺寸为 4m×2m，基础埋深为 3m，场地土层的物理力学性质指标见表 5-11。已知由上部荷载传至基础顶面的中心荷载为 $F = 1200\text{kN}$，试分别用规范法计算基础中心点沉降量。

表 5-11　场地土层的物理力学性质指标

地层编号	土层名称	厚度/m	天然重度 γ /(kN/m³)	压缩模量/MPa
1	杂填土	2.8	17.5	
2	粉土	3.2	18.3	7.3
3	粉质黏土	0.3	19.4	8.1
4	中砂	6.5	18.8	19
5	粉质黏土	4.6	18.5	6.9
6	中砂	4.4	19.6	17
7	粉质黏土	4.8	19.4	6.7
8	细砂	3.2	20.3	22

14. 某地基土中一点，在天然地面以下 9.5m 深度处，已知该点前期固结压力 $p_c = 120\text{kPa}$，场地土层分为两层，第一层土为粉质黏土，厚度为 5.4m，重度 $\gamma_2 = 17.5\text{kN/m}^3$；第二层土为粉土，厚度为 4.9m，重度 $\gamma_2 = 18.4\text{kN/m}^3$，试判别该点处土层的天然固结状态。

15. 在地基土中一饱和黏土层中取土样做固结试验，试样厚度为 20m，测得固结度达到 70% 时所需时间为 8min，如果该天然黏土层厚度为 6m，土层上下均为透水砂层，试问该天然黏土层在固结应力下达到相同的固结度需要多长时间？

16. 某建筑物地基土中有一层粉质黏土，厚度为 8.6m，下部不透水，上部为砂层，该土层经室内侧限压缩试验得出压缩系数，$a = 0.0006\text{kPa}^{-1}$，初始孔隙比 $e_0 = 0.75$，已知在上部荷载作用下，该土层中的固结应力 $\sigma' = 260\text{kPa}$，$\sigma'' = 140\text{kPa}$，求该土层的压缩模量和最终沉降量；若该土层的泊松比为 0.35，求其变形模量。

17. 厚度 $H=10\mathrm{m}$ 的黏土层，上覆透水层，下卧不透水层，地面作用局部荷载，在土层引起的固结应力 $\sigma'=230\mathrm{kPa}$，$\sigma''=145\mathrm{kPa}$，黏土层的初始孔隙比 $e_1=0.85$，压缩系数 $a=0.0002\mathrm{kPa}^{-1}$，渗透系数 $k=0.025\mathrm{m}/$年。试求：

1）加荷一年后的沉降量 S_t。

2）地基固结度达 $U_t=0.7$ 所需要的时间 t。

3）若此黏土层为上下两面排水，则 $U_t=0.7$ 时所需的时间 t。

第6章　土的抗剪强度

本章导读 ☞

土的抗剪强度是指土体对由外荷载产生的剪应力的极限抵抗能力。在外荷载作用下，土体将产生剪应力和剪切变形，当通过土中某点的任一平面上的剪应力超过土的抗剪强度时，该点便会发生剪切破坏。土的抗剪强度是土力学核心内容之一，本章着重介绍土体抗剪强度的来源和莫尔-库仑破坏准则、抗剪强度参数测定的室内试验和现场原位试验的原理和方法；不同排水条件下抗剪强度指标的选取及工程应用。通过本章内容的学习，可对土的抗剪强度理论有全面的认识，为后续学习地基承载力、挡土墙土压力及边坡稳定等内容打好基础。

本章重点掌握以下几点：

（1）土的抗剪强度理论（直剪试验与库仑公式、莫尔-库仑破坏准则、土的极限平衡条件）。

（2）土的抗剪强度指标的测定方法。

（3）土的抗剪强度指标及其工程应用。

引言：在荷载作用下，地基土中的各点产生剪应力，当某点剪应力超过土体的抗剪强度时，该点土体产生剪切破坏。在实际工程中，如地基的整体剪切破坏，本质上是基础底面以下土体中的剪应力超过了土体抗剪强度，当土体内部各点连续发生破坏，那么破坏点最终将连成滑动面而导致地基失稳。此外分析与土体有关的边坡、基坑和挡土墙等工程稳定性时，都要从土的抗剪强度入手。因此，通过本章的学习，理解并掌握土体抗剪强度的计算和分析方法、土体状态的分析判别、抗剪强度指标的测试和合理选用，对本书后续章节内容及部分专业课的学习有重要作用。

6.1 概　述

　　土是一种由岩石风化形成的、碎散的颗粒堆积体。土颗粒本身具有较大的强度，不易发生破坏，土颗粒之间的接触联结较弱，不能承受拉应力，但能承受一定的剪应力。土的强度主要由颗粒间的相互作用力决定，而不是由土颗粒矿物的强度决定。在外荷载作用下，土体中将产生应力和变形，工程实践和室内试验都表明，土体破坏的主要表现形式为剪切破坏，根本原因是土体中的剪应力达到了其抵抗剪切破坏的能力，而土体抵抗剪切破坏的能力就是土的抗剪强度（用所承担的最大剪应力表示）。因此，土的强度问题实质上就是土的抗剪强度问题。

　　如果土体中某点的剪应力首先达到抗剪强度，则在该点首先剪切破坏，随着荷载的继续增加，破坏的范围逐渐扩大，最终在土体中形成连续的面，其两侧土体产生很大的相对位移，从而使土体丧失稳定。这一连续的面称为滑动面或破坏面。在工程实践中的强度问题实质上就是抗剪强度问题，如建筑物地基的承载力问题、天然土坡、土坝和路堤等土工结构物的稳定性问题等，其失稳示意图见图6-1。

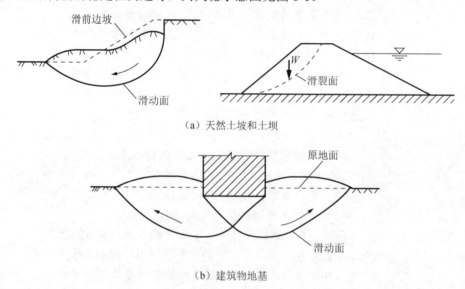

（a）天然土坡和土坝

（b）建筑物地基

图6-1　天然土坡和土坝、建筑物地基失稳示意图

　　土的抗剪强度是土的主要力学性质之一，其首先取决于土体本身的基本性质，如土的组成、状态和结构，又与土体形成的环境和应力历史有关；其次还取决于土体当前的力学状态。有关土的抗剪强度实质的研究，属于近代土力学研究所开拓的新领域之一，限于本书范围，本章不予阐述。

　　土的抗剪强度主要依靠室内试验和现场原位试验测定，所采用的仪器设备种类和试验方法对确定强度值有很大的影响。本章在介绍主要测试仪器和常规试验方法的同时，将着重阐明在试验过程中土样的排水固结条件对测得的强度指标的影响，这对于理解为什么同一种土采用相同的仪器、在不同的试验条件下，得出的抗剪强度指标相差悬殊非常有意义，这样才能根据实际工程条件合理地选择强度指标。

几十年来，在土力学这门学科中，关于土的抗剪强度人们已经进行了大量的试验研究工作，但由于土是一种十分复杂的材料，这个问题仍然是土力学的主要研究课题之一。本章只介绍这一课题最基本的理论和试验、分析方法。

6.2　土的抗剪强度理论

6.2.1　库仑公式——土的抗剪强度规律

早在 1773 年，著名法国力学家、物理学家库仑就采用直接剪切仪（简称直剪仪）系统研究了土的抗剪强度特性。图 6-2 为直剪仪示意图。

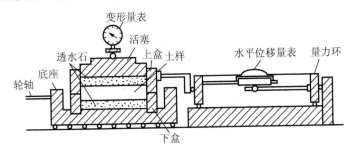

图 6-2　直剪仪示意图

剪切仪的主要部分为固定的上盒和可移动的下盒，将土样放置于剪切盒内上下透水石之间。试验时，首先对土样施加一竖向压力 P，使土样产生相应的压缩，然后在下盒施加水平力 T，使土样沿上、下盒间预定的水平横截面承受剪切作用，并产生剪切位移 S，直至土样破坏。设土样的水平截面的面积为 A，土样上的法向应力为 $\sigma = P/A$，剪切面上平均剪应力为 $\tau = T/A$，则在整个试验过程中，土样所能承受的最大剪应力为该法向应力作用下土的抗剪强度 τ_f。

试验表明，对土样施加的法向应力 σ 不同，土的抗剪强度 τ_f 不同，而且随剪切面上的法向应力 σ 的增加而增大。将抗剪强度试验结果与对应法向应力绘制于 σ - τ_f 坐标系中，见图 6-3，则可得到抗剪强度与法向应力的关系，库仑总结了土的破坏现象与影响因素，提出了土的抗剪强度公式。

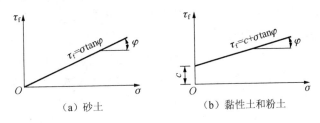

图 6-3　抗剪强度与法向应力的关系

由图 6-3 的试验结果可见，对于砂土，τ_f 与 σ 的关系曲线通过原点，而且它是与横坐标轴（σ 轴）成 φ 角度的一条直线，见图 6-3（a），该直线的方程为

$$\tau_f = \sigma \tan\varphi \qquad\qquad (6\text{-}1)$$

式中，τ_f 为土的抗剪强度（kPa）；σ 为作用在剪切面上的法向应力（kPa）；φ 为土的内摩擦角（°）。

对于黏性土和粉土，τ_f 与 σ 基本仍呈直线关系，但该直线并不通过原点，而是与纵坐标轴（τ_f 轴）有一截距 c，见图 6-3（b），其方程为

$$\tau_f = c + \sigma \tan\varphi \qquad\qquad (6\text{-}2)$$

式中，c 为黏性土或粉土的黏聚力（kPa）。

式（6-2）[式（6-1）是其特殊情形] 即为著名的库仑公式，也即土的抗剪强度规律。其中 c 和 φ 是决定土的抗剪强度的两个指标，称为土的抗剪强度指标，可以通过试验测定。可以看出，砂土的抗剪强度是由法向应力产生的内摩擦力（$\sigma\tan\varphi$）形成的，而黏性土和粉土的抗剪强度则由内摩擦力和黏聚力两部分形成。应该指出：对于同一种土，在相同的试验条件下，抗剪强度指标 c、φ 是常数，但是当试验方法和土样的试验条件（如排水条件）不同时，差异比较大，这一点应当注意。

后来，由于土的有效应力原理的提出和发展，人们认识到只有有效应力变化才能引起土体强度的变化，因此上述库仑公式改写为

$$\tau_f = c' + (\sigma - u)\tan\varphi' = c' + \sigma'\tan\varphi' \qquad\qquad (6\text{-}3)$$

式中，σ' 为作用在剪切面上的有效法向应力（kPa）；c' 为土的有效黏聚力（kPa）；φ' 为土的有效内摩擦角；u 为土中的超孔隙水压力（kPa）。

c' 和 φ' 称为土的有效抗剪强度指标，对于同一种土，c' 和 φ' 的数值在理论上应为常数，与试验方法无关。

式（6-2）称为总应力抗剪强度公式，式（6-3）称为有效应力抗剪强度公式，应注意区别。

6.2.2 莫尔-库仑强度理论

1. 应力状态的莫尔圆表示

一般情况下，地基土体中一点的应力状态为三维应力状态，有三个主应力，且 $\sigma_1 > \sigma_2 > \sigma_3$。试验结果表明，中主应力 σ_2 对土强度的影响不大，在工程上一般可不考虑。本节将要介绍的莫尔-库仑强度理论忽略中主应力 σ_2 的影响，认为土体的破坏只决定于最大主应力 σ_1 和最小主应力 σ_3，而与中主应力 σ_2 的大小无关，主要考虑最大主应力 σ_1 和最小主应力 σ_3 作用平面的情况。

在材料力学中，采用莫尔圆进行应力状态分析时，正应力以拉为正，剪应力以使土体单元顺时针方向旋转为正。在土力学中，由于土体为散粒体，很少或不能承受拉应力，主要处于受压状态和承受压应力，为方便起见，采用与材料力学相反的应力符号规定，也即正应力以压为正，剪应力以使土体单元逆时针方向旋转为正。

一般情况下，对于一定的荷载作用，土体中一点的应力状态是确定的，但是，通过这一点的某个截面上的正应力和剪应力分量，却随着该截面的方位的变化而变化。图 6-4（a）给出土体中一点（微元体）的用主应力 σ_1 和 σ_3 表示的应力状态，以及通过该点与大主应力作用面成 α 角截面 mn 上的应力分量 σ 和 τ。取隔离体 abc，见图 6-4（b），建立隔离体的静力平衡方程并求解，可得到由 σ_1 和 σ_3 计算应力分量 σ 和 τ 的公式

$$\begin{cases} \sigma = \dfrac{1}{2}(\sigma_1 + \sigma_3) + \dfrac{1}{2}(\sigma_1 - \sigma_3)\cos(2\alpha) \\[2mm] \tau = \dfrac{1}{2}(\sigma_1 - \sigma_3)\sin(2\alpha) \end{cases} \tag{6-4}$$

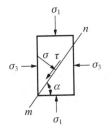 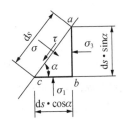

（a）微元体上的应力分量　　　（b）隔离体上的应力分量

图 6-4　土体中一点（微元体）的应力状态

由材料力学可知，土体中某点的一个完整二维应力状态可以用一个莫尔圆来表示，见图 6-5，莫尔圆圆周上每一点均对应通过土体中某点一个截面上的应力分量，即莫尔圆圆周上点的横坐标表示土中某点在相应截面上的正应力；纵坐标表示该截面上的剪应力。这一截面上应力分量 σ、τ 与 σ_1、σ_3 的关系可以由莫尔圆的图解法得到。

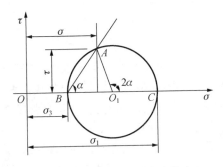

图 6-5　用莫尔圆表示应力状态

在图 6-5 中，以 σ 为横坐标轴、τ 为纵坐标轴，按一定比例尺取 $OB = \sigma_3$、$OC = \sigma_1$，以 BC 中点 O_1 为圆心、以 $(\sigma_1 - \sigma_3)/2$ 为半径，绘制一个应力圆，然后从 O_1C 开始逆时针旋转 2α 角度，在圆周上得到点 A。则根据几何关系，点 A 的坐标为

$$\sigma = OB + BO_1 + O_1A\cos(2\alpha) = \frac{\sigma_1 + \sigma_3}{2} + \frac{\sigma_1 - \sigma_3}{2}\cos(2\alpha)$$

$$\tau = O_1 A \sin(2\alpha) = \frac{\sigma_1 - \sigma_3}{2}\sin(2\alpha)$$

可以看出，点 A 的坐标 (σ, τ) 就是截面 mn 上的应力分量，并由式（6-4）计算。

2. 莫尔-库仑强度理论

当土体中一点（土体单元）的某截面上的剪应力达到其抗剪强度时，称土体在该点发生剪切破坏，或达到极限平衡状态。对于土体中一点，虽然应力状态是确定的，但在不同方向截面上的正应力和剪应力分量是不同的，当发生破坏时，实际上仅是在个别的截面上剪应力达到抗剪强度。因此，我们规定土体中一点（土体单元）只要有一个面发生剪切破坏，土体中该点（土体单元）就达到破坏或极限平衡状态。

莫尔（Mohr）在库仑的研究基础上，提出土体的破坏是剪切破坏的理论，认为在土体破裂面上正应力 σ 与抗剪强度 τ_f 之间存在函数关系，即

$$\tau_f = f(\sigma) \tag{6-5}$$

在 σ - τ_f 坐标系中，该函数所定义的曲线一般为一条微弯的曲线，也即定义了土中某点（土体单元）达到破坏状态或极限平衡状态的所有点的集合，称为莫尔破坏包络线或抗剪强度包络线，见图 6-6。

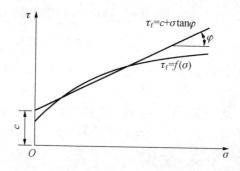

图 6-6 莫尔破坏包络线

试验证明，在正应力不是很大的情况下，莫尔破坏包络线近似于一条直线，可以用库仑公式 [式（6-2）] 来表示，见图 6-6。这种以库仑公式作为抗剪强度公式，以剪应力是否达到抗剪强度作为破坏标准的理论，称为莫尔-库仑强度理论。

归纳起来，莫尔-库仑强度理论如下：

1）土体破裂面上，抗剪强度 τ_f 是正应力 σ 的单值函数，见式（6-5）。

2）在破裂面正应力不是很大的情况下，抗剪强度 τ_f 可近似表示为正应力 σ 的线性函数，即用库仑公式来表示，见式（6-2）。

3）通过土体中某点（土体单元），任何一个面上的剪应力达到该面上的抗剪强度，土体在该点（土体单元）就发生破坏或达到极限平衡状态。

采用莫尔圆表示土体中一点的应力状态，并将应力莫尔圆画在上述 σ - τ_f 坐标系中，则土体若在该点发生剪切破坏，就意味着应力莫尔圆与莫尔破坏包络线相切，切点所对应的面即为土体的破坏面。土体中所有破坏点的应力莫尔圆的公切线就是莫尔破坏包络

线，见图 6-7。

根据土体某点的莫尔圆与莫尔破坏包络线的相对位置关系，可以形象地判断土体在该点是否发生了剪切破坏，见图 6-8，有以下三种可能的情况。

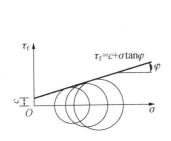
图 6-7　抗剪强度包线

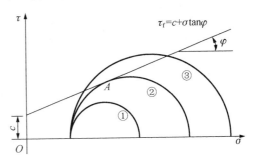
图 6-8　莫尔圆与抗剪强度之间的关系

① 莫尔圆处于莫尔破坏包络线之下，表明通过土体这一点任何面上的正应力和剪应力均未到达莫尔破坏包络线，剪应力均小于剪切强度，土体在该点未发生剪切破坏。

② 莫尔圆与莫尔破坏包络线相切，表明通过土体该点的一个面（实际为一对面）上的正应力和剪应力正好到达莫尔破坏包络线，剪应力等于剪切强度，土体在该点沿对应的面发生了剪切破坏。

③ 莫尔圆与莫尔破坏包络线相交，表明通过土体的这一点的一些面上的剪应力超过了土的抗剪强度，即土体在该点沿这些面已经发生剪切破坏。实际上这种应力状态是不会存在的，因为剪应力达到抗剪强度后，就不会再继续增加了。

3.土的极限平衡条件

在 σ-τ_f 坐标系中，当莫尔圆与莫尔破坏包络线相切时，土体发生剪切破坏，也即达到极限平衡状态。根据这一莫尔圆与莫尔破坏包络线相切的几何关系，可以得到用主应力表示的莫尔-库仑强度理论的数学表达式，即莫尔-库仑破坏准则，也称土体的极限平衡条件。

根据图 6-9 的几何关系，即在直角三角形 O_1ab 中：

$$O_1O = c\cot\varphi , \quad Oa = \frac{\sigma_1+\sigma_3}{2} , \quad ab = \frac{\sigma_1-\sigma_3}{2}$$

则

$$\sin\varphi = \frac{ab}{O_1a} = \frac{ab}{O_1O+Oa}$$

即

$$\sin\varphi = \frac{\dfrac{\sigma_1-\sigma_3}{2}}{c\cot\varphi + \dfrac{\sigma_1+\sigma_3}{2}} = \frac{\sigma_1-\sigma_3}{\sigma_1+\sigma_3+2c\cot\varphi} \tag{6-6}$$

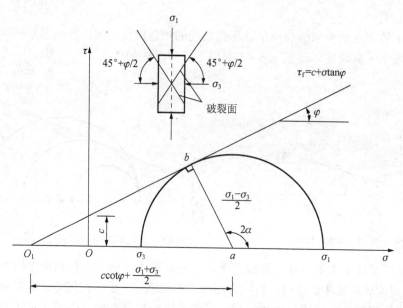

图 6-9　土的极限平衡条件与剪切破裂面

由式（6-6）整理得

$$\sigma_1 - \sigma_3 = (\sigma_1 + \sigma_3)\sin\varphi + 2c\cos\varphi$$

可得

$$\sigma_1 = \frac{1+\sin\varphi}{1-\sin\varphi}\sigma_3 + \frac{2c\cos\varphi}{1-\sin\varphi} \tag{6-7}$$

进一步推导得

$$\sigma_1 = \frac{1+\sin\varphi}{1-\sin\varphi}\sigma_3 + \frac{2c\sqrt{1-\sin^2\varphi}}{1-\sin\varphi} = \frac{1+\sin\varphi}{1-\sin\varphi}\sigma_3 + 2c\sqrt{\frac{1+\sin\varphi}{1-\sin\varphi}}$$

$$= \frac{1-\cos(90°+\varphi)}{1+\cos(90°+\varphi)}\sigma_3 + 2c\sqrt{\frac{1-\cos(90°+\varphi)}{1+\cos(90°+\varphi)}}$$

$$= \frac{2\sin^2\left(45°+\dfrac{\varphi}{2}\right)}{2\cos^2\left(45°+\dfrac{\varphi}{2}\right)}\sigma_3 + 2c\sqrt{\frac{2\sin^2\left(45°+\dfrac{\varphi}{2}\right)}{2\cos^2\left(45°+\dfrac{\varphi}{2}\right)}}$$

可得

$$\sigma_1 = \sigma_3\tan^2\left(45°+\frac{\varphi}{2}\right) + 2c\tan\left(45°+\frac{\varphi}{2}\right) \tag{6-8}$$

同样，可以推得

$$\sigma_3 = \sigma_1\tan^2\left(45°-\frac{\varphi}{2}\right) - 2c\tan\left(45°-\frac{\varphi}{2}\right) \tag{6-9}$$

式（6-6）～式（6-9）都表示土中某点达到极限平衡时（破坏时）的主应力关系，这就是莫尔-库仑破坏准则，也即土体的极限平衡条件。

对于粗粒土，由于黏聚力 $c=0$，其极限平衡条件可由式（6-6）～式（6-9）化简为

$$\sin\varphi = \frac{\sigma_1 - \sigma_3}{\sigma_1 + \sigma_3} \tag{6-10}$$

$$\sigma_1 = \frac{1+\sin\varphi}{1-\sin\varphi}\sigma_3 \tag{6-11}$$

$$\sigma_1 = \sigma_3 \tan^2\left(45° + \frac{\varphi}{2}\right) \tag{6-12}$$

$$\sigma_3 = \sigma_1 \tan^2\left(45° - \frac{\varphi}{2}\right) \tag{6-13}$$

如前所述，土体达到极限平衡状态时，莫尔圆与莫尔破坏包络线相切的切点所对应的面即为土体的剪切破坏面。由图 6-9 的几何关系，可得圆心角

$$2\alpha = 90° + \varphi$$

所以

$$\alpha = 45° + \frac{\varphi}{2} \tag{6-14}$$

根据莫尔圆的知识，α 即为土体剪切破坏面与大主应力作用面的夹角，为 $45° + \frac{\varphi}{2}$。

由此可见，土体与一般的连续性材料（如钢材等）不同，土是一种具有内摩擦强度的颗粒材料，其剪切破坏面不是与最大主应力成 $45°$ 的最大剪应力面，而是与最大主应力作用面成 $45° + \varphi/2$ 的面。如果土质均匀，且试验中能保证试样的应力和应变均匀，则试样内将会出现两组完全对称的破裂面，即共轭破坏面，见图 6-9。

4．土的极限平衡条件的应用

已知土的抗剪强度指标 c、φ 和土中某点实际的应力状态（σ_1，σ_3），利用土的极限平衡条件容易判断土体在该点是否发生剪切破坏，具体方法如下。

（1）主应力比较法

将强度指标 c、φ 和实际的主应力分量 σ_3（或 σ_1）代入极限平衡条件，求出该点处于极限平衡状态时对应的另一主应力分量 σ_{1f}（或 σ_{3f}），如果 $\sigma_{1f} - \sigma_3 > \sigma_1 - \sigma_3$（或 $\sigma_1 - \sigma_{3f} > \sigma_1 - \sigma_3$），表示土体达到极限平衡状态所要求的大主应力 σ_{1f} 大于实际的大主应力 σ_1（或所要求的小主应力 σ_{3f} 小于实际的小主应力 σ_3），则土体处于弹性平衡状态，没有发生剪切破坏；如果 $\sigma_{1f} - \sigma_3 = \sigma_1 - \sigma_3$（或 $\sigma_1 - \sigma_{3f} = \sigma_1 - \sigma_3$），表示土体正好处于极限平衡状态，发生剪切破坏；如果 $\sigma_{1f} - \sigma_3 < \sigma_1 - \sigma_3$（或 $\sigma_1 - \sigma_{3f} < \sigma_1 - \sigma_3$），表示土体已经发生了剪切破坏，实际上这种情况是不可能存在的，因为剪应力大于抗剪强度的情况不会存在，见图 6-10。

（2）内摩擦角比较法

图 6-11 中，假定土体的莫尔破坏包络线与横轴（σ 轴）交于 O_1 点，通过该交点 O_1 作

土体应力莫尔圆的切线，将该切线的倾角称为该应力状态莫尔圆的视内摩擦角 φ_m，根据几何关系有

$$\sin\varphi_m = \frac{\sigma_1 - \sigma_3}{\sigma_1 + \sigma_3 + 2c\cot\varphi} \qquad (6\text{-}15)$$

将视内摩擦角 φ_m 与土体的实际摩擦角 φ 进行比较，如果 $\varphi_m < \varphi$，表示土的莫尔圆位于莫尔破坏包络线以下，土体没有发生破坏；如果 $\varphi_m = \varphi$，则表示土的莫尔圆正好与莫尔破坏包络线相切，土体发生破坏；如果 $\varphi_m > \varphi$，显然表示土体已经发生了破坏，如前所述，这种情况不存在。

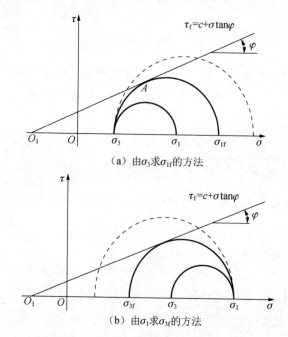

图 6-10 土体破裂判断的主应力比较法

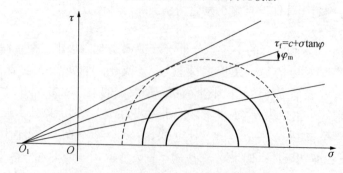

图 6-11 土体破裂判断的内摩擦角比较法

6.3　抗剪强度测定试验

抗剪强度的测定即为抗剪强度指标 c、φ 的测定。抗剪强度指标 c、φ 是土体的重要力学指标，广泛应用于确定地基承载力、挡土墙土压力和验算土坡稳定等工程问题中，正确地测定和选择土的抗剪强度指标是土力学中十分重要的问题。

工程中土的抗剪强度指标 c、φ 的常用测定方法有室内试验和现场试验两种方法。室内试验方法包括直接剪切试验、三轴剪切试验和无侧限抗压强度试验等，现场试验方法有原位十字板剪切试验等。

6.3.1　直接剪切试验

直接剪切试验（简称直剪试验）是发展较早的一种测定土的抗剪强度的方法，由于其设备简单、操作方便，在我国工程界应用较广。

1. 试验设备与试验方法

图 6-2 为应变控制式直剪仪的示意图，垂直压力由杠杆系统通过加压活塞和透水石传给土样，水平剪应力由轮轴推动的下盒加给土样。土的抗剪强度可由量力环测定，剪切变形由百分表测定。试验方法、试验过程参考 6.2.1 节，试验结果见图 6-3。根据图 6-3 中的试验结果或库仑公式［式（6-2）］，可确定抗剪强度指标 c、φ。

一般以剪应力和剪切变形的关系曲线（图 6-12）的峰值作为该法向压力下的抗剪强度，即峰值强度，有时也可取终值作为抗剪强度，称为残余强度，见图 6-13。

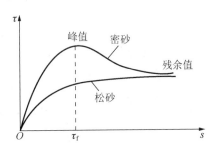

图 6-12　剪应力和剪切变形的关系曲线

2. 直剪试验的类型

在直剪试验中，对于饱和土样，无法严格控制试样的排水条件，只能通过控制剪切速率近似模拟排水条件。根据剪切试验过程中土样的固结、排水情况，可将直剪试验分为固结慢剪、固结快剪和快剪试验三种类型。

（1）固结慢剪试验

固结慢剪试验也可称为慢剪试验，施加法向应力 $\sigma = P/A$ 后，让试样充分排水固结，待固结变形稳定后，再缓慢施加水平剪力，让剪切过程中试样内的超静孔隙水压力能够完全消散。

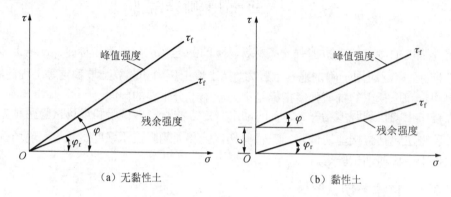

（a）无黏性土   （b）黏性土

图 6-13　无黏性土和黏性土的峰值强度和残余强度

（2）固结快剪试验

施加法向应力 $\sigma = P/A$ 后，让试样充分排水固结，待固结变形稳定后，再快速施加水平剪力，要求试样在 3～5min 剪坏，使试样内的水来不及排出。

（3）快剪试验

施加法向应力 $\sigma = P/A$ 后，不让试样固结，立即快速施加水平剪力，要求试样在 3～5min 剪坏，使试样内的水来不及排出。

3．直剪试验的优缺点

直剪试验已有上百年的历史，由于其仪器简单、操作方便，而且试样薄、固结快、试验历时短，至今仍在工程中广泛应用。与三轴试验相比，在一些方面也存在明显优势。但直剪试验也有不少缺点，主要有以下四点。

1）剪切面（破坏面）只能人为地限制在上、下盒的接触面上。剪切过程中，人为规定剪切面往往会增加附加的约束作用。另外，土体并不均匀，人为规定的剪切面不一定具有代表性。

2）剪切面上的应力状态复杂。剪切前，最大主应力是作用在试样上的竖向应力，试样处于侧限状态；施加剪应力后，主应力的方向产生偏转，且剪应力越大，偏转角越大，所以主应力的大小和方向在剪切过程中是不断变化的。当发生剪切破坏时，试样内的破坏面并不一定是人为规定的破坏面。

3）试样内的应力和应变分布不均匀。剪切过程中，靠近剪力盒边缘的应变最大，而试样中部的应变相对要小；剪切面附近的应变又大于试样顶部和底部的应变；且随剪切位移的增大，剪切面积逐渐减小。这些情况使得试样的应力和应变分布不均匀，特别是破坏时，试样的应力和应变十分复杂，难以确定。

4）试样排水条件不明确。这种试验方法不能严格控制排水条年，不能准确测定试验过程中孔隙水压力的变化，只能根据剪切速率，大致模拟实际工程中土体的排水条件。

由于这些原因，直剪试验作为土的力学性状的研究方法，有较大的缺点。不过，因为它已广泛用于工程实践中，积累了很多宝贵的经验数据，有实用价值。

6.3.2　三轴剪切试验

1. 试验设备与试验方法

三轴剪切试验仪（简称三轴仪）由压力室、周围压力控制系统、轴向加压系统、孔隙水压力量测系统及试样体积变化量测系统等组成，见图 6-14。三轴仪是土力学中一种常见、实用的试验仪器。

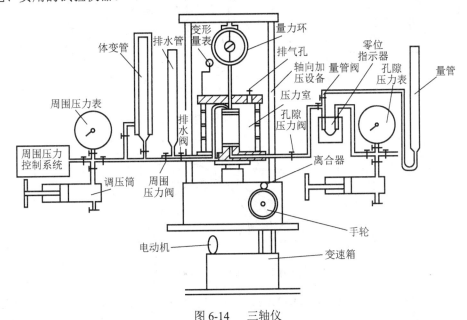

图 6-14　三轴仪

试验时，首先将圆柱形试样用橡胶膜包裹，固定在压力室的底座上。试验过程一般可将三轴剪切试验（简称三轴试验）分为两个阶段：

1）施加围压阶段，先向压力室内注入液体（一般为水），通过橡胶膜对试样施加一个各向相等的围压力（简称围压）[图 6-15（a）]，使 $\sigma_1 = \sigma_2 = \sigma_3 = \sigma_c$，受力状态见图 6-15（b）。

2）剪切阶段，保持围压 σ_3 不变，在压力室上端的活塞杆上施加轴向偏差压力 $\Delta\sigma = \sigma_1 - \sigma_3$ 进行剪切，直至土样受剪破坏，受力状态见图 6-15（c），可见试样始终处于轴对称应力状态。

设土样破坏时，由活塞杆加在土样上的垂直压力或偏差应力为 $\Delta\sigma_{1f} = (\sigma_1 - \sigma_3)_f$，则土样上的最大主应力为 $\sigma_{1f} = \sigma_{3f} + \Delta\sigma_{1f}$，而最小主应力为 $\sigma_{3f} = \sigma_c$，由 σ_{1f} 和 σ_{3f} 可绘制一个对应土体破坏状态的莫尔圆，称为破坏莫尔圆。用同一种土制成 3～4 个土样，对每个土样施加不同的周围压力 σ_3，可分别求得剪切破坏时对应的最大主应力 σ_1，可将这些结果绘成一组破坏莫尔圆。由土的极限平衡条件可知，这些破坏莫尔圆的公切线即是土的莫尔破坏包络线或抗剪强度包线，由此可得抗剪强度指标 c、φ 值，见图 6-16。

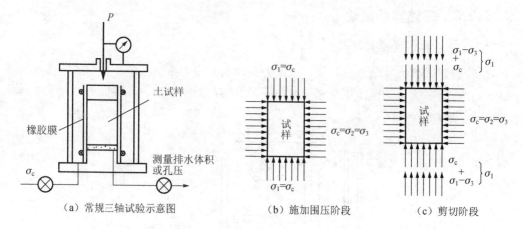

图 6-15　常规三轴试验及试样的应力状态

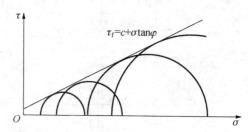

图 6-16　破坏莫尔圆与莫尔破坏包络线

　　显然，要确定土体的莫尔破坏包络线，首先需要确定土样的破坏点及其应力状态。根据三轴试验可得到土的应力-应变关系曲线，即 $(\sigma_1 - \sigma_3) - \varepsilon_1$ 曲线，由这一曲线即可得到试样的破坏点。图 6-17 中，当 $(\sigma_1 - \sigma_3) - \varepsilon_1$ 曲线存在峰值时，取峰值对应的最大偏差应力作为破坏偏差应力 $(\sigma_1 - \sigma_3)_f$；当研究土的残余强度时，取试验曲线的终值 $(\sigma_1 - \sigma_3)_r$ 作为破坏偏差应力；当 $(\sigma_1 - \sigma_3) - \varepsilon_1$ 曲线不存在峰值时，取规定的轴向应变值（通常为 15%）所对应的偏差应力作为破坏偏差应力 $(\sigma_1 - \sigma_3)_f$。

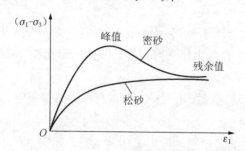

图 6-17　轴向应力增量与轴向应变关系曲线

2. 三轴试验的类型

　　根据在试验过程中的排水情况，可将三轴试验分为三种类型。

（1）固结排水试验

施加围压阶段，打开排水阀门，让试样中由围压产生的超静孔隙水压力完全消散，孔隙水排出，土样体积压缩，使土样充分固结；剪切阶段，仍然打开排水阀门，缓慢施加轴向压力，并使试样中由轴压产生的超静孔隙水压力始终保持为零，直至土样破坏。

由于固结排水（consolidation drained，CD）试验过程中超静孔隙水压力为零，因此土中应力即为有效应力，固结排水试验结果即为有效莫尔圆及有效莫尔破坏包络线，见图 6-18 中虚线莫尔圆及虚线包络线。固结排水试验抗剪强度指标用 c_d、φ_d 表示，即分别为有效应力抗剪强度指标 c'、φ'。

（2）固结不排水试验

施加围压阶段，打开排水阀门，让试样中由围压产生的超静孔隙水压力完全消散，孔隙水排出，土样体积压缩，使土样充分固结；剪切阶段，关闭排水阀门，快速施加轴向压力，直至土样破坏。由于试样中由轴压产生的超静孔压不能消散，孔隙水不能排出，土样在剪切过程中没有体积变形。由固结不排水（consolidation undrained，CU）试验直接得到的莫尔圆及莫尔破坏包线，见图 6-18 中实线莫尔圆及实线包络线，固结不排水试验得到的抗剪强度指标用 c_{cu}、φ_{cu} 表示。

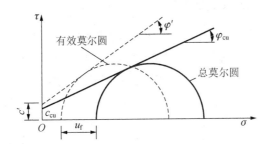

图 6-18　固结排水试验莫尔破坏包络线（虚线）与固结不排水试验强度包线（实线）

（3）不固结不排水试验

施加围压阶段，关闭排水阀门，试样不进行排水固结；剪切阶段，关闭排水阀门，快速施加轴向压力，直至土样破坏。由不固结不排水（unconsolidation undrained，UU）试验得到的抗剪强度指标用 c_u、φ_u 表示。

三轴试验中的固结排水、固结不排水和不固结不排水试验的孔隙水压力 u 的变化如下：

1）固结排水试验：剪切前 $u_1 = 0$，剪切过程中 $u = u_2 = 0$。

2）固结不排水试验：剪切前 $u_1 = 0$，剪切过程中 $u = u_2 \neq 0$（变化）。

3）不固结不排水试验：剪切前 $u_1 > 0$，剪切过程中 $u = u_1 + u_2 \neq 0$（变化）。

就排水条件而言，上述三种三轴试验分别与直剪试验的固结慢剪、固结快剪和快剪试验相对应，但由于试验仪器和方法及土试样的渗透系数不同，直剪试验无法严格控制试样的排水条件，相应类型直剪试验和三轴试验所得到的强度指标有差异，需要注意。

3. 三轴试验的优缺点

自 20 世纪 30 年代开始应用以来，经过不断研究与完善，三轴仪已成为土力学实验室不可缺少的仪器。目前，三轴试验与技术仍处在快速发展之中。与直剪试验相比，三轴仪具有如下优点：

1）可以较完整地反映试样受力变形直至破坏的全过程，可模拟不同工况，进行不同应力路径的试验。

2）试样内中应力和应变分布比较均匀，状态明确，量测简单可靠。

3）试样的破坏面非人为固定，可较容易地判断试样的破坏，操作比较简单。

4）能严格地控制排水条件，不排水剪切试验中能准确量测试样的超静孔隙水压力。

常规三轴仪的主要不足是试样的受力是轴对称的，测得的土的力学性质只能代表这种特定轴对称应力状态下的土的特性。除此之外，三轴试验也有如下缺点：

1）三轴试样制备工作比较麻烦，易受扰动。

2）试样两端受刚性压板的约束影响较大。

3）对成层土的试验成果影响较大。

6.3.3　无侧限抗压强度试验

三轴试验中，当围压 $\sigma_3 = 0$ 时，对土样只施加轴向压力，则为无侧限抗压强度试验，试验所得的结果称为无侧限抗压强度，用 q_u 表示。由于无黏性土在无侧限条件下，试样难以成型，该试验主要适用于黏性土，尤其适用于饱和软黏土。无侧限压缩试验中，土样剪切破坏的最小主应力 $\sigma_{3f} = 0$，最大主应力 $\sigma_{1f} = q_u$，q_u 即为无侧限抗压强度。该试验经常要求在较短时间内完成，在试验过程中土中水没有明显的排出，相当于快剪和三轴不固结不排水试验。

该试验多在无侧限抗压仪上进行，只能得到一个通过原点的极限（或破坏）莫尔圆，得不到莫尔应力包络线，见图 6-19。

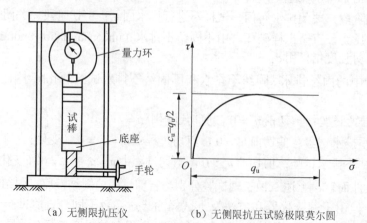

（a）无侧限抗压仪　　　　　　　（b）无侧限抗压试验极限莫尔圆

图 6-19　无侧限抗压仪和无侧限抗压试验极限莫尔圆

由式（6-8）可得

$$q_u = \sigma_{1f} = 2c\tan\left(45° + \frac{\varphi}{2}\right) \tag{6-16}$$

则

$$c = \frac{q_u}{2\tan 45° + \varphi} \tag{6-17}$$

对于饱和软黏土，一般可认为 $\varphi_u = 0$，此时莫尔破坏包络线与 σ 轴平行，且有 $c_u = q_u/2$，即饱和黏土的不排水抗剪强度为其无侧限抗压强度的一半。应该注意到，由于该试验取样过程中土样受到扰动，原位应力释放，用这种土样测得的不排水强度一般低于原位不排水强度。

6.3.4　原位十字板剪切试验

十字板剪切仪是一种使用方便的原位测试仪器，见图 6-20（a），通常用于饱和软黏土的原始抗剪强度（相当于不排水抗剪强度 c_u）。做试验时，先钻孔至需要测试的土层深度以上 750mm 处；清理孔底，将装有十字板的钻杆放入钻孔底部，并压入土中 750mm 至测试的深度。安放在地面的扭矩设备施加扭矩，使钻杆带动十字板头旋转直至土体发生剪切破坏，这样在土体中形成一个直径为 D、高为 H 的圆柱体，其顶面、底面及侧面剪切破坏面见图 6-20（b）。

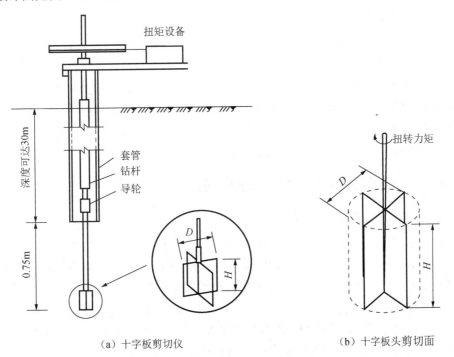

（a）十字板剪切仪　　　　　　　　（b）十字板头剪切面

图 6-20　十字板剪切仪和十字板头剪切面

圆柱体剪切面上的剪应力随扭矩的增加而增大,当达到最大扭矩 M_{max} 时,圆柱体剪切破坏面上的剪应力均达到抗剪强度 τ_f（假设土体为匀质体且各向同性）。此时,圆柱体顶面、底面的抗剪强度对圆心所产生的抗扭力矩 M_1 为

$$M_1 = 2\int_0^{D/2} \tau_f 2\pi r \cdot r \mathrm{d}r = \frac{\pi D^3}{6}\tau_f$$

圆柱体侧面的抗剪强度对圆心所产生的抗扭力矩 M_2 为

$$M_2 = \pi DH \frac{D}{2}\tau_f = \frac{\pi D^2 H}{2}\tau_f$$

根据力矩平衡, $M_{max} = M_1 + M_2$,可解得土体的剪切强度

$$\tau_f = \frac{M_{max}}{\frac{\pi D^2}{2}\left(\frac{D}{3}+H\right)} \tag{6-18}$$

原位十字板剪切试验是在原位进行试验的,不必钻孔取土样,使土体所受扰动较小,被认为是比较能反映土体原位强度的测试办法。缺点:一是主要反映土体在垂直面上的强度,一般偏高;二是应力条件复杂,不能严格控制排水条件。

6.4　土的抗剪强度指标及其工程应用

土的抗剪强度指标（内摩擦角 φ 和黏聚力 c ）的确定,是研究土的抗剪强度的关键问题。然而,对同一种土,采用不同试验方法（特别是排水条件不一样）,测得的抗剪强度指标往往差别很大,这也是土体有别于其他材料的重要特点。因此,理解各种试验测得的强度指标的物理含义,以便在实际工程中正确选用,显得非常重要。

根据不同的标准,可将土的抗剪强度指标划分为不同的类型。根据试验方法可分为三轴试验指标与直剪试验指标;根据应力分析方法可分为总应力强度指标和有效应力强度指标;根据应力变形特性可分为峰值强度指标与残余强度指标等。

6.4.1　三轴试验指标与直剪试验指标

1. 固结排水试验与固结慢剪试验

固结排水试验中超静孔隙水压力始终保持为零,总应力等于有效应力,测得的抗剪强度称为排水强度,相应的指标称为排水强度指标,用 c_d 、 φ_d 表示。因为试样内应力始终为有效应力, c_d 、 φ_d 也即为有效应力抗剪强度指标 c' 、 φ' ,见图6-18。

与固结排水试验方法相对应,由固结慢剪试验测得的抗剪强度指标称为慢剪强度指标,用 c_s 、 φ_s 表示,这种指标也与有效应力抗剪强度指标相当。由于试验仪器和方法不同, c_s 、 φ_s 一般略高于三轴有效应力抗剪强度指标 c' 、 φ' 。

所对应的实际工程条件:由于全过程土样是排水状态,强度指标 c_d 、 φ_d 适用于地基

容易排水固结（如砂性土）而建筑物施工又较慢的情况。

2. 固结不排水试验与固结快剪试验

由固结不排水试验测得的抗剪强度称为固结不排水强度，相应的指标用 c_{cu}、φ_{cu} 表示。由于该试验可测试试验过程中的超孔隙水压力 u，因此也可用来确定土体的有效应力抗剪强度指标 c'、φ'，但与总应力强度指标 c_{cu}、φ_{cu} 并不相同，见图6-18。

与固结不排水试验方法相对应，由固结快剪试验测得的抗剪强度指标称为固结快剪强度指标，用 c_{cq}、φ_{cq} 表示。

所对应的实际工程条件：正常固结土层在竣工时或以后，受到大量快速的活载或新增加的荷载作用时的情况。

3. 不固结不排水试验与快剪试验

由不固结不排水试验测得的抗剪强度称为不排水强度，相应的指标用 c_u、φ_u 表示。应该指出：不固结不排水试验的指标 φ_u 一般情况下较小，对于饱和软黏土 $\varphi_u \approx 0$，通常情况下软黏土强度的大小用 c_u 表示。

与不固结不排水试验方法相对应，由快剪试验测得的抗剪强度指标称为快剪强度指标，用 c_{cq}、φ_{cq} 表示。

所对应的实际工程条件：相当于饱和软黏土中快速施加荷载时的情况。

由于排水条件不同，三种三轴试验方法（或直剪试验）对同一种土所得的莫尔破坏包线及相应指标并不相同。

6.4.2 总应力强度指标和有效应力强度指标

在直剪试验中对土样施加的垂直压力和剪切力，或者三轴试验中对土样施加的围压和轴向压力，都是总应力，没有体现出土样中孔隙水压力的大小。一般情况下，用总应力表达抗剪强度的公式见式（6-2）。

这种用总应力表达抗剪强度 τ_f 的方法称为总应力分析法。相应地，强度指标 c、φ 称为总应力强度指标。

如果在三轴试验中，可测得孔隙水压力 u，则用有效应力表示的抗剪强度的公式见式（6-3）。

这种用有效应力表达抗剪强度 τ_f 的方法称为有效应力分析法。相应地，强度指标 c'、ϕ' 称为有效应力强度指标。

同一个土样，用同一种试验方法，测得的抗剪强度只有一个值，但可以表达为式（6-2）和式（6-3）两种形式。试验结果表明，若土样破坏时的孔隙水压力 $u_f > 0$，如松砂或正常固结土，则 $\varphi' > \varphi$；若土样破坏时的孔隙水压力 $u_f < 0$，如密砂或重超固结土，则 $\varphi' < \varphi$。可见，总应力强度指标与有效应力强度指标的差别，实际上反映的是土样中孔

隙水压力对土的抗剪强度的影响。根据有效应力原理，土抗剪强度的变化只取决于有效应力的变化，而有效应力是作用在土骨架上的应力，因此有效内摩擦角才是真正反映土的内摩擦特性的指标。所以，从理论说，只有用有效应力强度指标才能确切表示土的抗剪强度。

在工程中，对于总应力强度指标与有效应力强度指标，选择的基本原则如下：当土体内的孔隙水压力能够可靠确定时，应优先采用有效应力法；而对于孔隙水压力不能确定的问题，才使用总应力法。当采用总应力法时，应该选择与原位土体排水条件相同或相近的试验方法，如不固结不排水（快剪）试验和固结不排水（固结快剪）试验，来测定土的总应力强度指标。固结排水强度实际上就是有效应力抗剪强度，用于有效应力分析法中。

6.4.3　峰值强度指标与残余强度指标

直剪试验和三轴试验的结果均表明，密砂或超固结土受剪切时，应力-应变关系曲线存在峰值，称为峰值强度；峰值后，若变形继续发展，剪应力或偏差应力将不断降低，当变形很大时，趋于稳定值，称为残余强度，见图 6-12 和图 6-13。对于松砂或正常固结黏土，偏差应力一直升高，不出现峰值，所以虽然最后也达到同样的稳定值，但不称为残余强度。

密砂强度的峰值出现在终值之前，松砂强度的峰值与终值同时出现，一般常把土的峰值强度取作土的强度破坏值。

残余强度有其应用的实际意义。天然滑坡的滑动面或断层面，土体由于多次滑动而经历相当大的变形，在分析其稳定性时，应采用其残余强度。在某些裂隙黏土中，经常发生渐进性的破坏，以及部分土体因应力集中先达到峰值强度，而后其应力减小，从而引起四周土体应力的增加，它们也相继达到峰值强度，这样的破坏区将不断扩展。在这种情况下，破坏的土体变形很大，应该采用残余强度进行分析。

6.4.4　土体强度指标的工程应用

工程应用中，土体稳定分析成果的可靠性也在很大程度上取决于抗剪强度指标的正确选择。因为试验方法而引起的抗剪强度的差别往往超过不同稳定分析方法之间的差别。

在选用试验仪器方面，由于三轴仪具有前述的诸多优点，应优先采用，特别是在重要的工程中。直剪试验因其设备简单、易于试验，且已有较长的应用历史，积累了大量的工程数据，仍然是目前测定土的抗剪强度所普遍使用的仪器，但应了解其特点和缺点，以便能按照不同土类和不同的固结排水条件合理选用指标。

对于土的强度问题，一般采用峰值强度指标进行分析，只有当分析的土体会发生大变形或已受多次剪切积累了大变形时才选用残余强度。

抗剪强度指标的测定和应用见表 6-1。

表 6-1　抗剪强度指标的测定和应用

控制稳定的时期	强度计算方法	土类		使用仪器	试验方法与代号	强度指标	试样起始状态
施工期	有效应力法	黏性土	无黏性土	直剪仪	固结慢剪	c'、φ'	填土用与现场填筑土样含水率和密度相同的土,地基用原状土
				三轴仪	固结排水剪		
			饱和度小于 80%	直剪仪	固结慢剪		
				三轴仪	不固结不排水剪		
			饱和度大于 80%	直剪仪	固结慢剪		
				三轴仪	固结不排水剪		
	总应力法	黏性土	渗透系数小于 10^{-7}cm/s	直剪仪	快剪	c_u、φ_u	填土用与现场填筑土样含水率和密度相同的土,地基用原状土,但要预先饱和
			任何渗透系数	三轴仪	不固结不排水剪		
稳定渗流期和水库水位降落期	有效应力法	无黏性土		直剪仪	固结慢剪	c'、φ'	
				三轴仪	固结排水剪		
		黏性土		直剪仪	固结慢剪		
				三轴仪	固结不排水剪		
水库水位降落期	总应力法	黏性土				c_{cu}、φ_{cu}	

思考与习题

1. 直剪试验和三轴试验一般各自分为哪三种类型?由直剪试验得到的莫尔破坏包络线在纵坐标上的截距和与水平线的夹角分别被称为什么指标?

2. 简述固结不排水试验的主要步骤,说明试验过程中需量测哪些数据,由量测到的数据可以整理出土的哪种强度指标?

3. 根据三轴试验结果绘制的莫尔破坏包络线与一组极限应力莫尔圆的关系是什么?

4. 在确定土的强度指标时,主要有直剪试验和三轴试验两大类,而且这两类试验存在对应关系。试分别针对砂土和黏性土,分析各类直剪试验和三轴试验的对应关系是否成立及理由,并指出各种试验分别主要得到哪种强度指标?

5. 土中一点的应力达到极限平衡时,其大、小主应力与土体强度指标间满足的关系是什么?

6. 当一土样遭受一组压力(σ_1,σ_3)作用时,土样正好达到极限平衡。如果此时,在大、小主应力方向同时增加压力$\Delta\sigma$,问土的应力状态如何?若同时减少$\Delta\sigma$,情况又将如何?

7. 当对饱和黏性土采用三轴不固结不排水试验方法进行试验时,其莫尔破坏包络线具有什么特征?

8. 在现场测定饱和黏性土的抗剪强度指标采用的试验方法有哪些?原位十字板剪切试验测得的抗剪强度相当于实验室用什么试验方法测得的抗剪强度?

9. 为什么同一土层现场原位十字板剪切试验测得的抗剪强度一般随深度而增加?

10. 若建筑物施工速度较慢，而地基土的透水性较大且排水良好，可采用什么类型的直剪试验结果或三轴试验结果进行地基稳定分析？

11. 某土样的黏聚力为 10kPa，内摩擦角为 30°。当最大主应力为 300kPa，土样处于极限平衡状态时，求其最小主应力大小。

12. 某土样的固结排水剪指标 $c' = 20$ kPa，$\varphi' = 30°$，当所受总应力 $\sigma_1 = 500$kPa，$\sigma_3 = 120$kPa 时，土样内尚存的孔隙水压力 $u = 50$kPa，判断土样是否已经破坏。

13. 进行一种黏土的固结不排水试验。当围压 $\sigma_3 = 200$kPa 时，测得破坏时 $\sigma_1 - \sigma_3 = 200$kPa；当围压 $\sigma_3 = 50$kPa 时，测得破坏时 $\sigma_1 - \sigma_3 = 100$kPa。求其固结不排水强度指标 c_{cu} 和 φ_{cu}。

14. 有一干砂样置入剪切盒中进行直剪试验，剪切盒断面积为 60cm²，在砂样上作用一垂直荷载，为 900N，然后水平剪切，当水平推力达 300N 时，砂样开始被剪破。试求当垂直荷载为 1800N 时，应使用多大的水平推力砂样才能被剪坏？该砂样的内摩擦角为多大？并求此时的大、小主应力和方向。

15. 某土样进行直剪试验，测得垂直压力 p=100kPa 时，极限水平剪应力 τ_f=75kPa。以同样的土样进行三轴试验，围压为 200kPa，当垂直压力加到 550kPa（包括围压）时，土样被剪坏。求其内摩擦角 φ 及黏聚力 c。

16. 设有一含水率较低的黏性土样进行无侧限抗压强度试验，当竖向压力加到 90kPa 时，黏性土样开始破坏，并呈现破裂面，此面与竖向呈 35°。求其内摩擦角 φ 及黏聚力 c。

17. 某饱和黏性土进行无侧限抗压强度试验，测得不排水抗剪强度 $c_u = 70$ kPa，如果对同一土样进行不固结不排水试验，施加围压为 $\sigma_3 = 150$kPa。求试样将在多大的轴向压力作用下发生破坏。

18. 某土样内摩擦角 φ=20°，黏聚力 c=12kPa。试求：

1）进行无侧限单轴压缩试验时，无侧限抗压强度为多少？

2）进行围压为 5kPa 的三轴试验时，垂直压力加到多大（三轴试验的垂直压力包括围压）土样将被剪坏？

19. 设砂土地基中一点的大、小主应力分别为 500kPa 和 180kPa，其内摩擦角 φ=36°。试求：

1）该点最大剪应力的值和最大剪应力作用面上的法向应力的值。

2）此点是否已达到极限平衡状态？为什么？

3）如果此点未达到极限平衡状态，若大主应力不变，改变小主应力，使其达到极限平衡状态，此时的小主应力的值。

20. 已知一砂土层中某点应力达到极限平衡时，过该点的最大剪应力平面上的法向应力和剪应力分别为 264kPa 和 132kPa。试求：

1）该点处的大主应力 σ_1 和小主应力 σ_3。

2）过该点的剪切破坏面上的法向应力 σ_f 和剪应力 τ_f。

3）该砂土层的内摩擦角。

4）剪切破坏面与大主应力作用面的交角 α。

21. 对饱和黏土样进行固结不排水试验，围压 σ_3 为 250kPa，剪坏时的压力差 $(\sigma_1 - \sigma_3)_f$ =350kPa，破坏时的孔隙水压力 u_f =100kPa，剪切破坏面与水平面夹角 $\alpha = 60°$。试求：

1）剪切破坏面上的有效法向压力 σ_f' 和剪应力 τ_f。

2）最大剪应力 τ_{max} 和方向。

22. 现对一扰动过的软黏土进行固结不排水试验，测得不同围压 σ_3 下，剪破时的压力差和孔隙水压力（表 6-2）。试求：

1）土的有效应力强度指标 c'、φ' 和总应力强度指标 c_{cu}、φ_{cu}。

2）当围压为 250kPa 时，破坏的压力差为多少？其孔隙水压力是多少？

表 6-2　围压、压力差和孔隙水压力的关系　　　　　　（单位：kPa）

围压 σ_3	剪破时	
	压力差 $(\sigma_1 - \sigma_3)_f$	孔隙水压力 u_f
150	117	110
350	242	227
750	468	455

第7章　土压力计算

本章导读 ☞

土体作用在挡土墙上的压力称为土压力（earth pressure）。根据土的位移情况和墙后填土所处的状态，土压力可分为静止土压力、主动土压力和被动土压力三种。土压力的计算，实质上是土的抗剪强度理论的一种应用。静止土压力的计算，主要应用弹性理论方法和经验方法。计算主动土压力和被动土压力主要应用兰金和库仑土压力理论（或称极限平衡理论），以及依据这些理论发展的一些近似方法和图解方法。土压力是进行挡土结构物断面设计和稳定验算的重要荷载，本章主要讨论挡土墙上土压力的大小和分布规律的确定。本章是前面章节的理论延伸，也是后续章节的基础。

本章重点掌握以下几点：

（1）兰金土压力理论。

（2）库仑土压力理论。

（3）几种常见情况下土压力计算。

兰金土压力理论是根据半空间体的应力状态和土的极限平衡条件得出的土压力计算方法，可用来计算墙后填土为黏性土或无黏性土的情况；库仑土压力理论是根据滑动土楔体的静力平衡条件来求解土压力的，只能计算墙后填土为无黏性土（$c=0$）的情况。这两种理论都假定挡土墙为刚性。明确二者的理论基础和适用范围，有助于对本章的理解。

引言：在建筑工程中，土坡上、下修建建筑物时，为了防止土坡发生滑坡和坍塌，需要用各种类型的挡土结构物加以支挡。挡土墙是最常用的支挡结构物。土压力的计算是挡土墙设计的重要依据。土压力是挡土结构所承受的主要荷载。如何准确确定作用在挡土结构上土压力的大小、方向和作用点位置，是保证挡土结构设计安全可靠和经济合理的必要条件。

图 7-1 为欧洲多瑙河码头岸墙的滑动剖面图。1952 年多瑙河达纳畔特码头建造了一堵码头岸墙，岸墙长 528.2m，高 14.0m，由钢筋混凝土沉箱建成。每个沉箱长 12.2m，宽 10.2m，高 10.2m。沉箱在河边预制，浮运到设计地点，然后在墙后回填砂砾石至高程 97.23m。随后用钢筋混凝土将岸墙接高至高程 101.09m，并在墙顶做一道加强的横梁和纵向通道，最后回填砂砾石至墙顶。当沉箱约半数就位且回填墙后第一阶段砂砾石接近完成时，岸墙突然大规模向前滑移，岸墙滑动长度达 203m，最大滑动距离竟达 6m。

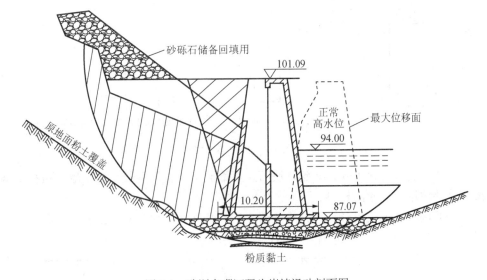

图 7-1　欧洲多瑙河码头岸墙滑动剖面图

通过本章的学习，了解多瑙河码头岸墙失事的原因，以及失事和本章的知识点有何联系。本章的任务是讨论土压力的计算和分布规律的确定方法。

7.1 概　　述

7.1.1 挡土结构及类型

挡土墙在世界各国的工业与民用建筑、水利水电工程、铁道、公路、桥梁、港口及航道等各类建筑工程中广泛运用。例如，山区和丘陵地区的防止土坡坍塌的挡土墙，见图 7.1 (a)；码头岸墙，见图 7-2 (b)；江河岸边的桥台，见图 7-2 (c)；房屋地下室的外墙，见图 7-2 (d)；隧道的侧墙，见图 7-2 (e)；堆放散粒材料（如煤、卵石等）的挡土墙，见图 7-2 (f)；等等。

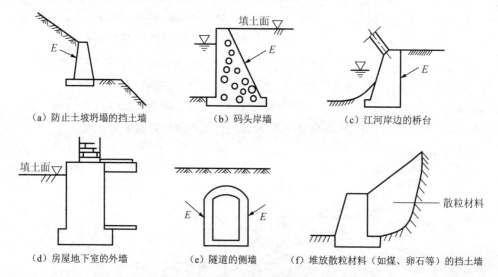

(a) 防止土坡坍塌的挡土墙　　　(b) 码头岸墙　　　(c) 江河岸边的桥台

(d) 房屋地下室的外墙　　　(e) 隧道的侧墙　　　(f) 堆放散粒材料（如煤、卵石等）的挡土墙

图 7-2　挡土墙应用

挡土墙按建筑材料可分为砖砌、块石、素混凝土和钢筋混凝土挡土墙。按挡土墙的规模与重要性选用相应的材料。

挡土墙按结构形式可分为重力式（图 7-3）、悬臂式（图 7-4）、扶壁式（图 7-5）、锚杆式（图 7-6）和加筋土挡土墙（图 7-7）。

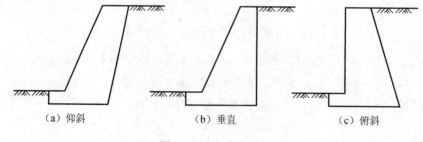

(a) 仰斜　　　(b) 垂直　　　(c) 俯斜

图 7-3　重力式挡土墙

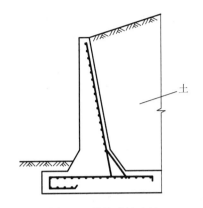

图 7-4 悬臂式挡土墙

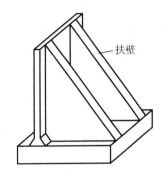

图 7-5 扶壁式挡土墙

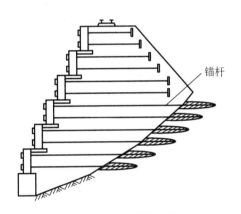

图 7-6 锚杆式挡土墙

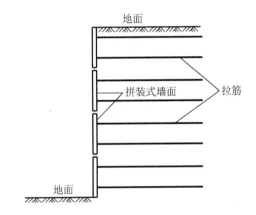

图 7-7 加筋土挡土墙

7.1.2 土压力及类型

土体作用在挡土墙上的压力称为土压力。土压力的大小和分布规律不仅与挡土墙的高度和填土的性质有关，还与挡土墙的刚度和位移密切相关。太沙基等通过模型试验测得了土压力随墙体位移变化的关系曲线（图 7-8）。

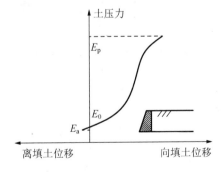

图 7-8 土压力与墙体位移变化的关系

根据土的位移情况和墙后填土所处的状态，土压力可区分为静止土压力、主动土压力和被动土压力三种，见图 7-9。

1. 静止土压力

静止土压力相当于用挡土墙代替左侧那部分土体［图 7-9（a）］。因此，在墙后土体作用下，墙保持原来位置不发生任何移动，墙后土体处于弹性平衡状态（或称静止状态）。所以，可按照在竖向自重应力作用下计算侧向应力的方法来计算土体作用在墙背上的侧压力。

2. 主动土压力

挡土墙在墙后土体作用下，逐渐向前移动［图 7-9（b）］，土压力随之减小，直至墙后土体进入极限平衡状态，形成一组滑动面，土压力达到最小值，此时土体作用在墙背上的土压力称为主动土压力，用 E_a 表示。一般情况允许挡土墙有微小的位移，所以挡土墙的设计按照主动土压力计算。

3. 被动土压力

挡土墙在外力作用下，墙体被推向土体［图 7-9（c）］，作用在墙上的土压力随之增加，直至墙后土体进入极限平衡状态，形成一组滑动面，土压力达到最大值，此时土体作用在墙背上的土压力称为被动土压力，用 E_p 表示。

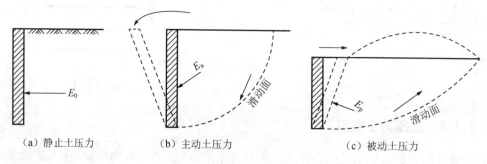

（a）静止土压力　　　　（b）主动土压力　　　　（c）被动土压力

图 7-9　土压力与滑动方向

7.2　静止土压力计算

静止土压力只发生在挡土墙为刚性，墙体不发生任何位移的情况下。在实际工程中，对作用在深基础侧墙或者 U 形桥台上的土压力，可近似看作静止土压力。

静止土压力的计算比较简单。由于墙静止不动，墙与土体无任何位移，墙后土体受力状态与自重应力状态相似，可用半无限地基水平向应力的计算公式确定静止土压力的大小，即

$$p_0 = K_0 \gamma z \tag{7-1}$$

式中，P_0 为静止土压力强度（kPa）；K_0 为静止土压力系数；γ 为填土的重度（kN/m³）；

z 为计算点深度（m）。

静止土压力系数 K_0，即土的侧压力系数，确定方法如下。

1）经验值法：砂土的静止土压力系数 $K_0 = 0.34 \sim 0.45$，黏性土的静止土压力系数 $K_0 = 0.5 \sim 0.7$。

2）半经验公式法：

$$K_0 = 1 - \sin \varphi' \tag{7-2}$$

式中，φ' 为土的有效内摩擦角（°）。

由式（7-1）可知，在均质土中，静止土压力沿墙高呈三角形分布 [图 7-10（a）]。取单位墙长，则作用在墙上静止土压力的合力为

$$E_0 = \frac{1}{2} \gamma H^2 K_0 \tag{7-3}$$

式中，H 为挡土墙的高度。

静止土压力合力的作用点在距离墙底 1/3 处。

若墙后填土中有地下水，则计算静止土压力时，水下土的重度应取为浮重度 γ'（有效重度），其分布规律见图 7-10（b）。相应静止土压力合力 E_0 的大小等于土压力分布图形的面积，即

$$E_0 = \frac{1}{2} \gamma' H_1^2 K_0 + \gamma \cdot H_1 H_2 K_0 + \frac{1}{2} \gamma' H_2^2 K_0 \tag{7-4}$$

E_0 作用点位于土压力分布图形的形心处，方向水平，指向墙背。

此时，挡土墙受力分析时还应考虑水压力的作用，作用在墙背上的总水压力为

$$E_w = \frac{1}{2} \gamma_w H_2^2 \tag{7-5}$$

水压力的作用点位于 $H_2/3$ 处，方向水平，指向墙背。作用于墙体上的总压力是土压力与水压力的矢量和。

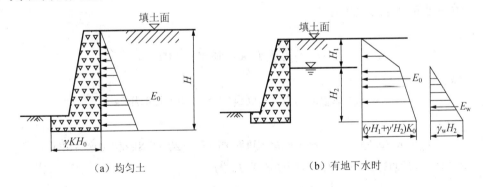

（a）均匀土　　　　　　　　　　（b）有地下水时

图 7-10　静止土压力的分布

静止土压力的计算并不复杂，单在这个问题分析中，主要是如何确定静止土压力系数的问题，经验公式 $K_0 = 1 - \sin \varphi'$ 对于砂性土具有一定的可靠性，而对于黏性土却会有较大的误差。

超固结土的静止土压力与正常固结土的静止土压力在概念上有所不同，因为超固结土曾受到比目前更大的竖向荷载作用。超固结土的静止土压力系数 K_{OR} 大于正常固结土的 K_0，高超固结土的静止侧压力系数 K_{OR} 可以大于 1，甚至可达到 3 左右。在这种情况下，工程实践中应加以注意，避免由于过大的侧向压力而造成支挡结构的破坏。

超固结土的静止土压力系数 K_{OR} 可按下述半经验公式进行估算。

$$K_{OR} = \sqrt{R}(1 - \sin\varphi') \tag{7-6}$$

式中，K_{OR} 为超固结土的静止土压力系数；R 为超固结（压密）比，$R = \dfrac{p_c}{p_0}$，p_c 为前期固结压力，p_0 为目前上覆土的自重压力。

例 7-1：计算作用在图 7-11 中挡土墙上的静止土压力分布及其合力 E_0，其中 q 为无限分布的均布荷载。

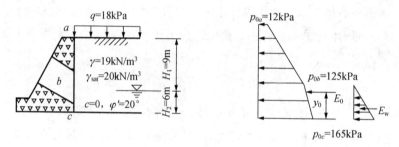

图 7-11　例 7-1 图示

解：静止侧压力系数为

$$K_0 = 1 - \sin\varphi' = 1 - \sin 20° = 0.66$$

土中各点静止土压力值如下。

a 点：

$$p_{0a} = K_0 q = 0.66 \times 18 = 11.9 \text{kPa}$$

b 点：

$$p_{0b} = K_0(q + \gamma H_1) = 0.66(18 + 19 \times 9) = 124.7 \text{kPa}$$

c 点：

$$p_{0c} = K_0(q + \gamma H_1 + \gamma' H_2) = 0.66 \times [18 + 19 \times 9 + (20 - 9.8) \times 6] = 165.1 \text{kPa}$$

静止土压力的合力（压力分布图面积）E_0 为

$$E_0 = \frac{1}{2}(p_{0a} + p_{0b})H_1 + \frac{1}{2}(p_{0b} + p_{0c})H_2$$

$$= \frac{1}{2}(11.9 + 124.7) \times 9 + \frac{1}{2}(124.7 + 165.1) \times 6$$

$$= 1484.1 \text{kN/m}$$

静止土压力 E_0 的作用点离墙底的距离 y_0 为

$$y_0 = \frac{1}{E_0}\left[p_{0a}H_1\left(\frac{H_1}{2}+H_2\right) + \frac{1}{2}(p_{0b}-p_{0a})H_1(H_2+H_1/3)\right.$$

$$\left. + p_{0b}\times\frac{H_2^2}{2} + 1/2(p_{0c}-p_{0b})H_2^2/3\right]$$

$$= \frac{1}{1484.1}\left[9\times11.9\times\left(\frac{9}{2}+6\right)+\frac{1}{2}\times(124.7-11.9)\times9\times\left(6+\frac{9}{3}\right)\right.$$

$$\left. +124.7\times\frac{6^2}{2}+\frac{1}{2}\times(165.1-124.7)\times\frac{6^2}{3}\right]$$

$$=5.51\mathrm{m}$$

作用在墙上的静水压力合力 E_w 为

$$E_\mathrm{w}=\frac{1}{2}\gamma_\mathrm{w}H_2^2=\frac{1}{2}\times10\times6^2=180\mathrm{kN/m}$$

静止土压力及水压力的分布见图 7-11。

7.3　兰金土压力理论

兰金于 1857 年研究了半无限土体在自重作用下，处于极限平衡状态的应力条件，推导出土压力计算公式，即著名的兰金土压力理论。

兰金理论假设条件：表面水平的半无限土体，处于极限平衡状态。若将垂线 AB 左侧的土体换成虚设的墙背竖直光滑的挡土墙，见图 7-12。则作用在此挡土墙上的土压力等于原来土体作用在 AB 竖直线上的水平法向应力。

兰金理论使用条件：①挡土墙的墙背竖直、光滑；②挡土墙后填土表面水平。

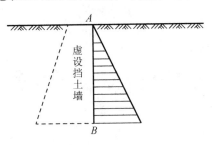

图 7-12　兰金假设

7.3.1　兰金主动土压力计算

当地面水平时，土体内每一竖直面都是对称平面，因此竖直和水平截面上的剪应力都等于零，因而相应截面上的法向力 σ_z 和 σ_x 都是主应力。兰金用一个墙背竖直且光滑（无摩擦力）的挡土墙来代替另一半的土体，这样并没有改变原来的应力条件和边界条件。

图 7-13 表示兰金主动土压力理论的基本概念，当挡土墙墙背 aa 向左移动 Δ_{11} 值时，

墙后土体中离地表任意深度 z 处单元体的应力状态将会随之变化。竖向应力 $\sigma_1 = \gamma z$ 保持不变，而水平向的应力 $\sigma_3 = \sigma_x$ 却逐渐由静止状态的土压力减少至破坏状态的主动土压力，见图 7-13（c）。一组滑动面的方向见图 7-13（a）。

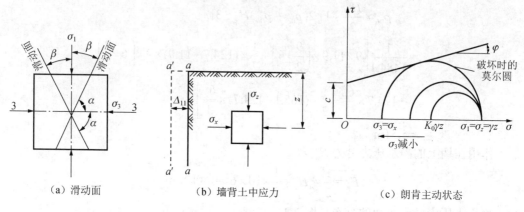

（a）滑动面　　　　（b）墙背土中应力　　　　（c）朗肯主动状态

图 7-13　兰金主动土压力的概念

根据土力学的强度理论，当达到主动破坏状态时，作用在墙背上的土压力，即小主应力为

$$P_a = \sigma_3 = \sigma_x = \gamma z \tan^2(45° - \varphi/2) - 2c\tan(45° - \varphi/2) \tag{7-7a}$$

对于无黏性土，则有

$$p_a = \gamma z \tan^2(45° - \varphi/2) \tag{7-7b}$$

令主动土压力系数 $K_a = \tan^2(45° - \varphi/2)$，则式（7-7b）可写成

$$p_a = \gamma z K_a - 2c\sqrt{K_a} \tag{7-7c}$$

或

$$p_a = \gamma z K_a \tag{7-7d}$$

式中，γ 为墙后土的重度（地下水位以下有效重度）；c、φ 分别为土的黏聚力和内摩擦角；z 为计算点离填土表面的距离。

墙后土压力的分布，从式（7-7d）可看出，随着深度呈直线变化，一组滑动面的方向分别与小主应力平面（水平面）的夹角 $\alpha = 45° + \varphi/2$；与大主应力平面（竖直面）的夹角为 $\beta = 45° - \varphi/2$，见图 7-14。

取单位墙长计算，则砂性土主动土压力合力 E_a 为

$$E_a = \frac{1}{2}\gamma H^2 \tan^2(45° - \varphi/2) \tag{7-8}$$

或

$$E_a = \frac{1}{2}\gamma H^2 K_a$$

合力 E_a 作用点位置通过三角形的形心，即作用在离墙底以上 $H/3$ 处。

图 7-14（b）表示墙后填土为黏性土时的主动土压力分布。黏性土的主动土压力包

括两部分：一部分是由自重引起的土压力 $\gamma z K_a$；另一部分是黏聚力造成的负侧向压力 $2c\sqrt{K_a}$，墙后土压力是这两部分叠加的结果。其中 adb 部分是负侧压力，对墙背来说是拉应力，但实际上墙与土之间在很小的拉应力作用下就会分离，在拉应力范围内的土将会出现裂缝，故计算土压力时，这部分应略去不计，因此作用在墙背上的土压力仅是 abc 部分。

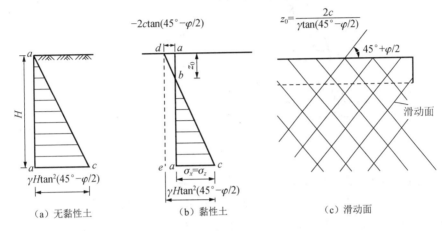

图 7-14　兰金主动土压力分布

（a）无黏性土　　　（b）黏性土　　　（c）滑动面

拉应力区的深度 z_0 常称为临界直立高度，这一高度表示在填土无表面荷载的条件下，在 z_0 深度的范围内可以竖直开挖，即使没有挡土墙，边坡也不会失稳。临界直立高度 z_0 可根据式（7-7a）求得

$$z_0 = \frac{2c}{\gamma \tan\left(45° - \varphi/2\right)} \qquad (7\text{-}9a)$$

当 $\varphi = 0$ 时，

$$z_0 = 2c/\gamma \qquad (7\text{-}9b)$$

每米挡土墙上主动土压力合力为

$$E_a = \frac{1}{2}(H - z_0)(\gamma H K_a - 2c\sqrt{K_a})$$

将式（7-9b）代入后得

$$E_a = \frac{1}{2}\gamma H^2 K_a - 2cH\sqrt{K_a} + \frac{2c^2}{\gamma} \qquad (7\text{-}10a)$$

或

$$E_a = \frac{1}{2}\gamma K_a (H - z_0)^2 \qquad (7\text{-}10b)$$

主动土压力 E_A 通过三角形压力分布图 abc 的形心，即作用点的位置在离墙底 $(H - z_0)/3$ 的高度上。

例 7-2：图 7-15 中高 8m 的挡土墙，墙后填土由两层组成，填土表面有 18kPa 的均布荷载，试计算作用在墙背的主动土压力的大小和作用点的位置。

解： 第一层填土主动土压力系数为

$$K_{a1} = \tan^2(45° - \varphi_1/2) = \tan^2(45° - 25°/2) = 0.406$$

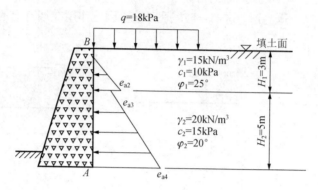

图 7-15　例 7-2 图示

第二层填土主动土压力系数为

$$K_{a2} = \tan^2(45° - \varphi_2/2) = \tan^2(45° - 20°/2) = 0.490$$

因为 c_1 大于零，所以首先需判别填土中是否存在拉应力区。由式（7-7c）计算得第一层填土中土压力强度为零的深度为

$$z_{01} = 2c_1 / (\gamma_1\sqrt{K_{a1}}) - q / \gamma_1 = 2 \times 10 / (15 \times \sqrt{0.406}) - 18/15 = 0.89\text{m}$$

z_{01} 大于零，表示第一层土中存在深度为 0.89m 的拉应力区。

在第二层填土中土压力强度为零的深度为

$$
\begin{aligned}
z_{02} &= 2c_2 / (\gamma_2\sqrt{K_{a2}}) - (q + \gamma_1 H_1) / \gamma_2 \\
&= 2 \times 15 / (20 \times \sqrt{0.490}) - (18 + 15 \times 3) / 20 \\
&= -1.01\text{m}
\end{aligned}
$$

z_{02} 小于零，表示第二层土中没有拉应力区。

土中各点处的主动土压力可按式（7-7c）计算，F 点交界面以上的主动土压力为

$$
\begin{aligned}
p_{a2} &= qK_{a1} + \gamma_1 H_1 K_{a1} - 2c_1\sqrt{K_{a1}} \\
&= 18 \times 0.406 + 15 \times 3 \times 0.406 - 2 \times 10 \times \sqrt{0.406} \\
&= 12.8\text{kPa}
\end{aligned}
$$

F 点交界面以下的主动土压力为

$$
\begin{aligned}
p_{a3} &= qK_{a1} + \gamma_1 H_1 K_{a2} - 2c_1\sqrt{K_{a1}} \\
&= 18 \times 0.490 + 15 \times 3 \times 0.490 - 2 \times 10 \times \sqrt{0.490} \\
&= 9.9\text{kPa}
\end{aligned}
$$

A 点的主动土压力为

$$p_{a4} = qK_{a2} + (\gamma_1 H_1 + \gamma_2 H_2)K_{a2} - 2c_1\sqrt{K_{a2}}$$
$$= 18 \times 0.490 + (15 \times 3 + 20 \times 5) \times 0.490 - 2 \times 15 \times \sqrt{0.490}$$
$$= 58.9\text{kPa}$$

第一层总的主动土压力为

$$E_{a1} = \frac{1}{2}\gamma_1(H_1 - z_{01})^2 K_{a1} = \frac{1}{2} \times 15 \times (3 - 0.89)^2 \times 0.406 = 13.6\text{kN/m}$$

第二层总的主动土压力为

$$E_{a2} = (p_{a3} + p_{a4})/2 \times H_2 = (9.9 + 58.9)/2 \times 5 = 172\text{kN/m}$$

整个墙上总的主动土压力为

$$E_a = E_{a1} + E_{a2} = 13.6 + 172 = 185.6\text{kN/m}$$

E_a 的作用点在 A 点以上的距离为

$$y_0 = \left\{13.6 \times [5 + (3 - 0.89)/3] + 172 \times [(2 \times 9.9 + 58.9)/(3 \times 9.9 + 3 \times 58.9) \times 5]\right\}\Big/185.6$$
$$= 2.18\text{m}$$

7.3.2 兰金被动土压力计算

图 7-16 表示兰金被动土压力的基本概念。当挡土墙受到外力作用而被推向土体时 [图 7-16（a）]，填土中任意一单元土体上的竖向应力 $\sigma_z = \gamma z$ 保持不变，而水平向应力 σ_x 逐渐增大。在这种情况下，竖向变成小主应力方向，而水平向变成大主应力方向。σ_x 增大至墙后填土发生兰金被动破坏时，滑动面与大主应力平面，即与竖直面的夹角 $\alpha = 45° + \varphi/2$；与小主应力平面，即与水平面的夹角为 $\beta = 45° - \varphi/2$，见图 7-16（b）。被动破坏时作用在墙上的主压力即为大主应力 $\sigma_x = \sigma_1$，根据极限平衡条件可写出：

无黏性土

$$p_p = \sigma_1 = \gamma z \tan^2(45° + \varphi/2) = \gamma z K_p \tag{7-11a}$$

黏性土

$$p_p = \sigma_1 = \gamma z \tan^2(45° + \varphi/2) + 2c \tan(45° + \varphi/2) = \gamma z K_p + 2c\sqrt{K_p} \tag{7-11b}$$

式中，K_p 为被动土压力系数，$K_p = \tan^2(45° + \varphi/2)$。

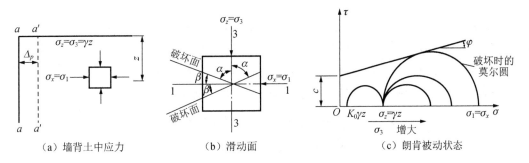

（a）墙背土中应力　　（b）滑动面　　（c）朗肯被动状态

图 7-16 兰金被动土压力的概念

由式（7-11a）和式（7-11b）可知，无黏性土的被动土压力呈三角形分布，黏性土的被动土压力呈梯形分布，见图7-17（a）和（b）。填土中一组滑动面方向见图7-17（c）。

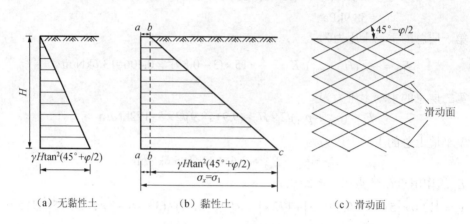

（a）无黏性土　　　　　　（b）黏性土　　　　　（c）滑动面

图 7-17　被动土压力的概念

图（b）中 ab 距离为 $2c\tan(45° + \varphi/2)$。

单位墙长被动土压力合力如下：

无黏性土

$$E_{\mathrm{p}} = \frac{1}{2}\gamma H^2 \tan^2\left(45° + \varphi/2\right) = \frac{1}{2}\gamma H^2 K_{\mathrm{p}} \tag{7-12a}$$

黏性土

$$E_{\mathrm{p}} = \frac{1}{2}\gamma H^2 \tan^2\left(45° + \varphi/2\right) + 2c \tan\left(45° + \varphi/2\right)$$

$$= \frac{1}{2}\gamma H^2 K_{\mathrm{p}} + 2cH\sqrt{K_{\mathrm{p}}} \tag{7-12b}$$

合力作用点通过三角形或梯形压力分布图的形心。

兰金土压力理论应用半空间中的应力状态和极限平衡理论，概念比较明确，公式简单，易于记忆。但为了使墙后的应力状态符合半空间的应力状态，必须假设墙背是竖直、光滑的且墙后填土面是水平的，故其应用范围受到限制，并导致计算结果与实际有所出入，使主动土压力偏大，而被动土压力偏小。

例 7-3：已知某混凝土挡土墙，墙高为 $H = 6.0\mathrm{m}$，墙背竖直，墙后填土表面水平，填土的重度 $\gamma = 18.5\mathrm{kN/m}^3$，内摩擦角 $\varphi = 20°$，黏聚力 $c = 19\mathrm{kPa}$。计算作用在此挡土墙上的静止土压力、主动土压力和被动土压力，并绘出土压力分布图。

解：1）静止土压力。取静止土压力系数 $K_0 = 0.5$，则

$$p_0 = \frac{1}{2}\gamma H^2 K_0 = \frac{1}{2} \times 18.5 \times 6^2 \times 0.5 = 166.5\mathrm{kN/m}$$

p_0 作用点位于下 $H/3 = 2.0\mathrm{m}$ 处，见图7-18（a）。

2）主动土压力。根据题意，挡土墙背竖直、光滑，填土表面水平，符合兰金土压力理论。

$$p_a = \frac{1}{2}\gamma H^2 K_a - 2cH\sqrt{K_a} + 2c^2/\gamma$$

$$= \frac{1}{2} \times 18.5 \times 6^2 \times \tan^2(45° - 20°/2) - 2 \times 19 \times 6 \times \tan^2(45° - 20°/2) + 2 \times 19^2/18.5$$

$$= 333 \times 0.7^2 - 228 \times 0.7 + 39$$

$$= 163.2 - 159.6 + 39$$

$$= 42.6 \text{kN/m}$$

临界深度 z_0，由式（7-9a）得

$$z_0 = \frac{2c}{\gamma\sqrt{K_a}} = \frac{2 \times 19}{18.5 \times 0.7} = 2.93 \text{m}$$

p_a 作用点距墙底 $\frac{1}{3}(H - z_0) = \frac{1}{3}(6 - 2.93) = 1.02 \text{m}$ 处，见图 7-18（b）。

3）被动土压力。

$$p_p = \frac{1}{2}\gamma H^2 K_p + 2cH\sqrt{K_p}$$

$$= \frac{1}{2} \times 18.5 \times 6^2 \times \tan^2(45° + 20°/2) + 2 \times 19 \times 6 \times \tan(45° + 20°/2)$$

$$= 333 \times 1.43^2 + 228 \times 1.43$$

$$= 679 + 326$$

$$= 1005 \text{kN/m}$$

墙顶处土压力为

$$p_{p1} = 2c\sqrt{K_p} = 2 \times 19 \times 1.43 = 54.34 \text{kPa}$$

墙底处土压力为

$$p_{p2} = \gamma H K_p + 2c\sqrt{K_p}$$

$$= 18.5 \times 6 \times 2.04 + 2 \times 19 \times 1.43$$

$$= 226.44 + 54.34$$

$$= 280.78 \text{kPa}$$

总被动土压力作用点位于梯形的重心，距墙底 2.32m 处，见图 7-18（c）。

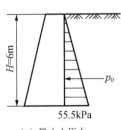
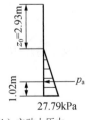
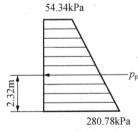

（a）静止土压力　　　（b）主动土压力　　　（c）被动土压力

图 7-18　土压力分布图

例 7-3 剖析：

1）由例 7-3 可知，挡土墙的形式、尺寸和填土性质完全相同。计算结果为静止土压力 $p_0 = 166.5\text{kN/m}$，主动土压力 $p_a = 42.6\text{kN/m}$。静止土压力 p_0 约为主动土压力 p_a 的 4 倍，即主动土压力约为静止土压力的 1/4。因此，在挡土墙设计时，尽可能使填土产生主动土压力，以减小挡土墙的尺寸，节省材料、工程量与投资。

2）由例 7-3 还可知，挡土墙与填土条件完全相同。计算结果为主动土压力 $p_a = 42.6\text{kN/m}$，被动土压力 $p_p = 1005\text{kN/m}$。被动土压力 p_p 超过主动土压力 p_a 的 23 倍，即 $p_p > 23P_a$。因产生被动土压力时挡土墙位移过大，为工程所不许可，通常只利用被动土压力的一部分，其数值已很大。

7.4 库仑土压力理论

7.4.1 基本假定与计算原理

库仑土压力理论（简称库仑理论）的计算原理是应用刚体极限平衡理论，以整个滑动土楔体上力的平衡条件确定土压力。进行挡土墙模型试验，墙后填土为无黏性土，无地下水（图 7-19），当墙离开填土向前发生一定位移时，在墙背面 AB 与 BC 面之间将产生一个接近平面的主动滑动面 BC；相反，如果墙向填土挤压，在 AC 面和水平面之间将产生被动滑动面。因此，只要确定出主动或被动破坏面的形状和位置，假定滑动体为刚性体，就可以根据滑动土体的静力平衡条件来确定主动或被动土压力。

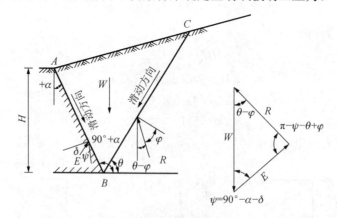

图 7-19 库仑土压力理论概念

因此，库仑理论采用的基本假定如下：

1）滑动体为刚性体。

2）滑动面为平面（或预先设定的滑面）。

基于此基本假定，库仑建立了无黏性土中主动土压力和被动土压力的计算公式。后来，人们又对此进行了推广，发展到黏性土和有水的情况。

库仑土压力理论的关键是如何确定破坏面的形状和位置。为使问题简化，一般都假定破坏面为平面。这一假定往往带来计算精度的损失，特别是被动土压力的计算，由于实际发生的被动破坏面接近对数螺旋线，和平面相差甚远，因此常引起不可忽视的误差。

7.4.2 库仑主动土压力计算

1. 数解法

图 7-19 表示库仑理论发生主动破坏情况的基本概念。当墙向前移动时，墙后填土将沿着墙背 AB 及滑动面 BC 向下滑动，当达到主动极限平衡状态时，取滑动土楔体 ABC 作为脱离体来研究其平衡条件。从图 7-19 中可以看出，作用在滑动面 BC 上的全反力 R 和法线成一偏斜角 φ（填土的内摩擦角）；土压力 E_a 和墙背 AB 的法线成一偏角 δ（填土与墙背间的摩擦角，称为外摩擦角）。因此，可根据土楔体的自重 W、全反力 R 和土压力 E 组成的力平衡三角形，由正弦定理求得

$$E_a = \frac{W \sin(\theta - \varphi)}{\sin(\psi + \theta - \varphi)} \qquad (7\text{-}13)$$

当墙背是平面，填土表面也是平面时（图 7-20），根据式（7-13）可知土楔质量

$$W = \gamma \triangle ABC = \gamma \frac{1}{2} BC \cdot AD$$

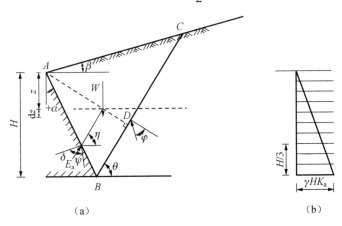

（a）　　　　　　　　　　　　　　（b）

图 7-20 库仑主动土压力计算

在 $\triangle ABC$ 中，利用正弦定律可得

$$BC = AB \frac{\sin(90° - \alpha + \beta)}{\sin(\theta - \beta)}$$

因为 $AB = H / \cos\alpha$，所以

$$BC = H \frac{\cos(\alpha - \beta)}{\cos\alpha \sin(\theta - \beta)}$$

因为 AD 线垂直于 BC，所以

$$AD = AB\cos(\theta - \alpha) = H\frac{\cos(\beta - \alpha)}{\cos\alpha}$$

因此，土楔体的质量

$$W = \frac{1}{2}\gamma H^2 \frac{\cos(\alpha - \beta)\cos(\theta - \alpha)}{\cos^2\alpha\sin(\theta - \beta)}$$

将上述公式代入式（7-13），得主动土压力 E_a 的表达式

$$E_a = \frac{1}{2}\gamma H^2 \frac{\cos(\alpha - \beta)\cos(\theta - \alpha)\sin(\theta - \varphi)}{\cos^2\alpha\sin(\theta - \beta)\sin(\theta - \varphi + \psi)} \tag{7-14}$$

式中，ψ、γ、H、α、β、φ 均为已知参数，滑动面 BC 与水平面的夹角 θ 为可变参数，土压力 E_a 随 θ 的变化而变化。当 $\theta = \varphi$ 时，$E_a = 0$；当 $\theta = 90° + \alpha$ 时，$E_a = 0$。因此，θ 在 φ 和 $90° + \alpha$ 之间变化时，E_a 存在一个极大值，这个极大值 E_{max} 即为所求的主动土压力。在式（7-14）中，令 $dE_a/d\theta = 0$，解得 θ 值代入原式，整理后得库仑主动土压力 E_a 的一般表达式：

$$E_a = \frac{1}{2}\gamma H^2 \frac{\cos^2(\varphi - \alpha)}{\cos^2\alpha\cos(\alpha + \delta)\left[1 + \sqrt{\dfrac{\sin(\varphi + \delta)\sin(\varphi - \beta)}{\cos(\alpha + \delta)\cos(\beta - \alpha)}}\right]^2}$$

$$= \frac{1}{2}\gamma H^2 K_a \tag{7-15}$$

$$K_a = \frac{\cos^2(\varphi - \alpha)}{\cos^2\alpha\cos(\alpha + \delta)\left[1 + \sqrt{\dfrac{\sin(\varphi + \delta)\sin(\varphi - \beta)}{\cos(\alpha + \delta)\cos(\beta - \alpha)}}\right]^2} \tag{7-16}$$

式中，H 为挡土墙高度；γ 为墙后填土的重度；φ 为墙后填土的内摩擦角；α 为墙背的倾斜角，即墙背与竖直线之间的夹角；β 为墙后填土面的坡度角；δ 为填土与墙背间的摩擦角。

式（7-16）中的 K_a 称为库仑理论主动土压力系数，与 β、α、φ 和 δ 有关，具体数值参见相关手册。

当墙背竖直和光滑，填土表面为水平时，即 $\alpha = 0$，$\delta = 0$，$\beta = 0$ 时，则式（7-15）变为

$$E_a = \frac{1}{2}\gamma H^2 \tan^2\left(45° - \frac{\varphi}{2}\right)$$

即通常计算的兰金主动土压力公式，它表明兰金土压力是库仑土压力的一个特例。

2. 图解法

图解法是数解法的一种辅助手段，有时比数解法还要简便。现介绍库尔曼图解法，见图 7-21。

从上述主动土压力计算原理可知，当墙后填土沿某一平面 BC_1 滑动时，作用于滑动土楔体 ABC_1 的三个力中，滑动土楔体自重 W_1 的大小及作用方向也是已知的，E_1 和 R_1 只有方向已知，故利用力平衡三角形，得出相应的 E_1 值，见图 7-21（b）。若假定若干个

潜在的滑动面 $BC_2, BC_3, BC_4, \cdots$，同理可绘出多个力平衡三角形，见图 7-21（c）。得出填土沿所假定的不同滑动面滑动时产生不同的土压力 $E_2, E_3, E_4, \cdots$，其中最大者即为所求的主动土压力 E_a。为了求得 E_a，可将各 E 值连成曲线，作此曲线的竖直切线（平行于 OW 线）的切点 m，自切点 m 沿 E 的方向作一直线与 OW 线相交于 n 点，则 mn 线段所表示的长度即为最大的 E 值，也即为所求的主动土压力 E_a 值。最后根据 $\angle mOW$，即可得到 $\theta = \angle mOW + \varphi$，这样就可以确定最危险的滑动面 BC；也可以用图 7-21（d）的方法直接确定 E_a 和滑动面 BC。

至于 E_a 的作用点，可用近似方法确定，见图 7-21（a）。通过滑动土楔体 ABC 的重心 O，作与滑动面 BC 的平行线交于墙背 O_1，此点即为 E_a 的作用点。

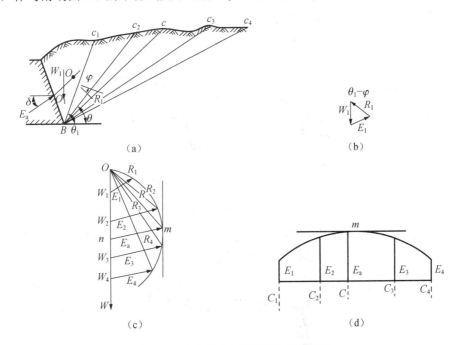

图 7-21　库仑主动土压力库尔曼图解法

3. 墙后填土为黏性土的计算方法

库仑土压力理论假定填土为无黏性土，即 $c=0$。实际上墙后填土常采用黏性土，其黏聚力 c 对土压力的大小及其分布规律有重大的影响。但这个问题仍未找到较满意的解答。在实践中，经验性地把 c 略去，而把内摩擦角适当提高一些，提高后的内摩擦角称为等代内摩擦角 φ_d，见图 7-22；然后应用库仑土压力公式进行计算。显然，这种方法仅是为了解决计算上的困难，其存在很多不合理的地方。从图 7-22 可以看出，土的强度与等代点 n 的位置有关。当竖向应力小于 n 时，计算强度小于土的实际强度，用等代内摩擦角 φ_d 计算的土压力偏大，对工程来说是偏于安全；而竖向应力大于 n 时，计算强度大于土的实际强度，计算土压力偏小，对工程来说是不安全的。因此，这种计算方法一般用于低挡墙（$H<4m$），同时要有一定的经验为依据。

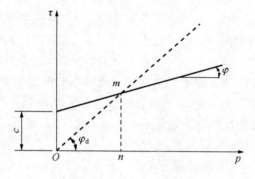

图 7-22　等代内摩擦角

为了解决这一问题，可以把黏聚力 c 作为内压力 $p = c\cot\varphi$，把这一内压力作为包围在土的边界面上的周围压力，然后计算土压力，见图 7-23。

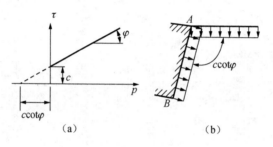

（a）　　　　　　　　　　（b）

图 7-23　内压力的概念

首先把图 7-23（b）内压力分解成两个部分来考虑，一部分为侧向压力，见图 7-24（a）；另一部分为竖向压力，见图 7-24（b），分别进行计算，然后叠加。

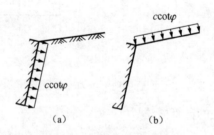

（a）　　　　　　　　（b）

图 7-24　内压力的分解

图 7-24（b）可以看作墙后填土表面上有均布荷载的一种情况。这时，只需考虑滑动土楔体范围内均布荷载对墙背土压力的影响，在计算中将此均布荷载计入滑动土楔体重力中即可，见图 7-25。

设具有超载时的主动土压力为

$$E' = WK_a' = (W + G)K_a$$

因此

$$K_a' = (1 + G/W)K_a \tag{7-17}$$

所以

$$E'_a = (1 + G/W) E_a \tag{7-18}$$

式中，K'_a、K_a 分别为有超载和无超载时库仑主动土压力系数；E'_a、E_a 分别为有超载和无超载时的主动土压力；G 为滑动区内地面超载或内压力引起的超载，$G = xq$，$q = c\cot\varphi$，x 为滑动面与地面交点至墙背的水平距离；W 为滑动土楔体的重力。

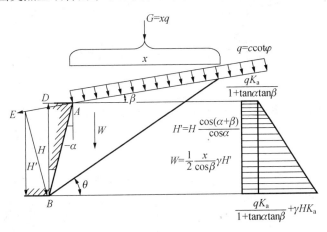

图 7-25 填土表面有内压力时的计算

根据图 7-25 的几何关系可知

$$H' = H\frac{\cos(\alpha + \beta)}{\cos\alpha}$$

$$W = \frac{1}{2}\frac{x}{\cos\beta}\gamma H'$$

式中，H 为挡土墙的高度；α 为墙背倾角（仰斜时为 $-\alpha$，俯斜时为 $+\alpha$）；β 为墙后填土的坡角；γ 为墙后填土的重度；H 为滑动土体 $\triangle ABC$ 的高。

代入式（7-18），得到

$$\begin{aligned}
E'_a &= E_a + \frac{2\cos\beta\cos\alpha}{\gamma H\cos(\alpha+\beta)}qE_a \\
&= \frac{1}{2}\gamma H^2 K_a + \frac{\cos\beta\cos\alpha}{\cos(\alpha+\beta)}qHE_a \\
&= \frac{1}{2}\gamma H^2 K_a + \frac{qHE_a}{1+\tan\alpha\tan\beta}
\end{aligned} \tag{7-19}$$

墙背土压力的分布见图 7-25。

式（7-19）的计算结果是作用在墙背的主动土压力 E'_a，为了与侧向内压力叠加，还要作出 E'_a 的法向分量 $E'\cos\delta$ 的压力面积［图 7-26（a）中的压力面 $ABba$］，再作出侧向内压力面积 $ABb'a'$，其压力等于 $c\cot\varphi$。从压力面积 $ABba$ 中减去压力面积 $ABb'a'$，并将拉应力面积 $aa'O$ 略去不计，即得叠加后主动土压力的法向分量为

$$E_{aN} = 压力面积 Obb'$$

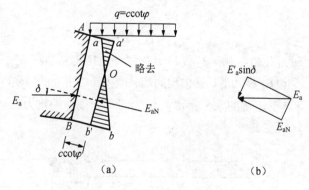

图 7-26　土压力的叠加计算

最后，利用法向分量 E_{aN} 及切向分量 $E'_a \sin\delta$ 来求 E_a，见图 7-26（b）。此时的偏斜角 δ 将比填土与墙背的摩擦角稍大一些，这个偏差是允许的。E_a 的作用点位置见图 7-26（a）。

例 7-4：修筑一个 6m 高的挡土墙，墙后填土为黏性土，有关的指标为 $\gamma = 18\text{kN/m}^3$，$\varphi = 16°$，$c = 10\text{kPa}$，试计算：

1）当挡土墙的倾角 $\alpha = 0$，墙后填土为水平（$\beta = 0$），墙背光滑（$\delta = 0$）时，作用在墙背上的主动土压力及其分布。

2）当挡土墙的倾角 $\alpha = +10°$，墙后填土为水平（$\beta = 0$），墙背摩擦角 $\delta = \varphi/2$ 时的主动土压力及其分布。

3）当挡土墙的倾角 $\alpha = -10°$，墙后填土为水平（$\beta = 0$），墙背摩擦角 $\delta = \varphi/2$ 时的主动土压力及其分布。

解：1）可直接用兰金土压力理论计算，见图 7-27。

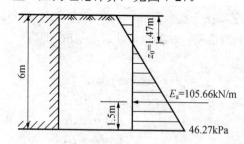

图 7-27　例 7-4 图示（倾角 $\alpha = 0$）

$$p_a = \gamma z \tan^2\left(45° - \varphi/2\right) - 2c\tan\left(45° - \varphi/2\right)$$

$z = 0$ 时

$$p_a = -2 \times 10 \times \tan(45° - 16/2) = -15\text{kPa}$$

$z = 6\text{m}$ 时

$$p_a = 18 \times 6 \times \tan^2\left(45° - \frac{\varphi}{2}\right) - 2 \times 10 \times \tan\left(45° - \frac{\varphi}{2}\right) = 46.27\text{kPa}$$

墙开裂深度

$$z_0 = \frac{2c}{\gamma \tan\left(45° - \frac{\varphi}{2}\right)} = \frac{2 \times 10}{18 \times 0.754} = 1.47\text{m}$$

总主动土压力

$$E_a = \frac{1}{2} \times 10 \times 6^2 \times \tan^2\left(45° - \frac{16}{2}\right) - 2 \times 10 \times 6 \times \tan\left(45° - \frac{16}{2}\right) + \frac{2 \times 10^2}{18}$$

$$= 104.66\text{kN/m}$$

总主动土压力作用点的位置为墙以上 $\frac{1}{3}(H - h_0) = 1.5\text{m}$ 处。

2）俯斜情况，见图 7-28。

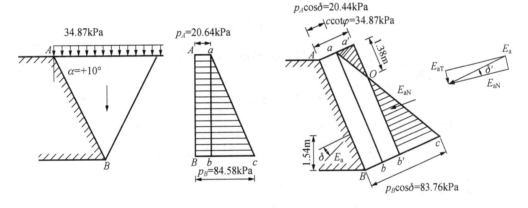

图 7-28　例 7-4 图示（倾角 $\alpha = +10°$）

根据式（7-16）计算库仑主动土压力系数

$$K_a = \frac{\cos^2(\varphi - \alpha)}{\cos^2\alpha\cos(\alpha + \delta)\left[1 + \sqrt{\frac{\sin(\varphi + \delta)\sin(\varphi - \beta)}{\cos(\alpha + \beta)\cos(\beta - \alpha)}}\right]^2} \quad \frac{\cos^2 6°}{\cos^2 10°\cos 18°\left[1 + \sqrt{\frac{\sin 24°\sin 16°}{\cos 18°\cos 10°}}\right]^2}$$

$$= 0.592$$

根据式（7-19）计算墙顶和墙底的土压力：

墙顶

$$p_A = \frac{c\cot\varphi}{1 + \tan\alpha\tan\beta}K_a = 10 \times c\tan 16° \times 0.592 = 20.64\text{kPa}$$

墙底

$$p_B = p_A + \gamma H K_a = 20.64 + 18 \times 6 \times 0.592 = 84.58\text{kN/m}^2$$

总主动土压力

$$E_a = \text{面积}ABca = \frac{(20.64 + 84.58) \times 6}{2} = 315.66\text{kN/m}$$

切向分量

$$E_{aT} = E_a \sin\delta = 315.66 \times \sin 8° = 43.93 \text{kN/m}$$

考虑作用于墙背法向黏聚力的作用后，求土压力为零的临界深度，因为 $\triangle abc$ 与 $\triangle Ob'c$ 相似，所以

$$Ob' = \frac{ab}{bc} \times b'c = \frac{\dfrac{H}{\cos\alpha}(Bc - Bb')}{Bc - Bb} = \frac{6.093 \times (83.76 - 34.87)}{83.76 - 20.44} = 4.70 \text{m}$$

临界深度

$$z = 6.093 - 4.70 = 1.393 \text{m}$$

法向主动土压力合力

$$E_{aN} = \triangle Ob'c \text{ 的面积}$$

$$= \frac{1}{2} Ob' \times b'c$$

$$= \frac{1}{2} \times 4.70 \times (83.76 - 34.87)$$

$$= 114.89 \text{kN/m}$$

主动土压力合力

$$E_a = \sqrt{E_{aN}^2 + E_{aT}^2} = 123 \text{kN/m}$$

作用力的方向

$$\delta' = a\cot\left(\frac{E_{aT}}{E_{aN}}\right) = a\cot\left(\frac{43.93}{114.89}\right) = 20.9°$$

作用点的位置

$$h = \frac{1}{3}Ob' \times \cos\alpha = \frac{1}{3} \times 4.7 \times \cos 10° = 1.45 \text{m}$$

3）仰斜情况，见图 7-29。

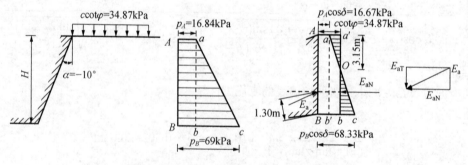

图 7-29 例 7-4 图示（倾角 $\alpha = -10°$）

根据式（7-16）计算土压力系数

$$K_a = \frac{\cos^2(16° + 10°)}{\cos^2 10° \times \cos 18° \times \left(1 + \sqrt{\dfrac{\sin 24° \times \sin 16°}{\cos 18° \times \cos 10°}}\right)^2} = 0.483$$

顶部土压力

$$p_A = \frac{10 \times c \tan 16^\circ}{1 - \tan 10^\circ \tan 0^\circ} \times 0.483 = 16.84 \text{kPa}$$

底部土压力

$$p_B = 16.84 + 18 \times 6 \times 0.483 = 69 \text{kPa}$$

总土压力

$$E_a = \frac{1}{2} \times (16.84 + 69) \times 6 = 257.52 \text{kN/m}$$

临界深度

$$Ob' = \frac{ab}{bc} \times b'c = \frac{\dfrac{H}{\cos\alpha}(Bc - Bb')}{Bc - Bb} = \frac{6.093 \times (68.33 - 34.87)}{68.33 - 16.67} = 3.95 \text{m}$$

$$z = 6.093 - 3.95 = 2.15 \text{m}$$

法向总土压力

$$E_{aN} = \frac{1}{2} \times Ob' \times b'c = \frac{1}{2} \times 3.95 \times (68.33 - 34.87) = 66.1 \text{kN/m}$$

合力

$$E_a = \sqrt{E_{aN}^2 + E_{aT}^2} = 75.18 \text{kN/m}$$

作用力方向

$$\delta' = \arctan\left(\frac{35.84}{66.10}\right) = 28.5^\circ$$

作用点位置离墙底高

$$h = \frac{1}{3} \times Ob' \cos\alpha = \frac{1}{3} \times 3.95 \times \cos 10^\circ = 1.297 \text{m}$$

7.4.3 库仑被动土压力计算

在外力作用下，挡土墙向着填土方向移动，挡土墙推压填土，使填土达到被动破坏的极限平衡时，滑动土壤将沿着某一滑动面 BC 和墙背 AB 向上滑动，见图 7-30，此时土压力 E 和滑动面 BC 上的全反力 R 的方向与主动土压力情况不同。

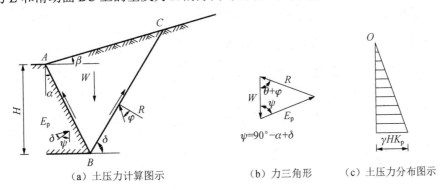

（a）土压力计算图示 　　　　（b）力三角形 　　　（c）土压力分布图示

图 7-30 库仑被动土压力

由力的平衡三角形可知，不同的 θ 值将得出不同的土压力值。但作用于墙背的被动土压力值应为各 E 值中的最小值，这是因为在假设的滑动面中 E 值为最小时的滑动面才是真正的滑动面，沿此面将填土推动时的阻力为最小。

与求主动土压力的原理相似，当填土表面和墙背均为平面时，从下式

$$E = \frac{W\sin(\theta + \varphi)}{\sin(\psi + \theta + \varphi)} , \quad \frac{\mathrm{d}E}{\mathrm{d}\theta} = 0$$

推导并确定总被动土压力公式

$$E_p = \frac{1}{2}\gamma H^2 \frac{\cos^2(\varphi + \alpha)}{\cos^2\alpha\cos(\alpha - \delta)\left[1 - \sqrt{\dfrac{\sin(\varphi + \delta)\sin(\varphi + \beta)}{\cos(\alpha - \delta)\cos(\beta - \alpha)}}\right]^2} \tag{7-20}$$

$$= \frac{1}{2}\gamma H^2 K_p$$

$$K_p = \frac{\cos^2(\varphi + \alpha)}{\cos^2\alpha\cos(\alpha - \delta)\left[1 + \sqrt{\dfrac{\sin(\varphi + \delta)\sin(\varphi + \beta)}{\cos(\alpha - \delta)\cos(\beta - \alpha)}}\right]^2} \tag{7-21}$$

式中，K_p 为库仑被动土压力系数，为 φ、α、β 和 δ 的函数。

沿墙高度上被动土压力分布与主动土压力相同，按直线规律分布，见图 7-30（c）。E_p 的作用点在距墙底为 $H/3$ 处，其方向与墙背法线夹角为 δ。

7.5 几种常见情况下土压力计算

7.5.1 墙后填土表面作用均布荷载

1. 主动土压力

（1）墙背竖直填土表面水平情况

当填土表面作用均布荷载 q 时，可把荷载 q 视为由虚构的填土自重产生，其值为 γh。虚构填土高度为 $h = q/\gamma$，见图 7-31（a）。

作用在挡土墙墙背 AB 上的土压力由两部分组成：

1）实际填土高 H 产生的土压力 $\frac{1}{2}\gamma H^2 K_a$。

2）由均布荷载 q 换算成虚构填土高 h 产生的土压力 qHK_a。

墙上作用的总土压力为

$$p_a = \frac{1}{2}\gamma H^2 K_a + qHK_a \tag{7-22}$$

土压力分布呈梯形，其作用点在梯形重心。

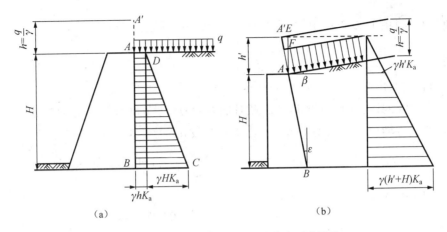

图 7-31 填土表面作用均布荷载的土压力计算

（2）墙背倾斜填土表面倾斜情况

当工程中遇到墙背倾斜、墙后填土表面倾斜的情况［图 7-31（b）］时，应如下计算：

1）计算当量高度 $h = q/\gamma$，此虚构填土的表面斜向延伸，与墙背 AB 向上延长线交于 A' 点。

2）可按 $A'B$ 为虚构墙背计算土压力。

3）虚构的挡土墙高度为 $h'+H$。

4）h' 的计算。

由正弦定理，根据 $\triangle AA'F$ 得

$$h' / \sin(90° - \varepsilon) = AA' / \sin 90°$$

根据 $\triangle AA'E$ 得

$$h / \sin(90° - \varepsilon + \beta) = AA' / \sin(90° - \beta)$$

故

$$AA' = h' \sin 90° / \sin(90° - \varepsilon) = h \sin(90° - \beta) / \sin(90° - \varepsilon + \beta)$$

即

$$h' = h \sin(90° - \beta) \sin(90° - \varepsilon) / \sin[90° - (\varepsilon - \beta)]$$
$$= h \cos \beta \cos \varepsilon / \cos(\varepsilon - \beta)$$

2. 被动土压力

与主动土压力的计算同理，可得总被动土压力为

$$p_p = \frac{1}{2} \gamma H^2 K_p + qHK_p \qquad (7\text{-}23)$$

例 7-5：已知某挡土墙高度 $H = 6.00$m，墙背竖直、光滑，墙后填土表面水平。填土为粗砂，重度 $\gamma = 19.0$kN/m³，内摩擦角 $\varphi = 32°$。在填土表面作用均布荷载 $q = 18.0$kPa。计算作用在挡土墙上的主动土压力 p_a 及其分布。

解：1）将填土表面作用的均布荷载 q，折算成当量土层高度

$$h = \frac{q}{\gamma} = \frac{18.0}{19.0} = 0.947\text{m}$$

2）将墙背 AB 向上延长 $h=0.947$m 至 A' 点。

3）以 $A'B$ 为计算挡土墙的墙背。此时墙高为 $H + h = 6.00 + 0.947 = 6.947$m。

4）原挡土墙顶 A 点主动土压力，由均布荷载 q 产生，其值为

$$p_{a1} = \gamma h = qK_a = 18.0 \times \tan^2\left(45° - \frac{32°}{2}\right) = 18 \times 0.307 = 5.53\text{kPa}$$

5）挡土墙底 A 点的主动土压力

$$p_{a2} = \gamma(h + H)K_a = 19.0 \times 6.947 \times 0.307 = 40.52\text{kPa}$$

6）总主动土压力为

$$p_a = (p_{a1} + p_{a2})H = \frac{1}{2}(5.53 + 40.52) \times 6 = 138.15\text{kN/m}$$

土压力分布呈梯形 $ABCD$，总主动土压力 E_a 作用点在梯形重心，见图7-32。

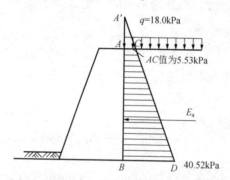

图 7-32　主动土压力分布

7.5.2　墙后分层填土

如果墙后填土有几层不同种类的水平土层，第一层的土压力仍按均质计算；计算第二层的土压力时，可将第一层土的质量 γH_1 作为超载作用在第二层的顶面，并按第二层的指标计算土压力，但只在第二层土层厚度范围内有效。因此在土层的分界面上，土压力的计算值会出现两个数值，见图7-33。其中一个代表第一层底面的压力，而另一个则代表第二层顶面的压力。同时要注意，土层性质不同，土压力系数 K_a 也不同，计算第一层土压力时，应采用第一层土的指标算得的 K_{a1}；计算第二层土压力时，则应采用第二层土的指标计算得到的 K_{a2}。

多层土时，计算方法相同。

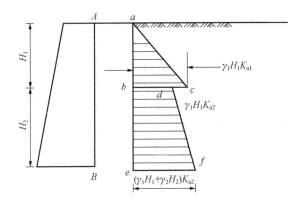

图 7-33　分层填土的土压力计算

例 7-6：有一挡土墙（图 7-34），墙高 5m，墙后填土有两层，第一层为砂土，$\varphi_1 = 25°$，$c_1 = 0$，$\gamma_1 = 20\text{kN/m}^3$，厚度 2m；其下为黏性土，$\varphi_2 = 5°$，$c_2 = 15\text{kPa}$，$\gamma_2 = 18\text{kN/m}^3$。若墙表面水平，墙背竖直且光滑，求作用在墙背上的主动土压力及其分布。

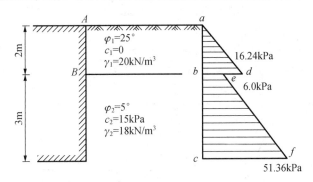

图 7-34　土压力分布

解：计算主动土压力系数。

第一层 $K_{a1} = \tan^2(45° - 25/2) = 0.406$。

第二层 $K_{a2} = \tan^2\left(45° - \dfrac{5}{2}\right) = 0.84$，$\sqrt{K_{a2}} = 0.92$。

第一层顶面土压力 $p_a = 0$。

第一层底面土压力 $p_{b\perp} = \gamma_1 H_1 K_{a1} = 20 \times 2 \times 0.406 = 16.24\text{kPa}$。

第二层顶面土压力 $p_{b\perp} = \gamma_1 H_1 K_{a2} - 2c\sqrt{K_{a2}} = 20 \times 2 \times 0.84 - 2 \times 15 \times 0.92 = 6.0\text{kPa}$。

第二层底面土压力 $p_{b\top} = (\gamma_1 H_1 + \gamma_2 H_2)K_{a2} - 2c\sqrt{K_{a2}} = (20 \times 2 + 18 \times 3) \times 0.84 - 2 \times 15 \times 0.92 = 51.36\text{kPa}$。

总土压力为 *abcfed* 的面积 $E_a = \dfrac{1}{2} \times 2 \times 16.24 + \dfrac{1}{2} \times (6 + 51.36) \times 3 = 102.28\text{kN/m}$。

合力作用点的位置可按图 7-35 的方法求得。

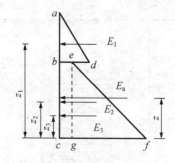

图 7-35　求合力作用点位置

$$E_{az} = E_1 z_1 + E_2 z_2 + E_3 z_3$$

$$z = \frac{E_1 z_1 + E_2 z_2 + E_3 z_3}{E_a}$$

$$= \frac{16.24 \times 3.67 + 18 \times 1.5 + 68.04 \times 1}{102.28}$$

$$= 1.512 \text{m}$$

7.5.3　填土中有地下水

遇挡土墙填土中有地下水的情况，应将土压力和水压力分别进行计算，见图 7-36。

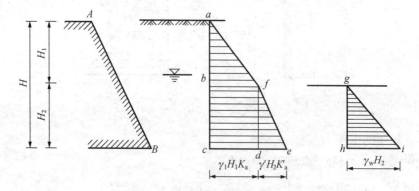

图 7-36　填土中有地下水时土压力计算

1．土压力计算

在地下水下部分用浮重度 γ' 计算。水深 H_2，墙底土压力

$$p_a = \gamma' H_2 K_a$$

2．水压力计算

按下式计算：

$$P_w = \frac{1}{2} \gamma_w H_2^2 \tag{7-24}$$

思考与习题

1. 土压力有哪几种？影响土压力大小的因素是什么？其中最主要的影响因素是什么？

2. 什么是静止土压力？说明产生静止土压力的条件、计算公式和应用范畴。

3. 什么是主动土压力？产生主动土压力的条件是什么？

4. 什么是被动土压力？什么情况会产生被动土压力？

5. 兰金土压力理论有何假设条件？适用于什么范围？主动土压力系数 K_a 与被动土压力系数 K_p 如何计算？

6. 库仑土压力理论研究的课题是什么？有什么基本假定？适用于什么范围？K_a 与 K_p 如何求得？

7. 图 7-37 中挡土墙，高 5m，墙背垂直，墙后填砂土，墙后地下水位距地表 2m。已知砂土的湿重度 $\gamma=16kN/m^3$，饱和重度 $\gamma_{sat}=18kN/m^3$，内摩擦角 $\varphi=30°$，试求作用在墙上的静止土压力和水压力的大小和分布及其合力。

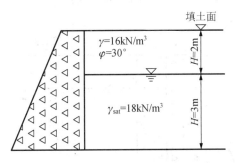

图 7-37　习题 7 图示

8. 图 7-38 中挡土墙，墙背垂直且光滑，墙高 10m，墙后填土面水平，其上作用均布荷载 $q=20.0kPa$，填土由两层无黏性土组成，土的性质指标和地下水位如图所示，试求：

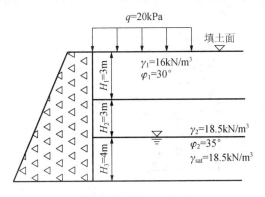

图 7-38　习题 8 图示

1）主动土压力和水压力的分布。

2）总压力（主力土压力和水压力之和）的大小。

3）总压力的作用点。

9. 试用兰金土压力理论计算图 7-39 中挡土墙上的主动土压力和被动土压力，并绘制土压力分布图。

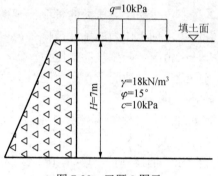

图 7-39　习题 9 图示

10. 计算图 7-40 中挡土墙上的主动土压力和被动土压力，并绘制土压力分布图（假设墙背垂直光滑）。

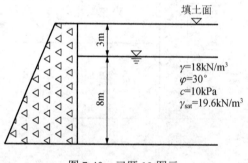

图 7-40　习题 10 图示

11. 计算图 7-41 中挡土墙上的主动土压力和被动土压力的大小、方向和作用点，假设墙背光滑。

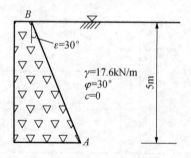

图 7-41　习题 11 图示

12. 挡土墙、填土情况及土的性质指标见图 7-42，试计算 A、B、C 各点土压力的大小及土压力大小为零的位置。

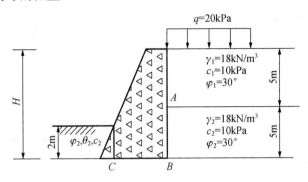

图 7-42 习题 12 图示

第8章 土坡稳定性分析

本章导读 ☞

土坡就是由土体构成且具有倾斜坡面的土体。一般而言，土坡有两种类型：因自然地质作用而形成的土坡称为天然土坡，如山坡、江河岸坡等；因人工开挖或回填而形成的土坡称为人工土（边）坡，如基坑、土坝和路堤等的边坡。土坡在各种内力和外力的共同作用下，有可能产生剪切破坏和土体的移动。如果靠坡面处剪切破坏的面积很大，则将产生一部分土体相对于另一部分土体滑动的现象，称为滑坡，即土坡的失稳。除设计或施工不当可能导致土坡失去稳定（简称失稳）外，外界的不利因素影响也可能触发和加剧了土坡失稳，一般有以下几种原因：

（1）土坡所受的作用力发生变化。例如，在土坡顶部堆放材料或建造建筑物而使坡顶受荷，或由于打桩振动、车辆行驶、爆破、地震等引起的振动而改变了土坡原来的平衡状态。

（2）土体抗剪强度的降低。例如，土体中含水率或超静水压力的增加。

（3）静水压力的作用。例如，雨水或地面水流入土坡中的竖向裂缝，对土坡产生侧向压力，从而促进土坡产生滑动。因此，黏性土土坡发生裂缝常常是土坡稳定性的不利因素，也是滑坡的预兆之一。

滑坡的根本原因：边坡中土体内部某个面上的剪应力达到了其抗剪强度。

本章重点掌握以下几点：

（1）无黏性土土坡的稳定性分析。

（2）黏性土土坡的稳定性分析；学习整体圆弧法、瑞典条分法、毕肖普条分法和普遍条分法等方法在黏性土稳定分析中的应用。

（3）土坡稳定性分析讨论。

学习讨论三个问题：土坡稳定性分析中的计算方法问题、强度指标的选用问题和容许安全系数问题。

引言：土坡的简单形状和各部位名称见图8-1。

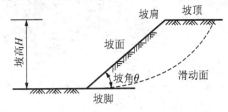

图 8-1　土坡各部位名称

土体的滑动一般是指土坡在一定范围内整体地沿某一滑动面向下和向外移动，从而丧失其稳定性。滑坡的形式见图8-2。

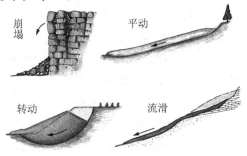

图 8-2　滑坡的形式

在土木工程建筑中，如果土坡失去稳定造成塌方，不仅影响工程进度，有时还会危及人的生命安全，造成工程失事和巨大的经济损失。因此，土坡稳定问题在工程设计和施工中应引起足够的重视。

自20世纪50年代以来，香港经历了巨大的经济起飞和市政建设发展。市政建设主要是在 20°～50° 的自然山坡上进行的。因而，在山坡上进行了大量的开挖和填方工程，形成了 54000 多处人造陡降削土和填土斜坡。1972 年 Po Shan 滑坡（图 8-3），滑坡体约 20000 m³，造成 67 人死亡、20 人受伤。

图 8-3　Po Shan 滑坡

　　天然的斜坡、填筑的堤坝及基坑放坡开挖等问题，都要计算斜坡的稳定性，即比较可能的滑动面上的剪应力与抗剪强度的大小，这种工作称为稳定性分析。土坡稳定性分析是土力学中重要的稳定分析问题。土坡失稳的类型比较复杂，大多是土体的塑性破坏。而土体塑性破坏的分析方法有极限平衡法、极限分析法和有限元法等。在边坡稳定性分析中，极限分析法和有限元法都还不够成熟。因此，目前工程实践中基本上都是采用极限平衡法。极限平衡方法分析的一般步骤：假定斜坡破坏是沿着土体内某一确定的滑裂面滑动，根据滑裂土体的静力平衡条件和莫尔-库仑强度理论，可以计算出沿该滑裂面滑动的可能性，即土坡稳定安全系数的大小或破坏概率的高低，然后系统地选取多个可能的滑动面，用同样的方法计算其稳定安全系数或破坏概率。稳定安全系数最低或者破坏概率最高的滑动面就是可能性最大的滑动面。

　　本章主要讨论极限平衡方法在土坡稳定性分析中的应用。

8.1　无黏性土土坡稳定性分析

无黏性土土坡是指由粗颗粒土所堆筑而成的土坡。相对而言，无黏性土土坡的稳定性分析比较简单，可以分为下面两种情况进行讨论。

8.1.1　均质的干坡和水下土坡

均质的干坡是指由一种土组成，完全在水位以上的无黏性土土坡。水下土坡也是由一种土组成，但完全在水位以下，没有渗透水流作用的无黏性土土坡。在上述两种情况下，只要土坡坡面上的土颗粒在重力作用下能够保持稳定，那么整个土坡就是稳定的。

在无黏性土土坡表面取一小块土体来进行分析（图 8-4），设该小块土体的重力为 W，其法向分力 $N = W\cos\alpha$，切向分力 $T = W\sin\alpha$。法向分力产生的摩擦阻力 R 阻止土体下滑，称为抗滑力，其值为 $R = N\tan\varphi = W\cos\alpha\tan\varphi$。切向分力 T 是促使小块土体下滑的滑动力，则土体的稳定安全系数 F_s 为

$$F_s = \frac{R}{T} = \frac{W\cos\alpha\tan\varphi}{W\sin\alpha} = \frac{\tan\varphi}{\tan\alpha} \tag{8-1}$$

式中，φ 为土的内摩擦角（°）；α 为土坡坡角（°）。

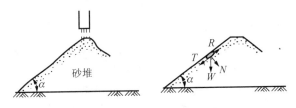

图 8-4　无黏性土土坡

由式（8-1）可见，当 $\alpha = \varphi$ 时，$F_s = 1$，即其抗滑力等于滑动力，土坡处于极限平衡状态，此时的 α 称为天然休止角；当 $\alpha < \varphi$ 时，土坡就是稳定的。为了使土坡具有足够的安全储备，一般取 $F_s = 1.1 \sim 1.5$。可见，安全系数与土重度 γ 无关。

8.1.2　有渗流作用的土坡

当边坡内外出现水位差时，如基坑排水、坡外水位下降时，在挡水土堤内形成渗流场，如果浸润线在下游坡面逸出（图 8-5），这时在浸润线以下，下游坡内的土体除了受到重力作用外，还受到由于水的渗流而产生的渗透力作用，因而使下游边坡的稳定性降低。

渗流力可用绘流网的方法求得。其做法是先绘制流网，求滑弧范围内每一流网网格的平均水力梯度 i，从而求得作用在网格上的渗透（流）力

$$J_i = \gamma_w i A_i \tag{8-2}$$

式中，γ_w 为水的重度；A_i 为网格的面积。

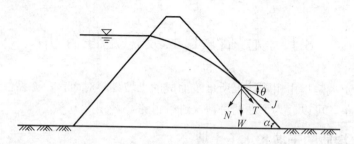

图 8-5 渗透水流逸出的土坡

求出每一个网格上的渗透力 J_i 后，便可求得滑弧范围内渗透力的合力 T_J。将此力作为滑弧范围内的外力（滑动力）进行计算，在滑动力矩中增加一项

$$\Delta M_s = T_J l_J \tag{8-3}$$

式中，l_J 为 T_J 距圆心的距离。

如果水流方向与水平面呈夹角 θ，则沿水流方向的渗透力 $j = \gamma_w i$。在坡面上取土体 V 中的土骨架为隔离体，其有效的重力为 $\gamma'V$。分析这块土骨架的稳定性，作用在土骨架上的渗透力为 $J = jV = \gamma_w iV$。因此，沿坡面的全部滑动力包括重力和渗透力，为

$$T = \gamma'V \sin\alpha + \gamma_w iV \cos(\alpha - \theta) \tag{8-4}$$

坡面的正压力为

$$N = \gamma'V \cos\alpha - \gamma_w iV \sin(\alpha - \theta) \tag{8-5}$$

则土体沿坡面滑动的稳定安全系数

$$F_s = \frac{N\tan\varphi}{T} = \frac{[\gamma'V\cos\alpha - \gamma_w iV\sin(\alpha-\theta)]\tan\varphi}{\gamma'V\sin\alpha + \gamma_w iV\cos(\alpha-\theta)} \tag{8-6}$$

式中，i 为渗透坡降；γ' 为土的浮重度；γ_w 为水的重度；φ 为土的内摩擦角。

若水流在逸出段顺着坡面流动，即 $\theta = \alpha$。这时，流经路途 $\mathrm{d}s$ 的水头损失为 $\mathrm{d}h$，所以有

$$i = \frac{\mathrm{d}h}{\mathrm{d}s} = \sin\alpha \tag{8-7}$$

将式（8-7）代入式（8-6），得

$$F_s = \frac{\gamma'\tan\varphi}{\gamma_{sat}\tan\alpha} \tag{8-8}$$

由此可见，当逸出段为顺坡渗流时，土坡稳定安全系数降低 γ' / γ_{sat}。因此，要保持同样的安全度，有渗流逸出时的坡角比没有渗流逸出时要平缓得多。为了使土坡的设计既经济又合理，在实际工程中，一般要在下游坝趾处设置排水棱体，使渗透水流不直接从下游坡面逸出。这时的下游坡面虽然没有浸润线逸出，但是在下游坡内，浸润线以下的土体仍然受到渗透力的作用。这种渗透力是一种滑动力，它将降低从浸润线以下通过的滑动面的稳定性。这时深层滑动面的稳定性可能比下游坡面的稳定性差，即危险的滑动面向深层发展。这种情况下，除了要按前述方法验算坡面的稳定性外，还应该用圆弧滑动法验算深层滑动的可能性。

8.2　黏性土土坡的稳定性分析

一般而言，黏性土土坡由于剪切而破坏的滑动面大多为曲面，一般在破坏前坡顶先有张裂缝发生，继而沿某一曲线产生整体滑动。图 8-6 中的实线表示一黏性土土坡滑动面的曲面，在理论分析时可以近似地将其假设为圆弧，见图中虚线。为了简化计算，在黏性土土坡的稳定性分析中，常假设滑动面为圆弧面。建立在这一假定上的稳定性分析方法称为圆弧滑动法。这是极限平衡方法的一种常用分析方法。

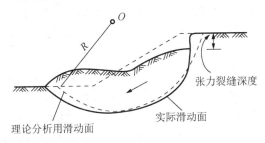

图 8-6　黏性土土坡滑动面

8.2.1　整体圆弧滑动法

1. 瑞典圆弧法

瑞典的彼得森（Petterson）于 1915 年采用圆弧滑动法分析了边坡的稳定性。此后，该法在世界各国的土木工程界得到了广泛的应用，所以整体圆弧滑动法也称瑞典圆弧法。

图 8-7 表示一个均质的黏性土土坡，其可能沿圆弧面 AC 滑动。土坡失去稳定就是滑动土体绕圆心 O 发生转动。整体圆弧滑动法假定滑动面以上土体为刚塑性体，取滑动面以上该土体为脱离体，分析在各种力作用下的稳定性。

滑动土体的重力 W 为滑动力，将使土体绕圆心 O 旋转，滑动力矩 $M_S = Wd$（d 为通过滑动土体重心的竖直线与圆心 O 的水平距离）。抗滑力矩 M_R 由两部分组成：

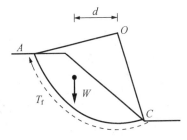

图 8-7　整体圆弧滑动受力示意图

①滑动面 AC 上黏聚力产生的抗滑力矩，值为 $c \cdot \overset{\frown}{AC} \cdot R$（$c$ 为土体的黏聚力，R 为圆弧滑动面半径）；②滑动土体的重力 W 在滑动面上的反力所产生的抗滑力矩。反力的大小和方向与土的内摩擦角 φ 值有关，当 $\varphi = 0$ 时，滑动面是一个光滑曲面，反力的方向必定垂直于滑动面，即通过圆心 O，其不产生力矩，所以抗滑力矩只有前一项 $c \cdot \overset{\frown}{AC} \cdot R$。这时，可定义黏性土土坡的稳定安全系数为

$$F_s = \frac{抗滑力矩}{滑动力矩} = \frac{M_R}{M_S} = \frac{c \cdot \overset{\frown}{AC} \cdot R}{Wd} \tag{8-9}$$

此式即为整体圆弧滑动法计算边坡稳定安全系数的公式。注意，它只适用于 $\varphi = 0$ 的

情况。若 $\varphi \neq 0$，则抗滑力与滑动面上的法向力有关，其求解可参阅 8.2.3 节~8.2.5 节的条分法。

2. 最危险滑裂面的位置

前面介绍了计算某个位置已经确定的滑动面稳定安全系数的几种方法。这一稳定安全系数并不代表边坡真正的稳定性，因为边坡的滑动面是任意选取的。假设边坡的一个滑动面，就可计算其相应的安全系数。真正代表边坡稳定程度的稳定安全系数应该是稳定安全系数中的最小值。对应边坡最小的稳定安全系数的滑动面称为最危险滑动面，它才是土坡真正的滑动面。

确定土坡最危险滑动面的圆心位置和半径大小是稳定分析中最烦琐、工作量最大的工作，需要通过多次的计算才能完成。费伦纽斯提出的经验方法，对于较快地确定土坡最危险的滑动面很有帮助。

费伦纽斯认为：对于均匀黏性土土坡，其最危险的滑动面一般通过坡趾。在 $\varphi = 0$ 的边坡稳定分析中，最危险滑弧圆心的位置可以由图 8-8（a）中 β_1 和 β_2 夹角的交点确定。β_1、β_2 的值与坡角 α 大小的关系，可由表 8-1 查用。对于 $\varphi > 0$ 的土坡，最危险滑动面的圆心位置见图 8-8（b）。首先按图 8-8（b）中所示的方法确定 DE 线。自 E 点向 DE 延线上取圆心 $O_1, O_2, \cdots$，通过坡趾 A 分别作圆弧 $AC_1, AC_2, \cdots$，并求出相应的边坡稳定安全系数 $F_{s1}, F_{s2}, \cdots$。

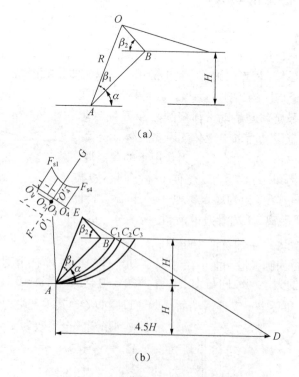

图 8-8 最危险滑动圆心的确定方法

表 8-1　各种坡角的 β_1、β_2 值

坡角 α	坡度竖直：水平	β_1	β_2
60°	1：0.58	29°	40°
45°	1：1.0	28°	37°
33°41′	1：1.5	26°	35°
26°34′	1：2.0	25°	35°
18°26′	1：3.0	26°	35°
14°02′	1：4.0	25°	36°
11°19′	1：5.0	25°	39°

用适当的比例尺将得出的数据标在相应的圆心点上，并且连接成安全系数 F_s 随圆心位置变化的曲线。曲线的最低点即为圆心在 DE 线上时的安全系数的最小值。但是真正的最危险滑弧圆心并不一定在 DE 线上。通过这个最低点，引 DE 线的垂直线 FG。在 FG 线上，在 DE 延线的最小值前后再定几个圆心 O_1', O_2', …，用类似步骤确定 FG 线上对应于最小安全系数的圆心，这个圆心才被认为是通过坡趾滑出时的最危险滑动圆弧的圆心。

当地基土层性质比填土软弱，或坝坡不是单一的土坡，或坝体填土种类不同、强度互异时，最危险的滑动面就不一定从坡趾滑出。这时寻找最危险滑动面位置就更为烦琐。实际上，对于非均质的、边界条件较为复杂的土坡，用上述方法寻找最危险滑动面的位置将是十分困难的。随着计算机技术的发展和普及，目前可以采用最优化方法——通过随机搜索寻找最危险的滑动面的位置。国内已有这方面的程序可供使用。

8.2.2　泰勒图表法

土坡稳定性分析大都需要经过试算，计算工作量很大，因此曾有不少人寻求简化的图表法。图 8-9 是泰勒根据计算资料整理得到的极限状态时均质土坡内摩擦角 φ、坡角 α 与稳定因数 $N_s = \dfrac{c}{\gamma H_c}$ 之间的关系曲线（c 为黏聚力，γ 为重度，H_c 为土坡极限高度）。

利用这个图表，可以很快地解决下列两个主要的土坡稳定问题：

1) 已知坡角 α、土的内摩擦角 φ、黏聚力 c 和重度 γ，求土坡的容许高度 H_c。

2) 已知土的性质指标内摩擦角 φ、黏聚力 c、重度 γ 及坡高 H_c，求许可的坡角 α。

此法可用来计算高度小于 10m 的小型堤坝土坡，用来初步估算堤坝断面。

例 8-1：一简单土坡 $\varphi=15°$，$c=12.0\text{kPa}$，$\gamma=17.8\text{kN/m}^3$。若坡高为 5m，试确定安全系数为 1.2 时的稳定坡角；若坡角为 60°，试确定安全系数为 1.5 时的最大坡高。

解：1) 在稳定坡角时的临界高度

$$H_c = F_s H = 1.2 \times 5 = 6\text{m}$$

稳定因数

$$N_s = \frac{c}{\gamma H_c} = \frac{12.0}{17.8 \times 6} = 0.112$$

由 $\varphi = 15°$，$N_s = 0.112$，查图 8-9 得稳定坡角 $\alpha = 57°$。

2）由 $\beta = 60°$，$\varphi = 15°$，查图 8-9 得稳定因数 N_s 为 0.116。稳定因数

$$N_s = \frac{c}{\gamma H_c} = \frac{12.0}{17.8 \times H_c} = 0.116$$

则坡高 $H_c = 5.8\text{m}$，稳定安全系数为 1.5 时的最大坡高 H_{max} 为

$$H_{max} = \frac{5.80}{1.5} = 3.87\text{m}$$

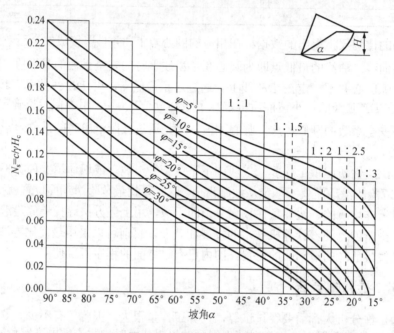

图 8-9 泰勒稳定因数 N_s 图

8.2.3 瑞典条分法

瑞典条分法，即将滑动土体竖直分成若干个土条，把土条看成刚体，分别求出作用于各个土条上的力对圆心的滑动力矩和抗滑力矩，然后按式（8-9）求土坡的稳定安全系数。

把滑动土体分成若干个土条后，土条的两个侧面分别存在着条块间的作用力（图 8-10）。作用在条块 i 上的力，除了重力 W_i 外，条块侧面 ac 和 bd 上作用有法向力 P_i、P_{i+1}，切向力 H_i、H_{i+1}，法向力的作用点至滑动弧面的距离为 h_i、h_{i+1}。滑弧段 cd 的长度 l_i，其上作用着法向力 N_i 和切向力 T_i，T_i 包括黏聚阻力 $c_i l_i$ 和摩擦阻力 $N_i \tan\varphi_i$。考虑到条块的宽度不大，W_i 和 N_i 可以看成作用于 cd 弧段的中点。在所有的作用力中，P_i、H_i 在分析前一土条时已经出现，可视为已知量，因此，待定的未知量有 P_{i+1}、H_{i+1}、h_{i+1}、N_i 和 T_i 5 个。

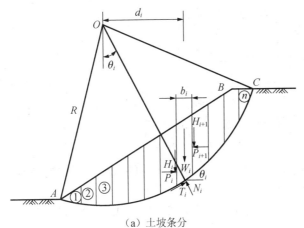 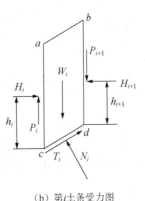

（a）土坡条分　　　　　　　　　　（b）第 i 土条受力图

图 8-10　瑞典条分法受力示意图

每个土条可以建立三个静力平衡方程，即

$$\begin{cases} \sum F_{xi} = 0 \\ \sum F_{zi} = 0 \\ \sum M_i = 0 \\ T_i = (N_i \tan \varphi_i + c_i l_i)/F_s \end{cases} \quad (i = 1, 2, \cdots, n)$$

如果把滑动土体分成 n 个条块，则 n 个条块之间的分界面就有 $(n-1)$ 个。分界面上的未知量为 $3(n-1)$ 个，滑动面上的未知量为 $2n$ 个，还有待求的安全系数 F_s，未知量总数为 $(5n-2)$ 个，可以建立的静力平衡方程和极限平衡方程为 $4n$ 个。待求未知量与方程数之差为 $(n-2)$ 个，而一般条分法中的 n 在 10 以上。因此，这是一个高次的超静定问题。为求解问题，必须进行简化计算。

瑞典条分法假定滑动面是一个圆弧面，并认为条块间的作用力对土坡的整体稳定性影响不大，故而忽略不计。或者说，假定条块两侧的作用力大小相等，方向相反且作用于同一直线上。图 8-10 中取条块 i 进行分析，由于不考虑条块间的作用力，根据径向力的静力平衡条件，有

$$N_i = W_i \cos \theta_i \tag{8-10}$$

根据滑动弧面上的极限平衡条件，有

$$T_i = \frac{T_{fi}}{F_s} = \frac{c_i l_i + N_i \tan \varphi_i}{F_s} \tag{8-11}$$

式中，T_{fi} 为条块 i 在滑动面上的抗剪强度；F_s 为滑动圆弧的稳定安全系数。

另外，按照滑动土体的整体力矩平衡条件，外力对圆心的力矩之和为零。在条块的三个作用力中，法向力 N_i 通过圆心，不产生力矩；重力 W_i 产生力矩为

$$\sum W_i \cdot d_i = \sum W_i \cdot R \cdot \sin \theta_i \tag{8-12}$$

滑动面上抗滑力产生的抗滑力矩为

$$\sum T_i R = \sum \frac{c_i l_i + N_i \tan \varphi_i}{F_s} R \tag{8-13}$$

滑动土体的整体力矩平衡，即 $\sum M = 0$，故有

$$\sum W_i \cdot d_i = \sum T_i \cdot R \tag{8-14}$$

将式（8-12）和式（8-13）代入式（8-14），并进行化简，得

$$F_s = \frac{\sum (c_i l_i + W_i \cos \theta_i \tan \varphi_i)}{\sum W_i \sin \theta_i} \tag{8-15}$$

式（8-15）是最简单的条分法计算公式，因为它是由瑞典的费伦纽斯首先提出的，所以称为瑞典条分法，又称费伦纽斯条分法。

从分析过程可以看出，瑞典条分法是忽略了土条块之间力的相互影响的一种简化计算方法，它只满足滑动土体整体的力矩平衡条件，却不满足土条块之间的静力平衡条件，这是它区别于后面将要讲述的其他条分法的主要特点。由于该方法应用的时间很长，积累了丰富的工程经验，一般得到的安全系数偏低（误差偏于安全），因此目前仍然是工程上常用的方法。

8.2.4 毕肖普条分法

毕肖普（Bishop）于1955年提出了一个考虑条块间侧面力的土坡稳定性分析方法，称为毕肖普条分法。此法仍然是圆弧滑动面的条分法。

在图 8-11 中，从圆弧滑动体内取出条块 i 进行分析。作用在条块 i 上的力，除了重力 W_i 外，滑动面上有切向力 T_i 和法向力 N_i，条块的侧面分别有法向力 P_i、P_{i+1} 和切向力 H_i、H_{i+1}。假设土条处于静力平衡状态，根据竖向力的平衡条件，应有

$$\sum F_z = 0$$
$$W_i + \Delta H_i = N_i \cos \theta_i + T_i \sin \theta_i$$
$$N_i \cos \theta_i = W_i + \Delta H_i - T_i \sin \theta_i \tag{8-16}$$

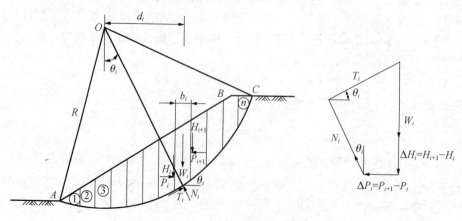

（a）条分法示意图　　　　　　　　　　　　（b）第 i 土条，力多边形

图 8-11　毕肖普条块法作用力分析

根据满足土坡稳定安全系数 F_s 的极限平衡条件，有

$$T_i = (c_i l_i + N_i \tan \varphi_i)/F_s \qquad (8\text{-}17)$$

将式（8-17）代入式（8-16），整理后得

$$N_i = \frac{W_i + \Delta H_i - \dfrac{c_i l_i}{F_s}\sin\theta_i}{\cos\theta_i + \dfrac{\sin\theta_i \tan\varphi_i}{F_s}} = \frac{1}{m_{\theta_i}}\left(W_i + \Delta H_i - \frac{c_i l_i}{F_s}\sin\theta_i\right) \qquad (8\text{-}18)$$

式中，

$$m_{\theta_i} = \cos\theta_i + \frac{\sin\theta_i \tan\varphi_i}{F_s} \qquad (8\text{-}19)$$

考虑整个滑动土体的整体力矩平衡条件，各个土条的作用力对圆心的力矩之和为零。这时条块之间的力 P_i 和 H_i 成对出现、大小相等、方向相反、相互抵消，对圆心不产生力矩。滑动面上的正压力 N_i 通过圆心，也不产生力矩。因此，只有重力 W_i 和滑动面上的切向力 T_i 对圆心产生力矩。

将式（8-17）代入式（8-14），得

$$\sum W_i R \sin\theta_i = \sum \frac{1}{F_s}(c_i l_i + N_i \tan\varphi_i)R$$

将式（8-18）的 N_i 值代入上式，化简后得

$$F_s = \frac{\displaystyle\sum \frac{1}{m_{\theta_i}}[c_i b_i + (W_i + \Delta H_i)\tan\varphi_i]}{\displaystyle\sum W_i \sin\theta_i} \qquad (8\text{-}20a)$$

式（8-20a）即是毕肖普条分法计算土坡稳定安全系数 F_s 的一般公式。

式中的 $\Delta H_i = H_{i+1} - H_i$，仍然是未知量，如果不引进其他的简化假定，式（8-20a）仍然不能求解。毕肖普进一步假定 $\Delta H_i = 0$，实际上也认为条块间只有水平作用力 P_i，而不存在切向作用力 H_i。于是式（8-20a）进一步化简为

$$F_s = \frac{\displaystyle\sum \frac{1}{m_{\theta_i}}\left(c_i b_i + W_i \tan\varphi_i\right)}{\displaystyle\sum W_i \sin\theta_i} \qquad (8\text{-}20b)$$

式（8-20b）称为简化的毕肖普公式，此种方法称为简化毕肖普法。式中的参数 $m_{\theta i}$ 包含有稳定安全系数 F_s。因此，不能直接求出土坡的稳定安全系数 F_s，而需要采用试算的办法，迭代求算 F_s 值。为了便于迭代计算，已编制成 m_θ-θ 关系曲线，见图 8-12。

试算时，可以先假定 $F_s = 1.0$，由图 8-12 查出各个 θ_i 所相应的 $m_{\theta i}$ 值，并将其代入式（8-20）中，求得边坡的稳定安全系数 F_s'。若 F_s' 与 F_s 之差大于规定的误差，用 F_s' 查 $m_{\theta i}$，再次计算出稳定安全系数 F_s''，这样反复迭代计算，直至前后两次计算的稳定安全系数非常接近，满足规定精度的要求为止。通常迭代总是收敛的，一般只要试算 3～4 次，就可以满足迭代精度的要求。

与瑞典条分法相比，简化的毕肖普条分法是在不考虑条块间切向力的前提下，满足力的多边形闭合条件，即隐含着条块间有水平力的作用，虽然在公式中水平作用力并未出现，所以它的特点有以下 4 个：

1）满足整体力矩平衡条件。

2）满足各个条块力的多边形闭合条件，但不满足条块的力矩平衡条件。

3）假设条块间作用力只有法向力，没有切向力。

4）满足极限平衡条件。

由于考虑了条块间水平力的作用，因此得到的稳定安全系数较瑞典条分法略高一些。很多工程计算表明，毕肖普条分法与严格的极限平衡分析法（满足全部静力平衡条件的方法），与下述的普遍条分法相比，结果更为接近。由于计算过程不很复杂，精度也比较高，因此该方法是目前工程中很常用的一种方法。

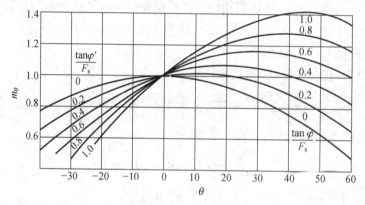

图 8-12　m_θ-θ 关系曲线

例 8-2：一简单的黏性土土坡，高 25m，坡度比 1∶2，辗压土的重度 γ =20kN/m³，内摩擦角 φ =26.6°（相当于 $\tan\varphi$ =0.5），黏结力 c =10kN/m²，滑动圆心 O 点见图 8-13，试分别用瑞典条分法和简化毕肖普法求该滑动圆弧的稳定安全系数，并对结果进行比较。

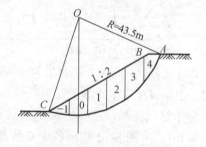

图 8-13　例 8-2 图示

解：为了使例题计算简单，将滑动土体分成 6 个条块，每个条块宽度为 0.2R，条块宽度 b=8.7m，量取条块高度，分别计算各条块的重力 W_i、滑动面长度 l_i，以及滑动面中心与过圆心铅垂线的圆心角 θ_i，然后按照瑞典条分法和简化毕肖普法进行稳定分析计算。

1）瑞典条分法。瑞典条分法分项计算结果见表 8-2。

$$\sum W_i \sin \theta_i = 3586\text{kN}, \quad \sum W_i \cos \theta_i \tan \varphi_i = 4228\text{kN}, \quad \sum c_i l_i = 650\text{kN}$$

边坡稳定安全系数

$$F_s = \frac{\sum (W_i \cos \theta_i \tan \varphi_i + c_i l_i)}{\sum W_i \sin \theta_i} = \frac{4228 + 650}{3586} = 1.36$$

表 8-2　瑞典条分法分项计算结果

条块编号	θ_i/(°)	W_i/kN	$\sin \theta_i$	$\cos \theta_i$	$W_i \sin \theta_i$/kN	$W_i \cos \theta_i$/kN	$W_i \cos \theta_i \tan \varphi_i$/kN	l_i/m	$c_i l_i$/kN
-1	-9.93	412.5	-0.172	0.985	-71.0	406.3	203	8.0	80
0	0	1600	0	1.0	0	1600	800	10.0	100
1	13.29	2375	0.230	0.973	546	2311	1156	10.5	105
2	27.37	2625	0.460	0.888	1207	2331	1166	11.5	115
3	43.60	2150	0.690	0.724	1484	1557	779	14.0	140
4	59.55	487.5	0.862	0.507	420	247	124	11.0	110

2）简化毕肖普法。根据瑞典条分法得到计算结果 $F_s = 1.36$，毕肖普法的稳定安全系数稍高于瑞典条分法。设 $F_{s1} = 1.55$，按简化的毕肖普条分法列表分项计算，结果见表 8-3。

$$\sum \frac{c_i b_i + W_i \tan \varphi_i}{m_{\theta_i}} = 5417 \text{ kN}$$

表 8-3　简化毕肖普法分项计算成果

编号	$\cos \theta_i$	$\sin \theta_i$	$\sin \theta_i \tan \varphi_i$	$\frac{\sin \theta_i \tan \varphi_i}{F_s}$	M_{si}	$W_i \sin \theta_i$	$c_i b_i$	$W_i \tan \varphi_i$	$\frac{c_i b_i + W_i \tan \varphi_i}{m_{\theta_i}}$
-1	0.985	-0.172	-0.086	-0.055	0.93	-71	80	206.3	307.8
0	1.00	0	0	0	1.00	0	100	800	900
1	0.973	0.230	0.115	0.074	1.047	546	100	1188	1230
2	0.888	0.460	0.230	0.148	1.036	1207	100	1313	1364
3	0.724	0.690	0.345	0.223	0.947	1484	100	1075	1241
4	0.507	0.862	0.431	0.278	0.785	420	50	243.8	374.3

安全系数

$$F_{s2} = \frac{\sum \frac{1}{m_{\theta_i}}(c_i b_i + W_i \tan \varphi_i)}{\sum W_i \sin \theta_i} = \frac{5417}{3586} = 1.51$$

简化毕肖普法的稳定安全系数公式［式（8-20b）］中的滑动力 $\sum W_i \sin \theta_i$ 与瑞典条分法相同。$F_{s1} - F_{s2} = 0.04$，误差较大。按 $F_{s2} = 1.51$ 进行第二次迭代计算，结果列于表 8-4 中。

$$\sum \frac{c_i b_i + W_i \tan \varphi_i}{m_{\theta_i}} = 5404.8$$

稳定安全系数

$$F_{s3} = \frac{\sum \dfrac{1}{m_{\theta i}}(c_i b_i + W_i \tan \varphi_i)}{\sum W_i \sin \theta_i} = \frac{5404.8}{3586} = 1.507$$

$F_{s2} - F_{s3} = 0.003$，十分接近，因此可以认为 $F_s = 1.51$。

表 8-4　简化毕肖普法第二次迭代计算成果

编号	$\cos \theta_i$	$\sin \theta_i$	$\sin \theta_i \tan \varphi_i$	$\dfrac{\sin \theta_i \tan \varphi_i}{F_s}$	$M_{\theta i}$	$W_i \sin \theta_i$	$c_i b_i$	$W_i \tan \varphi_i$	$\dfrac{c_i b_i + W_i \tan \varphi_i}{m_{\theta i}}$
-1	0.985	-0.172	-0.086	-0.057	0.928	-71	80	206.3	308.5
0	1.00	0.0	0	0	1.00	0	100	800	900
1	0.973	0.230	0.115	0.076	1.045	546	100	1188	1232.5
2	0.888	0.460	0.230	0.152	1.040	1207	100	1313	1358.6
3	0.724	0.690	0.345	0.228	0.952	1484	100	1075	1234.2
4	0.507	0.862	0.431	0.285	0.792	420	50	243.8	371

计算结果表明，简化毕肖普法的稳定安全系数较瑞典条分法高，约大 0.15，与一般结论相同。

8.2.5　普遍条分法

普遍条分法的特点是假定条块间水平作用力的位置。在这一假定前提下，每个条块都满足全部的静力平衡条件和极限平衡条件，滑动土体的整体力矩平衡条件自然也得到满足。它适用于任何滑动面，而不必规定滑动面是一个圆弧面，所以称为普遍条分法。它是由简布（Janbu）提出的，又称简布法。

从图 8-14（a）滑动土体 $ABCD$ 中取任意条块 i 进行静力分析。作用在条块上的力及其作用点见图 8-14（b）。按照静力平衡条件 $\sum F_z = 0$，得

$$W_i + \Delta H_i = N_i \cos \theta_i + T_i \sin \theta_i$$
$$N_i \cos \theta_i = W_i + \Delta H_i - T_i \sin \theta_i \tag{8-21}$$

$\sum F_x = 0$，得

$$\Delta P_i = T_i \cos \theta_i - N_i \sin \theta_i \tag{8-22}$$

将式（8-21）代入式（8-22），整理后得

$$\Delta P_i = T_i \left(\cos \theta_i + \frac{\sin^2 \theta_i}{\cos \theta_i} \right) - (W_i + \Delta H_i) \tan \theta_i \tag{8-23}$$

根据极限平衡条件，考虑土坡稳定安全系数 F_s，得

$$T_i = \frac{1}{F_s}(c_i l_i + N_i \tan \varphi_i) \tag{8-24}$$

由式（8-21）得

$$N_i = \frac{1}{\cos \theta_i}(W_i + \Delta H_i - T_i \sin \theta_i) \tag{8-25}$$

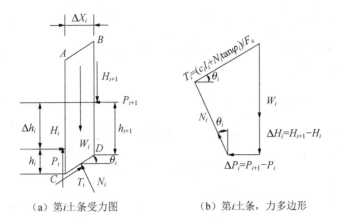

（a）第i土条受力图　　　　（b）第i土条，力多边形

图 8-14　简布法条块作用力分析

代入式（8-24），整理后得

$$T_i = \frac{\dfrac{1}{F_s}\left[c_i l_i + \dfrac{1}{\cos\theta_i}(W_i + \Delta H_i \tan\varphi_i)\right]}{1 + \dfrac{\tan\theta_i \tan\varphi_i}{F_s}} \qquad (8\text{-}26)$$

将式（8-26）代入式（8-23），得

$$\Delta P_i = \frac{1}{F_s}\frac{\sec^2\theta_i}{1 + \dfrac{\tan\theta_i \tan\varphi_i}{F_s}}[c_i l_i \cos\theta_i + (W_i + \Delta H_i)\tan\theta_i] - (W_i + \Delta H_i)\tan\theta_i \qquad (8\text{-}27)$$

图 8-15 表示作用在条块侧面的法向力 P_i。显然有 $P_1 = \Delta P_1$，$P_2 = P_1 + \Delta P_2 = \Delta P_1 + \Delta P_2$，依此类推，有

$$P_i = \sum_{j=1}^{i}\Delta P_j \qquad (8\text{-}28)$$

若全部条块的总数为 n，则有

$$P_n = \sum_{i=1}^{n}\Delta P_i = 0 \qquad (8\text{-}29)$$

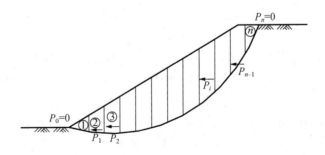

图 8-15　土条块侧面法向力

将式（8-27）代入式（8-29），得

$$\sum \frac{1}{F_s} \frac{\sec^2 \theta_i}{1 + \frac{\tan\theta_i \tan\varphi_i}{F_s}} [c_i l_i \cos\theta_i + (W_i + \Delta H_i)\tan\varphi_i] - \sum (W_i + \Delta H_i)\tan\theta_i = 0$$

整理后得

$$F_s = \frac{\sum [c_i l_i \cos\theta_i + (W_i + \Delta H_i)\tan\varphi_i] \dfrac{\sec^2 \theta_i}{1 + \tan\theta_i \tan\varphi_i / F_s}}{\sum (W_i + \Delta H_i)\tan\theta_i}$$

$$= \frac{\sum [c_i b_i + (W_i + \Delta H_i)\tan\varphi_i] \dfrac{1}{m_{\theta_i}}}{\sum (W_i + \Delta H_i)\sin\theta_i} \tag{8-30}$$

式（8-30）称为简布公式。

比较毕肖普公式［式（8-20a）］和简布公式［式（8-30）］，可以看出两者很相似，但分母有差别。毕肖普公式是根据滑动面为圆弧面，滑动土体满足整体力矩平衡条件推导出的；简布公式则是利用力的多边形闭合和极限平衡条件，最后从 $\sum_{i=1}^{n} \Delta P_i = 0$ 得出的，显然这些条件适用于任何形式的滑动面而不仅仅局限于圆弧面，在式（8-30）中，ΔH_i 仍然是待定的未知量。毕肖普没有解出 ΔH_i，而假定 $\Delta H_i = 0$，从而称为简化的毕肖普公式。而普遍条分法（简布法）则是利用条块的力矩平衡条件，因而整个滑动土休的整体力矩平衡也自然得到满足。将作用在条块上的力对条块滑弧段中点 O_i 取矩［图 8-14（b）］，并让 $\sum M_{O_i} = 0$。重力 W_i 和滑弧段上的力 N_i 和 T_i 均通过 O_i，不产生力矩。条块间力的作用点位置已确定，故有

$$H_i \frac{\Delta X_i}{2} + (H_i + \Delta H_i)\frac{\Delta X_i}{2} - (P_i + \Delta P_i)\left(h_i + \Delta h_i - \frac{1}{2}\Delta X_i \tan\theta_i\right) + P_i\left(h_i - \frac{1}{2}\Delta X_i \tan\theta_i\right) = 0$$

略去高阶微量，整理后得

$$H_i \Delta X_i - P_i \Delta h_i - \Delta p_i h_i = 0$$

$$H_i = P_i \frac{\Delta h_i}{\Delta X_i} + \Delta P_i \frac{h_i}{\Delta X_i} \tag{8-31}$$

$$\Delta H_i = H_{i+1} - H_i \tag{8-32}$$

式（8-31）表示土条间切向力与法向力之间的关系，式中符号见图 8-14。

由式（8-27）～式（8-32），利用迭代法可以求得普遍条分法的边坡稳定安全系数 F_s，其步骤如下：

1）假定 $\Delta H_i = 0$，利用式（8-30），迭代求第一次近似的边坡稳定安全系数 F_{s1}。

2）将 F_{s1} 和 $\Delta H_i = 0$ 代入式（8-27），求相应的 ΔP_i（对每一条块，从 1 到 n）。

3）用式（8-28）求条块间的法向力（对每一条块，从 1 到 n）。

4）代入式（8-31）和式（8-32），求条块间的切向作用力 H_i（对每一条块，从 1 到

n）和 ΔH_i。

5）将 ΔH_i 重新代入式（8-30），求新的稳定安全系数 F_{s2}。

如果 $F_{s2} - F_{s1} > \Delta$（Δ 为规定的计算精度），重新按上述步骤 2）～步骤 5）进行第二轮计算。如此反复进行，直至 $F_{s(k)} - F_{s(k-1)} \leqslant \Delta$。$F_{s(k)}$ 就是该假定滑动面的稳定安全系数。要得到边坡真正的稳定安全系数，还要计算很多滑动面进行比较，找出最危险的滑动面，其边坡稳定安全系数才是真正的安全系数。这种计算工作量相当浩繁，一般要在计算机上进行。

8.3　影响土坡稳定性的因素

天然土体由于形成的自然环境、沉积时间及应力历史等因素不同，性质比人工填土要复杂得多，边坡稳定分析仍然可按上述方法进行，但在强度指标的选择上要更为慎重。

1. 天然边坡与人工土坡

天然地层的土质与构造比较复杂，与人工填筑土坡相比，性质上有所不同。对于正常固结及超固结黏土土坡，按常见稳定分析方法得到的安全系数比较符合实测结果。但对于超固结裂隙黏土土坡，采用与上述相同的分析方法，会得出不正确的结果。

2. 土的抗剪强度指标的选取

土的抗剪强度指标的选取应合理。在实际工程中，应结合边坡的实际加荷情况、填料的性质和排水条件等，合理地选用土的抗剪强度指标。如果能准确知道土中孔隙水压力分布，采用有效应力法比较合理；重要的工程应采用有效强度指标进行核算。对于控制土坡稳定的各个时期，应分别采用不同试验方法的强度指标。

（1）有效应力强度指标与总应力强度指标的应用

土的抗剪强度指标分为有效应力强度指标和总应力强度指标。根据有效应力原理，土的抗剪强度是由土的有效应力决定的，孔隙水压力对于土的抗剪强度没有任何作用，在一切没有超静孔隙水压力或者孔隙水压力可以确定时，都应当选用有效应力强度指标。在工程应用中，选择的试验条件应当尽可能与实际工程条件相似。例如，在土坝边坡的稳定分析中，安全系数可能出现最小值的时期有施工期、稳定期和库水位突降期，而各个时期填土受力后的固结和排水条件是不同的。

用总应力分析法时，必须选择与它们大体相当的试验方法。黏性土土坡施工期，如果不发生孔隙水压力消散，则可采用不固结不排水试验，在填土中要形成稳定渗流需要很长时间，因此，模拟稳定渗流期可采用固结排水试验；而库水位突降期则大体相当于固结不排水试验。这种模拟是近似的，因此，用总应力分析方法估算土坡稳定安全系数的精确度不可能很高。

当用有效应力法分析时，只需要进行固结排水试验或固结不排水试验并测定试验中的孔隙水压力的大小。在设计中则要估算各个时期的孔隙水压力，然而根据目前的技术水平，较准确的孔隙水压力数据只能依靠现场实测。因此，尽管有效应力分析法概念清楚，但因土的应力历史、固结和排水条件及不均匀性的影响，给孔隙水压力的准确预估带来了困难，这也会影响到用有效应力分析法估算土坡稳定安全系数的精度。

（2）不排水强度指标的应用

不排水强度相应于所施加的外力全部由超静孔隙水压力承担，土样没有固结而完全保持初始的有效应力状态，此时的强度为土的天然强度，在下列几种工况下可以采用不排水强度指标：

1）正常固结软黏土地基上很快将填筑土方的工程。

2）土坝快速施工，竣工后其心墙未固结。

3）在正常固结黏土地基上快速施工建筑物。

（3）固结不排水强度指标的应用

固结压力全部转化为有效应力，而在施加轴向应力增量时又产生了超静孔隙水压力，这时就适用于固结不排水情况，常见的工况有以下 3 种：

1）土坝施工时底层填土固结后，施工上层填土。

2）土坝竣工和蓄水后正常使用中，水库的水位突然降低时土坝上面边坡的稳定分析。

3）在天然土坡上快速填方时。

3. 圆弧滑动条分法的讨论

计算中引入的计算假定：滑动面为圆弧，不考虑条间力作用，稳定安全系数用滑裂面上全部抗滑力矩与滑动力矩之比来定义。计算假定与实际情况存在差距，计算的稳定安全系数偏大。

4. 安全系数的采用

影响安全系数的因素很多，如抗剪强度指标的选用、计算方法和计算条件的选择等。工程等级越高，所需要的安全系数越大。目前，对于土坡的稳定安全系数，各个部门有不同的规定。同一边坡的稳定分析，选用不同的试验方法和不同的稳定分析方法，会得到不同的稳定安全系数。在实际工程中根据不同的结果综合分析安全系数，可以得到比较可靠的结论。

5. 裂隙硬黏土的边坡稳定性

硬黏土通常为超固结土，其应力-应变关系曲线属应变软化型曲线。这类土如果也按一般天然土坡的稳定分析办法，认为剪切过程中密度不变，采用不固结不排水强度指标，用 $\varphi_u = 0$ 法计算，得到的稳定安全系数一般过大，造成偏于不安全的结果。表 8-5 是五个已发生滑坡的这类土的天然土坡或挖方的稳定性分析实例。表中数据表明，用 $\varphi_u = 0$ 法分析时，稳定安全系数均很大，但实际上都发生了不稳定破坏。其原因是土坡内滑动面上的剪应力分布不均匀，各点不能同时达到破坏。破坏过程是在某些部位土的剪应力首先达到峰值，而其他部位的土尚未破坏，于是随着应变的不断加大，已经破坏部位的强度不断减小，直至变成残余强度。其他点也会相继发生这种情况，形成渐进性的破坏现象。在这种情况下，边坡破坏的时间持续很长，而滑裂面的强度降至很低。有些天然滑坡体及断层带，在其历史年代上发生过多次的滑移，经受很大的应变，土的强度下降很多，在这种情况下验算其稳定性时需注意选取其残余强度。

表 8-5　五个硬黏土滑坡的稳定性分析实例

边坡类型	黏土资料					（按 $\varphi_u = 0$ 法分析） 安全系数 F_s	备注
	W	W_L	W_P	I_P	$\dfrac{W - W_p}{I_p}$		
挖方	24	57	27	30	−0.10	3.2	
天然土坡	20	45	20	25		4.0	超固结
挖方	30	86	30	56		4.0	裂隙硬黏土
挖方	30	81	28	33		3.8	
天然土坡	28	110	20	90	0.09	6.3	

无论是天然土坡还是人工土坡，在许多情况下，土体内都存在着孔隙水压力。例如，土体内水的渗流引起的渗透压力或者因填土而引起的超静孔隙水压力。孔隙水压力的大小在有些情况下比较容易确定，而在有些情况下则较难确定或无法确定。例如，稳定渗流引起的渗透压力一般可以根据流网比较准确地确定，而在施工期、库水位突降期及地震时产生的孔隙水压力就比较难以确定。另外，土坡在滑动过程中的孔隙水压力变化目前几乎还没有办法确定。所以，在前面讨论的边坡稳定性计算方法中，作用于滑动土体上的力是用总应力表示还是用有效应力表示，是一个十分重要的问题。显然，用有效应力表示要优于用总应力表示。但是，鉴于孔隙水压力不容易确定，故而有效应力法在工程中的应用尚存在实际困难。因此，这方面的工作还有待于进一步研究。有关这方面的内容，请参考相关的资料和专著。

思考与习题

1. 土坡稳定有何实际意义？影响土坡稳定的因素有哪些？如何防止土坡滑动？

2. 土坡稳定分析的条分法原理是什么？如何确定最危险圆弧滑动面？

3. 简述毕肖普条分法确定安全系数的试算过程。

4. 试比较土坡稳定分析瑞典条分法、毕肖普条分法及普遍条分法的异同。

5. 分析土坡稳定性时应如何根据工程情况选取土体抗剪强度指标和稳定安全系数？

6. 直接应用整体圆弧滑动法进行稳定分析有什么困难？为什么要进行分条？分条有什么好处？

7. 简述普遍条分法确定安全系数的步骤。

8. 简化毕肖普条分法和瑞典条分法计算边坡稳定安全系数时，引入的假设哪些相同？哪些不同？公式推导中各应用了哪些静力平衡条件？

9. 一均匀黏性土土坡坡度为 $1:1$，$\varphi = 0$，$c = 20\text{kPa}$，土的重度 $\gamma = 19\text{kN/m}^3$，采

用图 8-16 中滑弧，其滑动土体的受力为 346kN/m，并作用于距转动中心垂直线 5m 处，求边坡稳定安全系数。若将阴影部分的土体移去后，则边坡稳定的安全系数又是多少？

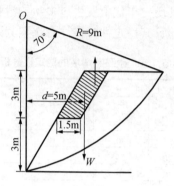

图 8-16　习题 9 图示

10. 一简单黏性土土坡见图 8-17，坡高 $h = 8m$，边坡坡度为 1：2，土的内摩擦角 $\varphi = 19°$，黏聚力 $c = 10kPa$，重度 $\gamma = 17.2kN/m^3$，坡顶作用着线荷载，试用瑞典条分法计算土坡的稳定安全系数。

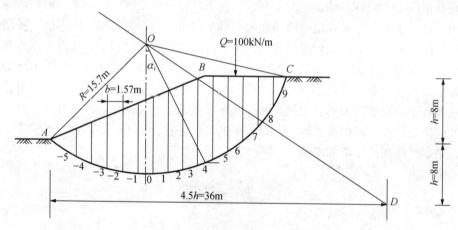

图 8-17　习题 10 图示

第9章　地基承载力

本章导读 ☞

　　要保证地基上建筑物的安全稳定性，地基土就需要有足够的承受荷载的能力，该能力称为地基承载力。地基承载力的来源主要是地基土的抗剪强度，因此本章内容以土的抗剪强度理论为基础，介绍地基承载力的基本概念、类型及确定方法，包括理论计算和工程实测方法。

　　本章重点掌握以下几点：

　　（1）地基土的主要破坏形式、每种破坏形式的特征及对应土类。

　　（2）临塑荷载和临界荷载的理论计算。

　　（3）极限承载力的计算方法。

　　（4）规范规定的地基承载力特征值的确定方法。

　　地基承载力是一个较为笼统的概念，在实际计算和应用过程中采用的具体指标是不同的，在学习过程中，要深刻理解临塑荷载、临界荷载、地基极限承载力、地基承载力特征值及其修正值等表示地基承载力大小的几个名词的含义，才能真正理解地基承载力的概念，掌握其确定方法和工程应用。

　　引言：当地基承载力不能满足建筑物荷载要求时，地基土将产生破坏，直接导致上部结构倾倒或严重下沉，引起结构破坏，对人的生命和财产安全构成威胁。例如，美国纽约某水泥仓库，水泥筒仓上部结构为圆筒形结构，直径 13.0 m，基础为整板基础，基础埋深 2.8 m，基底下为黄色黏土。1940 年，水泥仓库装载水泥，由于荷载超过地基承载力，引起地基土剪切破坏而发生滑动。滑动后，仓库倾斜 45°，地基土被挤出达 5.18m，23m 外的办公楼也发生倾斜，见图 9-1。

图 9-1 水泥仓库倾倒后现场图

通过本章的学习，可以分析各类地基破坏的机理及确定地基承载力的理论和实测方法，为后期工作过程中地基基础设计、工程事故分析和处理奠定基础。

9.1 地基承载力的基本概念

地基承载力是指地基土单位面积上承受荷载的能力，其大小决定了建筑物地基的稳定性，是工程中极为重要的指标之一。在实际工程中，由于地基承载力不足可能会导致过大或不均变形，影响建筑物正常使用功能，严重的会导致建筑物结构构件产生破坏，危及建筑的安全；此外，地基土还可能在上部荷载作用下产生剪切破坏，地基完全丧失稳定性，导致建筑物倾倒、陷落等严重后果。因此，在实际工程中，地基承载力的确定就成为非常重要的内容。

确定地基承载力的前提是分析地基变形规律及地基土在竖向荷载作用下的破坏形式。根据大量实际工程经验及地基土现场荷载试验结果总结得出，地基土在竖向荷载作用下产生的破坏形式可以归纳为三种，即整体剪切破坏、局部剪切破坏和冲剪破坏。

1. 整体剪切破坏

整体剪切破坏是地基土在竖向荷载作用下内部发生连续剪切滑动面的一种破坏形式，见图 9-2（a）。当荷载较小时，地基土近似为弹性变形，$p\text{-}s$ 曲线开始为线性变化；当荷载增大到一定数值时，基础边缘位置出现塑性破坏，$p\text{-}s$ 曲线转变为非线性变化；随着荷载不断增加，塑性破坏区开展范围越来越大，达到一定程度时破坏面连成一片，形成连续滑动面，基础的沉降速率急剧增加并向一侧倾斜、倾倒，土体从基础两侧挤出并造成基础侧面地表隆起，整个地基产生失稳破坏。

产生整体剪切破坏的土质类型：一般密实的砂土、较坚硬的黏性土。

2. 局部剪切破坏

局部剪切破坏是地基土在竖向荷载作用下地基某一范围内发生剪切破坏的地基破坏形式。一般情况下，随着荷载增加，塑性破坏区同样从基础底面边缘处开始发展，但其破坏仅限于一定范围内，土体内形成局部的滑动面，滑动面并不延伸至地表面。地基失稳时，基础两侧地面微微隆起，基础没有明显的倾斜和倒塌，基础由于产生过大的沉降而丧失承载能力，其 $p\text{-}s$ 曲线直线段范围较小，无明显拐点，其破坏面和 $p\text{-}s$ 曲线见图 9-2（b）。

产生局部剪切破坏的土质类型：基础有一定埋深，地基为一般黏性土或具有中等压缩性的砂土。

3. 冲剪破坏

冲剪破坏是地基土在竖向荷载作用下发生的竖直方向的剪切破坏。此类破坏出现时，基础沿周边向下切入土中，基础产生较大沉降，基础两侧无隆起现象，且随基础产生下陷现象。其 $p\text{-}s$ 曲线无明显拐点，见图 9-2（c）。

产生冲剪破坏的土质类型：饱和软黏土、松散的粉土和细砂等地基。

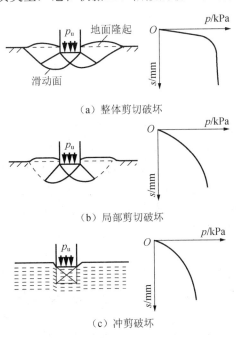

（a）整体剪切破坏

（b）局部剪切破坏

（c）冲剪破坏

图 9-2 地基剪切破坏形式

在实际工程中，相同的地基土在不同因素的影响下可能会出现不同的破坏形式，影响地基土破坏形式的因素包括地基土的物理和力学性质、基础尺寸、埋置深度、加荷方式和速率、应力水平等。例如，密实砂土上的基础，如果基础埋深较大或受到瞬时荷载，也可能会出现局部剪切或冲剪破坏；对于较松软的地基土，当加荷速度较快或土体体积变化受到限制时也可能发生整体剪切破坏。

9.2 浅基础的临塑荷载和临界荷载

9.2.1 临塑荷载的定义及理论计算公式推导

对于压缩性较低的地基土层，当进行现场原位荷载试验时，得到的 p-s 曲线见图 9-3，其破坏形式为整体剪切破坏，其曲线均有明显的分段性，它的破坏过程主要包括三个典型阶段。

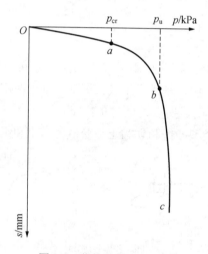

图 9-3　荷载试验 p-s 曲线

第一阶段为弹性变形阶段。当地基土上施加的荷载较小时，在基础下形成三角形弹性压密区，地基土各个点均处于弹性变形状态，p-s 曲线呈直线变化，即曲线 Oa 段。

第二阶段为弹塑性变形阶段。随着荷载继续增加，在基础边缘位置的土体首先产生塑性破坏，随着荷载值增大，破坏区逐渐向下扩展，p-s 曲线在 a 点后呈明显的非线性特征，变形量较前一阶段增大，且部分变形在卸荷后不能完全恢复，此阶段对应 p-s 曲线的 ab 段。

第三阶段为塑性变形阶段。在 p-s 曲线的 b 点以后，随着荷载持续增加，变形量在 b 点后急剧增加。在此过程中，土体的塑性破坏区继续增大，最终在地基土中形成连续滑动面，地基土最终形成整体剪切破坏。

通过以上三个阶段分析可知，地基土在荷载作用下产生变形到最终达到破坏的过程中有两个关键点，即 a 点和 b 点。a 点为线性变形段的终点，也是非线性变形段的起始点，该点称为比例界限，对应的荷载表示在该荷载作用下，地基土中将要出现塑性区但尚未出现塑性区时的基底压力，该压力称为临塑荷载，用 p_{cr} 表示；b 点以后，p-s 曲线呈陡降趋势，荷载增加不大但变形量急剧增加，表明地基已经破坏，b 点对应的基底压力称为极限荷载，用 p_u 表示。下面将具体介绍临塑荷载 p_{cr} 的理论计算公式推导，极限荷载 p_u 的计算将在 9.3 节中详细论述。

图 9-4 中，一条形基础，宽度为 b，基础埋深为 d，地基土的重度为 γ，基底压力为 p，基底附加压力 $p_0 = p - \gamma d$，在地基中任一点 M 处引起的大小主应力可根据 1902 年密歇尔（Michell）给出的弹性力学解答来求解，见式（9-1）。

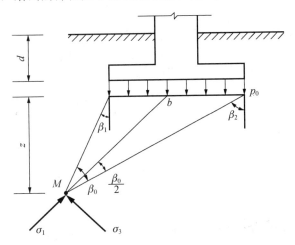

图 9-4 条形均布荷载作用下土中任一点的主应力状态

$$\frac{\sigma_1}{\sigma_3} = \frac{p_0}{\pi}\left(\beta_0 \pm \sin\beta_0\right) \tag{9-1}$$

在 M 点除了附加应力外还有自重应力，因自重应力方向为水平或竖直方向，与外荷载引起的大小主应力方向不一致，故无法直接叠加，在此假设土体中任一点的自重应力各向相等，如同静水压力场，那么在 M 点，总应力即为附加应力和自重应力的总和，即

$$\sigma_1 = \frac{p_0}{\pi}\left(\beta_0 + \sin\beta_0\right) + \gamma(d + z) \tag{9-2}$$

$$\sigma_1 = \frac{p_0}{\pi}\left(\beta_0 - \sin\beta_0\right) + \gamma(d + z) \tag{9-3}$$

根据土的莫尔-库仑极限平衡理论，当 M 点达到极限平衡条件时，其大小主应力应满足

$$\frac{\sigma_1 - \sigma_3}{\sigma_1 + \sigma_3 + 2c\cot\varphi} = \sin\varphi \tag{9-4}$$

将式（9-2）和式（9-3）代入式（9-4）整理后得

$$z = \frac{p - \gamma d}{\pi\gamma}\left(\frac{\sin\beta_0}{\sin\varphi} - \beta_0\right) - \frac{c}{\gamma\tan\varphi} - d \tag{9-5}$$

式中，z 为上部荷载作用下基础底面以下土体塑性区的开展深度。

式（9-5）表示塑性区边界上任意一点的深度与 β_0 的关系。为求塑性区开展最大深度 z_{max}，可以把 z 的表达式对 β_0 求一次偏导，并令其等于零，即

$$\frac{\partial z}{\partial \beta_0} = \frac{p - \gamma d}{\pi \gamma}\left(\frac{\cos \beta_0}{\sin \beta_0} - 1\right) = 0$$

再根据二次偏导 $\frac{\partial^2 z}{\partial \beta_0^2}$ 的正负判别，当 $\beta_0 = \frac{\pi}{2} - \varphi$ 时，z 取最大值 z_{max}。

将 $\beta_0 = \frac{\pi}{2} - \varphi$ 代入式（9-5）可得

$$z_{max} = \frac{p - \gamma d}{\pi \gamma}\left(\cot \varphi - \frac{\pi}{2} + \varphi\right) - \frac{c}{\gamma \tan \varphi} - d \tag{9-6}$$

式中，z_{max} 为基础底面以下塑性区开展的最大深度。

由于塑性区是由基础边缘开始向下扩展的，因此 $z_{max} = 0$ 时即为地基土中将要出现塑性区还未出现塑性区的时刻，此时对应的基底压力即为临塑荷载 p_{cr}。因此在式（9-6）中令 $z_{max} = 0$，求得的临塑荷载表达式如下：

$$p_{cr} = \frac{\pi(\gamma d + c \cot \varphi)}{\cot \varphi - \frac{\pi}{2} + \varphi} + \gamma d \tag{9-7}$$

9.2.2 地基土的临界荷载计算

临塑荷载是地基中土体将要出现塑性区还未出现塑性区时的基底压力。在实际工程中，基础底面以下土体在出现一定深度塑性破坏区时也并不会影响建筑物的安全和稳定性，用临塑荷载 p_{cr} 作为地基承载力肯定偏于保守，不利于建筑工程的经济性。根据实际工程经验，在中心荷载作用下可以允许地基塑性区开展最大深度 $z_{max} = \frac{1}{4}b$，偏心荷载作用下为 $z_{max} = \frac{1}{3}b$，b 为基础宽度，此时对应的荷载称为临界荷载 $p_{1/4}$ 和 $p_{1/3}$。将 $z_{max} = \frac{1}{4}b$ 和 $z_{max} = \frac{1}{3}b$ 分别代入式（9-6），可得临界荷载表达式

$$p_{1/4} = \frac{\pi\left(\gamma d + c \cot \varphi + \frac{1}{4}\gamma b\right)}{\cot \varphi - \frac{\pi}{2} + \varphi} + \gamma d \tag{9-8}$$

$$p_{1/3} = \frac{\pi\left(\gamma d + c \cot \varphi + \frac{1}{3}\gamma b\right)}{\cot \varphi - \frac{\pi}{2} + \varphi} + \gamma d \tag{9-9}$$

9.2.3 临塑荷载 p_{cr} 和临界荷载 $p_{1/4}$ 与 $p_{1/3}$ 的讨论

式（9-6）～式（9-8）在推导过程中，以弹性力学理论为基础，并且为了简化计算，都做了一些假定。因此在具体应用时，应注意下列问题：

1）以上公式推导中，假设基础为条形基础，因此基底压力分布形式属于弹性力学平面应变问题，对于矩形、方形和圆形基础，肯定会出现一定误差，根据不同荷载条件下的附加应力分布规律可知，对于矩形、方形和圆形基础，上述导出计算公式所得结果偏于安全。

2）以上公式是基于均布荷载条件下导出的。如果实际工程中为偏心或倾斜荷载，则公式将不再适用，应进行一定的修正。特别是当荷载偏心较大时，上述公式不能采用，需另行推导公式。

3）在上述公式推导过程中，地基中 M 点的大小主应力为一特殊方向，而自重主应力方向是垂直和水平的。理论上两者在数值上是不能叠加的，但是为简化计算，假定自重应力如同静水压力，在四周各方向等值传递，这与实际情况相比具有一定误差，土质越硬误差越大。

9.3 地基极限承载力理论

根据 9.2 节所述，图 9-3 中 b 点对应的荷载为极限荷载 p_u，即地基土所能承受最大荷载，也称极限承载力，此时地基土将失稳破坏。在实际工程中，一般将地基极限承载力除以相应的安全系数后用于基础工程的设计，保证在上部荷载作用下地基土有一定的安全储备。地基极限承载力可以通过理论计算公式和现场原位测试方法得出。本节主要介绍理论计算方法，现场原位测试方法将在 9.4 节详细介绍。

当前计算地基极限承载力的理论公式较多，大部分都是先假定地基土在极限状态下滑动破坏面的形状，然后根据滑动土体的静力平衡条件求解，得出的计算公式较为简便，能够广泛应用于实际工程，下面主要介绍三种承载力的计算理论。

9.3.1 普朗特-赖斯纳极限承载力计算公式

1920 年，普朗特根据塑性理论，假定介质无质量，相当于土体均质且重度为零，条形基础底面完全光滑，上部作用中心荷载，土体破坏时为整体剪切破坏。在上述假定条件下研究了刚性体压入无质量介质中，当介质达到破坏时的极限压力公式。但普朗特研究问题时，没有考虑到基础的埋置深度，1924 年赖斯纳（Reissner）在普朗特的基础上按照原来的假定和物理模型，考虑基础的埋置深度，并将基础埋深以上的土体转化成作用在基底水平面上的垂直等效荷载，得出了更为完善的极限承载力的理论计算公式。推导该公式的基本原理如下。

图 9-5 中，当竖向荷载达到极限值时，地基发生整体剪切破坏，滑动破坏土体可以分为五个区域，一个 I 区，2 个 II 区，2 个 III 区。由于假设基础底面是光滑的，I 区中的竖向应力即为大主应力，土体受压达到主动极限平衡状态，滑动面为 aO, $a'O$ 与水平面夹角为 $45°+\dfrac{\varphi}{2}$。I 区的土楔体在荷载作用下，aOa' 向下移动时把附近的土体挤向两侧，使 III 区中的土体 $f'c'a'$ 和 fca 达到被动状态，成为被动区，滑动面 $f'c'$ 和 fc 与水平

面夹角为 $45°-\dfrac{\varphi}{2}$。I 区和 III 区的边界围成等腰三角形，II 区在主动区与被动区之间，是由一组对数螺线 cO、$c'O$ 和 I 区、III 区的边界组成的过渡区 $c'a'O$ 和 caO，对数螺线方程为 $\gamma=\gamma_0 \mathrm{e}^{\theta\tan\varphi}$，$\theta$ 在 $0\sim\dfrac{\pi}{2}$ 范围内变化，两条对数螺线分别与主、被动区的滑动面相切。

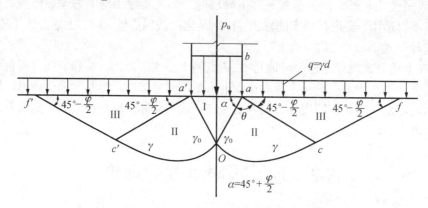

图 9-5　普朗特-赖斯纳地基滑动破坏计算模型

根据上述假定条件和物理模型推导出浅埋基础地基极限承载力为

$$p_\mathrm{u}=cN_c+qN_q \tag{9-10}$$

式中，q 为基础底面深度处由天然土体产生的竖向自重应力，$q=\gamma d$；N_c、N_q 为地基承载力系数，用式（9-11）和式（9-12）计算。

$$N_c=\cot\varphi\left[\mathrm{e}^{\pi\tan\varphi}\tan^2\left(45°+\dfrac{\varphi}{2}\right)-1\right] \tag{9-11}$$

$$N_q=\mathrm{e}^{\pi\tan\varphi}\tan^2\left(45°+\dfrac{\varphi}{2}\right) \tag{9-12}$$

式（9-10）是在假定地基土重度为零的条件下得出的，因此地基极限承载力只包括土体滑动面上的黏聚力和基础侧面土体的荷载两部分。而此假设与工程实际情况有较大差别，如在计算公式中，如果土体为砂类土，则 $c=0$，同时假定基础埋深为零（基础是放在地基表面），那么 $q=0$，则 $p_\mathrm{u}=0$，显然与实际情况不相符。造成该结果的原因是计算假定中地基土重度为零，为了弥补这一缺陷，其他学者在此基础上考虑土体自重，对极限承载力计算公式进行了修正，使其更具有工程适用性。

9.3.2　太沙基地基极限承载力计算公式

由于前述普朗特-赖斯纳地基极限承载力理论存在部分缺陷，为了使计算理论更加切合实际，1943 年太沙基进一步对地基极限承载力理论进行了研究，该理论假定地基土均质且是有重度的，即 $\gamma\neq0$；基础底面完全粗糙，即基础与地基土之间存在摩擦力；基底以上两侧的按均布荷载考虑，$q=\gamma d$（d 为基础埋深），且不考虑基底以上两侧土体抗剪强度的影响。基础为条形基础，受中心竖向荷载作用，地基土破坏依然为整体剪切破坏，地基破坏滑动面的形态见图 9-6。

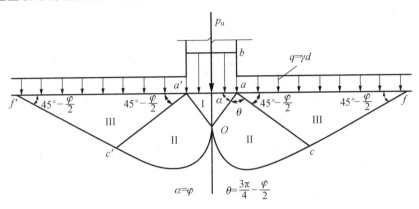

图 9-6 太沙基地基滑动破坏计算模型

将滑动破坏地基土分为三个区域，I 区为弹性压密区，$\alpha = \varphi$，由于基础底面与地基土之间有摩擦力，在受压过程中该区域的土体侧向剪切位移受到限制，在地基土达到整体剪切破坏时，该区域内土体处于弹性工作状态，也称弹性压密核。II 区仍为过渡区，边界曲线为对数螺线方程 $\gamma = \gamma_0 e^{\theta \tan \varphi}$，$\theta$ 在 $0 \sim \left(\dfrac{3\pi}{4} - \dfrac{\varphi}{2} \right)$ 范围内变化，与普朗特模型不同。

$\theta = 0°$ 时，$\gamma = \gamma_0$，即为图中 $a'O$ 和 aO。III 区为兰金被动状态区，滑动面 $f'c'$ 和 fc 与水平面夹角为 $45° - \dfrac{\varphi}{2}$。

太沙基在上述假定和模型的基础上推导出地基的极限承载力计算公式为

$$p_u = cN_c + qN_q + \frac{1}{2}\gamma b N_\gamma \tag{9-13}$$

式中，q 为基础底面深处由天然土体产生的竖向自重应力，$q = \gamma d$；N_c、N_q 和 N_γ 为地基承载力系数，都是内摩擦角的函数。可以根据图 9-7 中的曲线中的实线部分确定。

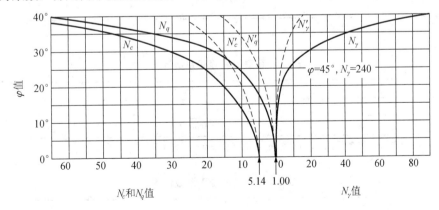

图 9-7 承载力系数 N_c、N_q、N_γ 值

如果不是条形基础，而是矩形、方形或圆形基础，太沙基建议按经修正后的公式计算地基极限承载力，即方形基础

$$p_u = 1.2cN_c' + qN_q' + 0.4\gamma bN_\gamma' \tag{9-14}$$

圆形基础

$$p_u = 1.2cN_c' + qN_q' + 0.46\gamma RN_\gamma' \tag{9-15}$$

式中，N_c'、N_q' 和 N_γ' 为地基承载力系数，按图 9-7 中的曲线中的虚线部分确定；b 为方形基础的宽度(m)；R 为圆形基础的半径(m)。

对于矩形基础，可在方形基础 $\left(\dfrac{b}{l} = 1.0\right)$ 和条形基础 $\left(\dfrac{b}{l} \to 0\right)$ 之间进行内插。

9.3.3 汉森极限承载力公式

普朗特和太沙基地基极限承载力理论中都有多项假定条件。在实际工程中，当不满足假定条件时，该计算公式的应用将受到限制，如基础为非条形、荷载为非中心荷载或倾斜荷载、基础埋深和基础底面倾斜等情况综合作用下，前述两种方法将不再适用。因此，汉森、魏西克和卡柯等人对地基承载力理论进一步研究，在原有三个承载力系数 N_c、N_q 和 N_γ 基础上乘以相应的修正系数，修正后的汉森极限承载力公式为

$$p_u = cN_cS_ci_cd_cg_cb_c + qN_qS_qi_qd_qg_qb_q + \frac{1}{2}\gamma bN_\gamma S_\gamma i_\gamma d_\gamma g_\gamma b_\gamma \tag{9-16}$$

式中，N_c、N_q 和 N_γ 为地基承载力系数；S_c、S_q 和 S_γ 为基础形状修正系数，见表 9-1；i_c、i_q 和 i_γ 为荷载倾斜修正系数，见表 9-2；d_c、d_q 和 d_γ 为基础埋深修正系数，见表 9-3；g_c、g_q 和 g_γ 为地面倾斜修正系数，见表 9-4；b_c、b_q 和 b_γ 为基底倾斜修正系数，见表 9-5。

表 9-1 基础形状修正系数计算公式

S_c	S_q	S_γ
$S_c = 1 + \dfrac{N_q b}{N_c l}$	$S_q = 1 + \dfrac{b}{l}\tan\varphi$	$S_\gamma = 1 - 0.4\dfrac{b}{l}$

注：l、b 分别为基础的长度和宽度。

表 9-2 荷载倾斜修正系数计算公式

i_c	i_q	i_γ
$i_c = i_q - \dfrac{1 - i_q}{N_q - 1}$	$i_q = \left(1 - \dfrac{0.5H}{Q + cA\cot\varphi}\right)^5$	$i_q = \left(1 - \dfrac{0.7H}{Q + cA\cot\varphi}\right)^5$

注：A 为基础的有效接触面积；H 和 Q 分别为倾斜荷载在基底上的水平分力和垂直分力。

表 9-3 基础埋深修正系数计算公式

d_c	d_q	d_γ
$d_c = 1 + 0.4\dfrac{d}{b}$	$d_q = 1 + 2\tan\varphi(1 - \sin\varphi)^2\dfrac{d}{b}$	$d_\gamma = 1.0$

表9-4 地面倾斜修正系数计算公式

g_c	g_q	g_γ
$g_c = 1 - \dfrac{\beta}{1.47°}$	$g_q = (1 - 0.5\tan\beta)^5$	$g_q = g_\gamma$

注：β 为倾斜地面与水平面之间的夹角。

表9-5 基底倾斜修正系数计算公式

b_c	b_q	b_γ
$b_c = 1 - \dfrac{\eta}{1.47°}$	$b_q = e^{-2\eta\tan\varphi}$	$b_\gamma = e^{-2.7\tan\varphi}$

注：η 为倾斜基底与水平面之间的夹角，应满足 $\eta < 45°$。

9.4 用原位测试成果确定地基承载力

9.4.1 主要原位测试试验

原位测试是指在岩土体所处的位置，基本保持岩土原来的结构、湿度和应力状态，对岩土体进行的测试。根据测试目的不同，采用的原位测试方法也多种多样。在实际工程中，原位测试地基承载力的方法包括载荷试验、静力触探、圆锥动力触探、标准贯入试验、十字板剪切试验和旁压试验等多种。这些方法中，能够直接测定地基土承载力的方法是载荷试验法，其他方法虽然可以通过测试结果评价地基承载力，但不能准确确定其大小。

载荷试验可用于测定承压板下应力主要影响范围内岩土的承载力和变形模量，主要包括浅层平板载荷试验（适用于浅层地基土）、深层平板载荷试验（适用于深层地基土和大直径桩的桩端土）和螺旋板载荷试验（适用于深层地基土或地下水位以下的地基土）三种类型。本节以实际工程中最为常用的浅层平板载荷试验为例，介绍承载力的原位测试方法。

9.4.2 浅层平板载荷试验

1. 试验装置

图9-8中浅层平板载荷试验主要包括上部堆载、堆载下部钢梁、千斤顶、承压板、百分表及固定百分表用的基准梁等部件。其中，承压板面积不应小于 0.25m^2，对于软土不应小于 0.5m^2。

2. 试验要点

1）试验基坑宽度不应小于承压板宽度或直径的3倍；应保持试验土层的原状结构和天然湿度；宜在拟试压表面用粗砂或中砂层找平，其厚度不应超过20mm。

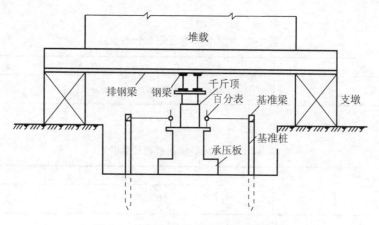

图 9-8 浅层平板载荷试验装置示意图

2）加荷分级不应少于 8 级。最大加荷量不应小于设计要求的 2 倍。

3）每级加荷后，按间隔 10min、10min、10min、15min、15min，以后每隔 0.5h 测读一次沉降量。当在连续两小时内，每小时的沉降量小于 0.1mm 时，认为已趋于稳定，可加下一级荷载。

4）在出现下列情况之一时，即可终止加荷：①承压板周围的土明显地侧向挤出；②沉降量 s 急骤增大，荷载-沉降曲线出现陡降段；③在某一级荷载作用下，24h 内沉降速率不能达到稳定性标准；④沉降量与承压板宽度或直径之比不小于 0.06。当满足此项内容前三种情况之一时，其对应的前一级荷载称为极限荷载，即 p_u。

3. 试验结果整理及确定地基承载力特征值

1）根据测试过程中每级荷载对应的沉降量可以绘制 p-s 曲线，见图 9-9。

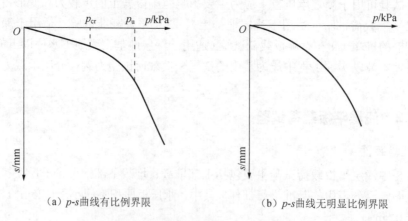

（a）p-s曲线有比例界限　　　　　　（b）p-s曲线无明显比例界限

图 9-9　浅层平板载荷试验 p-s 曲线

2）地基承载力特征值 f_{ak} 的确定。根据载荷试验结果，可以确定地基承载力特征值。地基承载力特征值是指由载荷试验测定的地基土压力变形曲线线性变形段内规定的变形所对应的压力值。该数值是实际工程中用于表征地基承载力大小的重要指标。按照《建筑地基基础设计规范》（GB 50007—2011）规定，承载力特征值可按照以下要求确定：①当 p-s 曲线上有比例界限时，取该比例界限所对应的荷载值，见图 9-9（a）；②当极限荷载小于对应比例界限的荷载值的 2 倍时，取极限荷载值的一半；③当曲线无明显比例界限，见图 9-9（b），当承压板面积为 0.25～0.5m² 时，可取 s/b=0.01～0.015 所对应的荷载，但其值不应大于最大加荷量的一半。

根据以上规定可知，在实际工程中，地基承载力特征值无论按哪种方法确定，都必须保证在上部荷载作用下，地基土承载力最少有一半的安全储备。

在实际工程中，对于同一土层，试验点数量不应少于 3 个，各试验实测值的极差不得超过其平均值的 30%，取此平均值作为该土层的地基承载力特征值 f_{ak}。

9.5　按规范确定地基承载力

《建筑地基基础设计规范》（GB 50007—2011）给出了两种确定地基承载力特征值的方法，一种是根据天然土层原位测试得出的地基承载力特征值并加以修正，得到修正后的地基承载力特征值；另外一种是根据地基土强度理论方法和土的抗剪强度指标确定地基承载力特征值。

9.5.1　根据原位测试结果确定修正后的承载力特征值 f_a

前面介绍的许多原位测试方法都可以得出地基承载力特征值 f_{ak}，而在实际工程中，试验研究表明，基础的尺寸和埋深对地基的承载能力有一定贡献，若忽略这部分贡献，势必造成所取地基承载力特征值偏小，导致地基基础设计过于保守。因此，规范中规定当基础宽度大于 3m 或埋置深度大于 0.5m 时，从载荷试验或其他原位测试、经验值等方法确定的地基承载力特征值，应按下式修正

$$f_a = f_{ak} + \eta_b \gamma (b-3) + \eta_d \gamma_m (d-0.5) \tag{9-17}$$

式中，f_a 为修正后的地基承载力特征值（kPa）。f_{ak} 为地基承载力特征值（kPa），可以按载荷试验或其他原位测试、经验值确定。η_b、η_d 分别为基础宽度和深度的地基承载力修正系数，按基底下土的类别查表 9-6 确定。γ 为基础底面以下土的重度（kN/m³），地下水位以下取浮重度。b 为基础底面宽度（m），当基础底面宽度小于 3m 时按 3m 取值，大于 6m 按 6m 取值。γ_m 为基础底面以上土的加权平均重度（kN/m³），地下水位以下的土层取有效重度。d 为基础埋深（m），宜自室外地面标高算起。在填方整平区，可自填土地面标高算起；但填土在上部结构施工完成时，应从天然地面标高算起。对于地下室，当采用箱形基础或筏板基础时，基础埋置深度自室外地面标高算起；当采用独立基础或条形基础时，应从室内地面标高算起。

表 9-6 承载力修正系数

土的类别		η_b	η_d
淤泥和淤泥质土		0	1.0
人工填土 e 或 I_L 不小于 0.85 的黏性土		0	1.0
红黏土	含水比 $a_w>0.8$	0	1.2
	含水比 $a_w \leq 0.8$	0.15	1.4
大面积压实填土	压实系数大于 0.95、黏粒含量 $\rho_c \geq 10\%$ 的粉土	0	1.5
	最大干密度大于 2.1 t/m³ 的级配砂石	0	2.0
粉土	黏粒含量 $\rho_c \geq 10\%$ 的粉土	0.3	1.5
	黏粒含量 $\rho_c <10\%$ 的粉土	0.5	2.0
e 及 I_L 均小于 0.85 的黏性土		0.3	1.6
粉砂、细砂（不包括很湿与饱和时的稍密状态）		2.0	3.0
中砂、粗砂、砾砂和碎石土		3.0	4.4

注：强风化和全风化的岩石，可参照所风化成的相应土类取值，其他状态下的岩石不修正；地基承载力特征值按《建筑地基基础设计规范》（GB 50007—2011）附录 D 深层平板载荷试验确定时 η_d 取 0；含水比是指土的天然含水率与液限的比值；大面积压实填土是指填土范围大于 2 倍基础宽度的填土。

例 9-1：某独立基础，底面尺寸为 $l \times b = 4m \times 4m$，基础埋深 2m，已知该场地土层为粉质黏土，孔隙比 $e = 0.82$，液性指数 $I_L = 0.76$，重度 $\gamma = 19.5kN/m^3$，天然地基承载力特征值 $f_{ak} = 140kPa$，试按《建筑地基基础设计规范》（GB 50007—2011）计算修正后的地基承载力特征值。

解：根据地基土条件查表 9-6 可得 $\eta_b = 0.3$，$\eta_d = 1.6$，代入式（9-8）可得

$$f_a = f_{ak} + \eta_b \gamma (b-3) + \eta_d \gamma_m (d-0.5)$$
$$= 140 + 0.3 \times 19.5 \times (4-3) + 1.6 \times 19.5 \times (2-0.5)$$
$$= 192.7kPa$$

9.5.2 按地基强度理论确定地基承载力特征值

当基础偏心距 e 小于或等于 0.033 倍基础底面宽度时，根据土的抗剪强度指标确定地基承载力特征值，可按下式计算，并应满足变形要求。

$$f_a = M_b \gamma b + M_d \gamma_m d + M_c c_k \tag{9-18}$$

式中，f_a 为由土的抗剪强度指标确定的地基承载力特征值（kPa）；M_b、M_d 和 M_c 为承载力系数，按表 9-7 确定；b 为基础底面宽度（m），大于 6 m 时按 6 m 取值，对于砂土，小于 3 m 时按 3 m 取值；c_k 为基底下短边宽度的深度范围内土的黏聚力标准值（kPa）。

同时，式中的承载力系数与理论公式 $p_{1/4}$ 中的承载力系数 $\frac{1}{2}N_\gamma$、N_q 和 N_c 在理论上一致，规范与理论中的不同点主要是当 $\varphi > 22°$ 时，规范中的 M_b 比 $p_{1/4}$ 中系数 $\frac{1}{2}N_\gamma$ 值有所提高，而且随着 φ 值增大，提高幅度越大。

表 9-7 承载力系数 M_b、M_d 和 M_c

土的内摩擦角标准值 φ_k /（°）	M_b	M_d	M_c	土的内摩擦角标准值 φ_k /（°）	M_b	M_d	M_c
0	0	1.00	3.14	22	0.61	3.44	6.04
2	0.03	1.12	3.32	24	0.80	3.87	6.45
4	0.06	1.25	3.51	26	1.10	4.37	6.90
6	0.10	1.39	3.71	28	1.40	4.93	7.40
8	0.14	1.55	3.93	30	1.90	5.59	7.95
10	0.18	1.73	4.17	32	2.60	6.35	8.55
12	0.23	1.94	4.42	34	3.40	7.21	9.22
14	0.29	2.17	4.69	36	4.20	8.25	9.97
16	0.36	2.43	5.00	38	5.00	9.44	10.80
18	0.43	2.72	5.31	40	5.80	10.84	11.73
20	0.51	3.06	5.66				

注：φ_k 为基础下短边宽度的深度范围内的内摩擦角标准值（°）。

例 9-2：某条形基础，受中心荷载作用，宽度 $b=3m$，基础埋深 $d=1.5m$，已知该场地土层为黏土，重度 $\gamma=18.5kN/m^3$，黏聚力和内摩擦角标准值分别为 $c_k=18kPa$，$\varphi_k=18°$，试按《建筑地基基础设计规范》（GB 50007—2011）计算修正后地基承载力特征值。

解：根据地基土已知条件，可以按地基土抗剪强度指标确定地基承载力特征值。根据内摩擦角标准值查表 9-7 可得 $M_b=0.43$，$M_d=2.72$，$M_c=5.31$，代入式（9-18）可得

$$f_a = M_b\gamma b + M_d\gamma_m d + M_c c_k$$
$$= 0.43\times18.5\times3 + 2.72\times18.5\times1.5 + 5.31\times18$$
$$= 194.9kPa$$

思考与习题

1. 地基破坏形式有哪些，各有什么特征？
2. 对于同一种地基土来说，其破坏形式是否唯一？
3. 临塑荷载的计算公式是否适用于所有基础形式和上部荷载情况？
4. 临塑荷载与临界荷载有何区别？
5. 普朗特-赖斯纳极限承载力计算模型与太沙基模型有何异同？
6. 某条形基础，上部作用中心荷载，宽度 $b=3m$，埋深 1.5m，地下水位在深度 5m 处，地基土为两层；第一层为粉质黏土，厚度为 1.3m，重度 $\gamma_1=18.5kN/m^3$；以下为砂土，重度 $\gamma_2=19.5kN/m^3$，内摩擦角 $\varphi=18°$，试求：

1）地基的临塑荷载 p_{cr} 和临界荷载 $p_{1/4}$。

2）分别用普朗特-赖斯纳和太沙基理论计算地基极限承载力。

7. 某独立基础，底面尺寸为 $l \times b = 4\text{m} \times 3.5\text{m}$，基础埋深 2m，地下水埋深 3.5m，场地土层分布情况如下：第一层为杂填土，$\gamma = 17.5\text{kN/m}^3$，厚度 0.8m；第二层为粉质黏土，$\gamma = 18.5\text{kN/m}^3$，厚度 1.2m；以下是中砂层，$\gamma = 18.5\text{kN/m}^3$，$\gamma_{sat} = 20.5\text{kN/m}^3$，天然地基承载力特征值 $f_{ak} = 160\text{kPa}$，试按《建筑地基基础设计规范》（GB 50007—2011）计算修正后地基承载力特征值。

附录　土工试验原理

本章导读 ☞

　　土工试验是为工程服务的。通过试验可以测定土样的物理性质和力学指标，对测得的数据进行统计，得出进行岩土力学计算的参数，进而编制工程地质勘查报告。理论方法需要试验进行验证才能运用到实践中去，土的物理性质直接决定着它的力学性质，因而本章首先介绍了土的物理性质的试验，包括颗粒级配分析试验、密度试验和界限含水率试验等，通过物理性质的试验，可以定性地分析其力学性质。其次介绍了土的压缩和剪切性质等，学习完成后能够大概掌握土体的力学性质。

　　重点掌握以下几点：

　　（1）颗粒级配试验曲线的作图方法。

　　（2）土样的制作及土体的密度试验。

　　（3）土体的密度测定方法。

　　（4）土的含水率、界限含水率的试验方法。

　　（5）击实试验的最优含水率的测定。

　　（6）土的抗压强度的测定。

　　（7）土的抗剪强度的测定。

　　（8）土的三轴试验的制样及操作。

　　引言：土工试验是对土的工程性质进行测试，并获得土的物理性指标（密度、含水率、土粒相对密度等）和力学性指标（压缩模量、抗剪强度指标等）的试验工作，从而为工程设计和施工提供可靠的参数，它是正确评价工程地质条件不可缺少的前提和依据。

　　土是自然界的产物，其形成过程、物质成分及工程特性是极为复杂的，并且随其受力状态、应力历史、加荷速率和排水条件等的不同而变得更加复杂。所以，在进行各类工程项目设计和施工之前，必须对工程项目所在场地的土体进行土工试验，以充分了解与掌握土的各种物理和力学性质，从而为场地岩土工程地质条件的正确评价提供必要的依据。因此，土工试验是各类工程建设项目中首先必须解决的问题。

从土力学的发展历史及过程来看，从某种意义上也可以说土力学是土的试验力学，如库仑定律、达西定律、普洛特（Practor）压实理论及描述土的应力-应变关系的双曲线模型等，无一不是通过对土的各种试验而建立起来的。因此，土工试验又为土力学理论的发展提供依据，即使在计算机及计算技术高度发达的今天，可以把土的复杂的弹塑性应力-应变关系纳入岩土工程的变形与稳定计算中去，但是对于这些计算模型的建立及模型中参数的确定而言，土的工程性质的正确测定仍然是一个关键问题。所以，土工试验在土力学的发展过程中占有相当重要的地位。

采用原位测试方法对土的工程性质进行测定，较之室内土工试验具有不少优点。原位测试方法可以避免钻孔取土时对土的扰动和取土卸荷时土样回弹等对试验结果的影响，试验结果可以直接反映原位土层的物理状态。某些不易采取原状土样的土层（如深层的砂），只能采用原位测试的方法。但进行原位测试时，其边界条件较为复杂。在计算分析时，有时还需做不少假定方能进行，如十字板剪切试验结果整理中的竖向和水平向抗剪强度相等的假定等。同时，有些指标并不能用原位测试直接测定，如应力路径、时间效应及应变速率等对土的性状的影响。室内土工试验由于能进行各种模拟控制试验及进行全过程和全方位的量测和观察，在某种程度上反而能满足土的计算或研究的要求。因此，室内土工试验又是原位测试代替不了的。

任何试验都有其一定的局限性，土工试验一样也有其局限性。其实，当土样从钻孔中取出时，就已产生两种效应使该土样偏离了实际情况,一是取土、搬运及试验切土时的机械作用扰动了土的结构,降低了土的强度;二是改变了土的应力条件,土样产生回弹膨胀。这两种效应统称为扰动,扰动使试验指标不符合原位土体的工程性状。除此以外,试样的数量也是非常有限的,一层土一般只能取几个或十几个试样,试样总体积与其所代表的土层体积相差悬殊。同时,土还是各向异性的,在垂直方向上与在水平方向上,其性质指标是不相同的。而室内土工试验的应力条件是相对理想和单一化的,如固结试验是在完全侧限条件下进行的,三轴压缩试验的试样是轴对称的,这些试验条件与实际土层的受力条件不尽相符,因此土工试验有一定的局限性。另外,土工试验成果因试验方法和试验技巧熟练程度的不同,也可能会有较大差别,这种差别在某种程度上甚至大于计算方法所引起的误差。

一、物理性质指标试验

(一) 颗粒级配分析试验

1. 常用的试验方法

(1) 筛析法

由实验室提供风干松散的土样,在一套孔径不同的标准筛上,以大者在上、小者在下的顺序排好,加底盘和盖,置于振筛机内加以摇振,则土粒按粒径的大小分别留在各级筛及底盘上。要求同学们称出各级筛及底盘内的土粒质量,算出小于某粒径的土质量百分数。在本课程中主要介绍筛析法。

(2) 甲种密度计法

由实验室提供风干松散的试样,每试验小组 30g,并分别加水 200ml 煮沸 1h。要求同学们按试验操作步骤分别测定出甲种密度计读数、土溶液温度、弯液面校正值、分散剂校正值、相对密度校正值、温度校正值、t_i 时间内土粒沉降距离、粒径计算系数和土粒粒径,算出小于某粒径的土质量百分数。

2. 筛析法试验内容

颗粒级配分析试验的目的:测定土的各种粒径的颗粒质量占土总质量的百分数是为

了了解土的粒径组成情况，以便进行土的分类和土工建筑物选料。

（1）试验仪器

1）粗筛孔径为 60mm、40mm、20mm、10mm、5mm、2mm，细筛孔径为 2mm、1mm、0.5mm、0.25mm、0.1mm、0.075mm，筛盖和筛底盘。

2）振筛机：规范规定振筛机能够在水平方向摇振，垂直方向拍击。摇振次数为 100～200 次/min，拍击次数为 50～70 次/min。

3）电子天平：两台（感量 0.01g，称量 500g；感量 1g，称量 5000g）。

4）其他：烘箱、量筒、漏斗、瓷杯、研钵（附带橡皮头碾杆）、瓷盘、毛刷、匙、木碾和白纸等。

（2）试验步骤

1）将土样先行风干 1～2 天。

2）取具有代表性的试样（粒径小于 2mm 颗粒的土取 100～300g，最大粒径小于 10mm 的土取 300～1000g，最大粒径小于 20mm 的土取 1000～2000g，最大粒径小于 40mm 的土取 2000～4000g，最大粒径小于 60mm 的土取 4000g 以上），放在研钵中把粒团碾散（注意不要把土粒碾碎）。过 2mm 筛，分别称出筛上和筛下的土质量。

3）取 2mm 筛上土样倒入依次叠好的粗筛的最上层筛中，最下面为底盘，手动摇筛；2mm 筛下土样倒入依次叠好的细筛的最上层筛中，最下面为底盘，加好盖放在振筛机上固定后，合上电动振筛机开关，使其摇振 10～15min。

4）将各筛取下，检查筛上土粒中是否有粒团存在，如有，则须加以碾散再过筛。

5）由最大孔径筛开始，将各筛取下，在白纸上用手轻叩摇晃，如有土粒漏下，应继续轻叩摇晃至无土粒漏下，漏下的土粒应全部放入下一级筛内。

6）将留在各筛上的土粒分别倒在白纸上，并用毛刷将筛网中的土粒轻轻刷下，然后分别倒入铝盒中称其质量（底盘中的细粒土应保存好以备密度计法使用），准确至 0.1g。

7）各筛及底盘内的试样质量总和与试样的总质量相差不得大于 1%，称为筛分损失。

（3）试验计算

按下式计算小于某粒径试样的质量占试样总质量的百分数

$$X = \frac{m_A}{m_B} d_x \qquad\qquad （附1）$$

式中，X 为小于某粒径试样的质量占试样总质量的百分数（%）；m_A 为小于某粒径的试样质量（g）；m_B 为当细筛分析时（或用密度计法分析时）所取试样的质量，粗筛分析时则为试样总质量（g）（如有筛分损失，应为留筛总土质量）；d_x 为粒径小于 2mm（或粒径小于 0.075mm）的试样质量占总质量的百分数，如果试样中无大于 2mm 粒径（或无小于 0.075mm 的粒径），在计算粗筛分析时则 $d_x = 100\%$。

用小于某粒径的试样质量占试样总质量的百分数为纵坐标，以粒径（mm）为对数横坐标，绘制颗粒大小分布曲线。若用粗筛、细筛和密度计法联合分析，应将各段曲线接绘成一条光滑曲线。

（4）试验记录（附表 1）

附表 1　试验记录表

| 工程名称： _____ | 试 验 者： _____ | 土样编号： _____ |
| 计 算 者： _____ | 试验日期： _____ | 校 核 者： _____ |

风干土质量 = ____ g；小于 0.075mm 的土占总土质量百分数 = ____%

2mm 筛上土质量 = ____ g；小于 2mm 的土占总土质量百分数 d_x = ____%

2mm 筛下土质量 = ____ g；细筛分析时所取试样质量 = ____ g

筛号	孔径/mm	累积留筛土质量/g	小于该孔径土质量/g	小于该孔径的土质量百分数/%	小于该孔径的总土质量百分数/%
	60				
	40				
	20				
	10				
	5				
	2				
	1.0				
	0.5				
	0.25				
	0.1				
	0.075				
底盘总计					

（5）试验作图（附图 1）

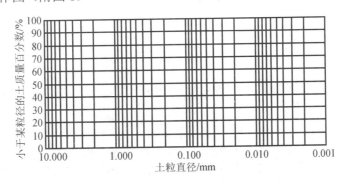

附图 1　试验结果图

（6）有关问题的说明

1）筛析法所需粗筛（圆孔）：孔径为 60mm、40mm、20mm、10mm、5mm、2mm，细筛：孔径为 2mm、1.0mm、0.5mm、0.25mm、0.1mm、0.075mm。

2）从风干松散的土样中，按四分对角法规定取出具有代表性的试样。

3）试验中将留在各筛上的土粒分别倒在白纸上时，要用毛刷将筛网充分刷干净，称质量时要准确，尽量减小筛分损失。

4）按下式计算土的不均匀系数和曲率系数。

不均匀系数

$$C_u = \frac{d_{60}}{d_{10}}$$ （附 2）

曲率系数

$$C_c = \frac{d_{30}^2}{d_{60} \times d_{10}}$$ （附 3）

式中，d_{60} 为限制粒径（mm），即在粒径分布曲线上小于该粒径的土含量占总土质量 60% 的粒径；d_{10} 为有效粒径（mm），即在粒径分布曲线上小于该粒径的土含量占总土质量 10% 的粒径；d_{30} 为在粒径分布曲线上小于该粒径的土含量占总土质量 30% 的粒径（mm）。

3. 思考题

1）什么是颗粒分析？颗粒分析有什么意义？

2）实验室进行颗粒分析的方法有几种？各适用条件是什么？

3）如何做颗粒大小分布曲线？曲线的陡缓程度说明了什么问题？

4）用筛析法进行颗粒分析时，如何保证试验精度？

（二）土的密度试验

1. 试验内容

土体的密度是土体直接测量所得的物理性质指标之一，土体密度大小与土的松紧程度、压缩性和抗剪强度等均有密切联系。土体的密度是计算地基自重应力的重要参数。密度测试还是土体相对密实度等物理指标的测试方法。

（1）定义

单位体积土的质量称为土的密度。

（2）试验目的

测定土的密度的目的是了解土的疏密和干湿状态，以便换算土的其他物理力学指标和进行工程设计。

（3）试验方法

土的密度测试方法有环刀法、蜡封法、灌砂法和灌水法等。

实验室内直接测量的密度为湿密度（对原状土则称为天然密度），用 ρ 表示，其定义式为

$$\rho = \frac{m}{V}$$ （附 4）

试样的湿密度准确到 0.01g/cm^3。工程中常用的不同状态下的土体密度有干密度（ρ_d）、饱和密度（ρ_{sat}）等。

与密度相对应的常用指标——重度 γ 的定义为单位体积土的重力。其定义式为

$$\gamma = \frac{mg}{V} = \rho g$$ （附 5）

式中，γ 为土样重度（kN/m³）；g 为重力加速度，一般取 $9.81\ \text{m/s}^2$。

与不同状态下土的密度对应的不同状态土的重度分别记为干重度 γ_d、饱和重度 γ_{sat}。

测定土的密度方法包括测定试样体积 V 和质量 m。试验时,将土充满给定容积 V 的容器,然后称取该体积土的质量 m;或者反过来,测定一定质量 m 的土所占的体积。前者最常用的有环刀法,后者有蜡封法、灌砂法和灌水法等。对一般黏性土采用环刀法;若土样疏松散落难以切削成有规则的形状,可采用蜡封法等。本试验主要介绍环刀法。

(4)试验仪器

1)环刀:内径 60~80mm,高 20~30mm,壁厚 1.5~2.0mm;常用环刀直径 ϕ =61.8mm,高 20mm,体积约 60cm³。

2)天平:称量 1000g,感量 0.1g。

3)其他:平口切土刀、钢丝锯、凡士林和方形玻璃板等。

(5)试验步骤

1)按工程需要取原状土或制备所需状态的扰动土,土样的直径和高度应大于环刀,用切土刀整平其上下两端,放在垫有橡胶板的桌面上。

2)将环刀内壁涂一薄层凡士林,环刀刃口向下放在土样整平的面上,然后将环刀垂直下压,边压边切削(在整个切土样过程中不能扰动环刀内的土样),至土样伸出环刀。切削去环刀两端余土并修平土面使与环刀口平齐,两端盖上平滑的方形玻璃板,以免水分蒸发(附图2)。

附图2 制作的岩样照片

3)擦净环刀外壁,称环刀加土的质量(m_1),准确至 0.1g。

4)记录环刀加土样的质量(m_1)、环刀号码、环刀质量(m_2)和环刀体积(V)。

(6)试验计算

按下式计算土的密度,并精确到 0.01g/cm³。

$$\rho = \frac{m_1 - m_2}{V} \qquad (\text{附6})$$

$$\rho_d = \frac{\rho}{1 + 0.01w} \qquad (\text{附7})$$

式中,ρ 为土的密度,又称湿密度(g/cm³);V 为环刀体积(cm³);m_1 为环刀加土样的质量（g）；ρ_d 为试样干密度（g/cm³）；m_2 为环刀的质量（g）；w 为试样含水率。

（7）环刀法试验的记录（附表2）

附表2　试验记录表

工程名称：_____　　　　　　　　试验者：_____

工程编号：_____　　　　　　　　计算者：_____

试验日期：_____　　　　　　　　校核者：_____

试样编号	环刀号	湿土质量/g	试样体积/cm³	湿密度/(g/cm³)	试样含水率/%	干密度/(g/cm³)	平均干密度/(g/cm³)

（8）有关问题的说明

1）用环刀切试样时，环刀应垂直均匀下压，边压边切削，防止环刀内土样结构被扰动。

2）夏天室温较高时，为了防止试样中水分蒸发，影响试验结果，应在切取试样后迅速用两块方玻璃板盖住环刀上、下口，待称质量时再取下，称质量要迅速。

3）本试验应进行两次平行测定，其平行差不得大于 0.03g/cm³，取算术平均值作为最后结果。如果其平行差大于 0.03g/cm³，则试验需重做。

2. 思考题

1）什么是土的重度、天然重度、饱和重度和干重度？

2）取土样时怎样准确测定环刀内土的体积？削土刀是否能用力反复刮平土面？

（三）土的含水率试验

1. 试验内容

土体含水率 w 是土的物理性质指标之一。土体含水率高低与黏性土的强度和压缩有密切的关系。测量土体在各种状态下的含水率是计算和测量其他物理状态指标的最基本试验。

（1）定义

土的含水率是土试样在温度 105～110℃下烘至恒重时所失去的水分质量与达到恒重后干土质量的比值，以百分数表示。

（2）试验目的

测量土的含水率，以了解土的含水情况，供计算土的孔隙比 e、液性指数 I_L、饱和度 S_r 等，与其他物理力学性质指标一样，是土不可缺少的一个基本指标。

（3）试验方法

烘干法（适用于砾质土）、酒精燃烧法、相对密度法（适用于砂性土）和实容积法（适用于黏性土）等。本试验采用烘干法，此法为室内试验的标准方法。

（4）试验仪器

1）恒温烘箱：保持温度在 105～110℃的自动控制的电热恒温烘箱，还可采用沸水烘箱和远红外线烘箱，其控制温度的精度高于±20℃。

2）分析天平：称量 200g，感量 0.01g。

3）其他：盛土铝盒（每个盛土铝盒的质量都已称量，并列表备查）、干燥器（通常用附有氯化钙或硅胶等干燥剂的玻璃干燥缸）和温度计等。

（5）试验步骤

1）从原状土样或假想原状土样中，选取具有代表性的试样 15～30g（砂土或不均匀的土，应不少于 50g），放入盛土铝盒中立即盖紧（注意盒盖与盒号码一致），称量铝盒加湿土质量（m_1），准确至 0.01g，并记录铝盒号码和铝盒质量（m_3）。

2）打开铝盒盖，将盖子套在铝盒底面，一起送入烘箱中，在105～110℃恒温下烘至恒重（烘烤时间：电烘箱为 8h，远红外线烘箱为 6h），然后取出铝盒，将盒盖好放入干燥器内冷却至室温。

3）从干燥器内取出铝盒，称铝盒加烘干土的质量（m_2），准确至 0.01g，并将此质量记入表格内。

4）本试验须进行两次平行测定，允许平行差值见附表3。

附表3　允许平行差值

含水率/%	允许平行差值/%
<10	0.5
10～40	1.0
>40	2.0

（6）试验计算

按下式计算含水率，准确至 0.1%。

$$w = \frac{m_1 - m_2}{m_2 - m_3} \times 100\% \tag{附8}$$

式中，$m_1 - m_2$ 为试样中所含水的质量；$m_2 - m_3$ 为试样土颗粒的质量。

注意：如用恒重铝盒盛土，可在称重时，在砝码盘内放入空盒，则所称质量为湿土或干土质量。

（7）含水率试验记录（附表4）

附表4　含水率试验记录

工程名称：＿＿＿＿　试验者：＿＿＿＿

工程编号：＿＿＿＿　计算者：＿＿＿＿

试验日期：＿＿＿＿　校核者：＿＿＿＿

试样编号	盒号	盒质量/g	盒加湿土质量/g	盒加干土质量/g	湿土质量/g	干土质量/g	含水率/%	平均含水率/%

（8）有关问题的说明

1）含水率试验用的土应在打开土样包装后立即使用，以免水分蒸发影响其结果。本试验与密度试验同时进行，在用环刀切取试样的同时，将环刀上下面中央部分切下的土样装入盛土铝盒中，盖好盒盖待称质量。

2）本试验应取两个试样平行测定含水率，取其算术平均值作为最后结果。但两次试验的结果平行差不得超过附表3中允许的平行差值。

3）烘土铝盒中的湿试样质量称取以后由实验室负责烘干，同学们与实验室预约时间并按时来实验室称干试样的质量。

4）试验记录包括土样描述、试验过程说明和记录表格三个主要组成部分。试样描述内容有土样颜色、土样初步定名、土质均匀性及是否含有机质等。试验过程说明通常有取样位置、试验方法和试验条件（烘干法试验的温度、时间和试验设备等）。在填写含水率试验记录时，原始记录要求用黑色钢笔填写，特别注意严禁随意涂改试验记录，若书写错误，可用细线删去错误数字（要能清楚看出错误数字），把正确数字写在旁边，试验人员要签章。

2. 思考题

1）土的含水率的测定方法有几种？各自适用条件是什么？

2）如何使用烘箱和干燥器？该试验的温度应控制在什么范围？

3）取样铝盒为什么要上下都编号？

4）土样烘干后能否立即称重？为什么？

（四）界限含水率试验

1. 试验要求

1）由实验室提供经浸润调拌后的土样，要求学生测定该土的液限和塑限。

2）根据试验资料确定该土的类别（定名）和天然稠度状态，并根据规范查出该土的承载力基本值。

3）根据《土工试验方法标准（2007 版）》（GB/T 50123—1999）、《土工试验规程》（SL 237—1999）、《公路土工试验规程》（JTG E40—2007）的规定，液限和塑限试验应采用光电式液塑限联合测定仪或碟式液限仪测定，本试验介绍液、塑限联合测定法。

2. 液、塑限联合测定

（1）定义

液限是黏性土的可塑状态与流动状态的界限含水率。塑限是指黏性土可塑状态与半固体状态的界限含水率。

（2）试验目的

测定土的液限含水率 W_L 和塑限含水率 W_P，据此计算出塑性指数 I_P 和液性指数 I_L，根据塑性指数 I_P 和液性指数 I_L 对黏性土进行分类并确定土的软硬状态。

（3）试验原理

在电磁式平衡圆锥仪上加一能精确测量圆锥入土深度的显示装置，并利用电磁吸力代替手工提放圆锥（圆锥仪的质量和锥角不变），然后仿照液限试验方法可以测出同一种土样在不同含水率时的锥体沉入深度。同时，仍用搓条法测定塑限。

通过大量的试验数据分析，发现含水率与沉入深度在双对数坐标上具有良好的直线关系（附图3），而且用搓条法得到的塑限基本上落在这条直线相当于圆锥沉入深度2mm的附近。这就是联合测定法的理论基础。

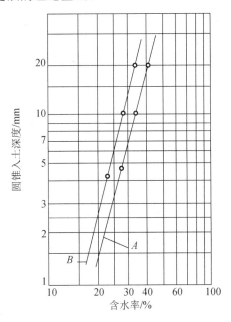

附图3　圆锥下沉深度与含水率关系图

（4）试验方法

仪器采用电磁式平衡圆锥仪（简称圆锥仪），其他仪器设备和土样制备方法均与常规液限试验相同。试验时将试样调成三种不同含水率，分别装入试杯内，用圆锥仪测得三个不同锥体沉入深度。为了提高试验精度，上述三个不同深度最好控制在5～15mm，其间隔以3～5mm为宜。将测定的三个含水率及相应的三个深度点绘在双对数坐标纸上，连三点绘一直线。当三点不在一直线上时，通过高含水率的点与其余两点连成两条直线，在下沉深度为2mm处查得相应的两个含水率。当两个含水率的差值小于2%时，应将该两点含水率平均值对应的点与高含水率的点连一直线；当两个含水率的差值大于或等于2%时，应重做试验。在直线上取沉入深度为17mm和2mm的两点，此两点对应的含水率即分别为液限含水率（w_L）和塑限含水率（w_P）。

（5）试验仪器

1）光电式液塑限联合测定仪见附图4。

（a）光电式液塑限联合测定仪实物图

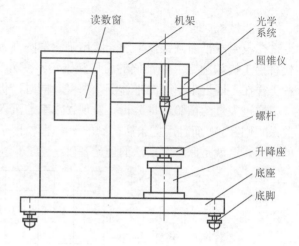

（b）光电式液塑限联合测定仪结构图

附图 4　光电式液塑限联合测定仪

2）其他仪器：天平、烘箱、干燥器、铝盒、调土刀和标准筛等。

（6）试验步骤

1）液、塑限联合测定试验，原则上采用天然含水率的土样制备试样，但也允许用风干土制备试样。当采用天然含水率的土样时，应剔除大于 0.5mm 的颗粒，然后分别按接近液限、塑限和二者的中间状态制备不同稠度的土膏，静置湿润。静置时间可视原含水率的大小而定。当采用风干土样时，取过 0.5mm 筛的代表性土样约 200g，分成三份分别放入三个盛土皿中，加入不同质量的蒸馏水，使其分别达到以上所述的含水率，调成均匀土膏，然后放入密封的保湿缸中，静置 24h。

2）在圆锥仪锥体上涂一薄层凡士林，接通电源，使电磁铁吸稳圆锥仪，数显屏幕归零。

3）将制备好的土膏用调土刀充分调拌均匀，密实地填入试样杯中，应使空气逸出。高出试样杯的余土用刮土刀刮平，随即将试样杯放在仪器底座上。

4）调节升降座，使圆锥仪锥尖接触试样面，指示灯亮时，按放锥按钮，圆锥在自重下沉入试样内，经 5s 后立即测读圆锥下沉深度。然后取出试样杯，取 10g 以上的试样两个，测定含水率。

5）按前面的规定，测试其余两个试样的圆锥下沉深度和含水率。

6）用式（附9）计算界限含水率，准确至 0.1%。

$$\frac{w_L}{w_P} = \frac{m_1 - m_2}{m_2 - m_3} \times 100\% \qquad （附 9）$$

式中，$m_1 - m_2$ 为试样中所含水的质量；$m_2 - m_3$ 为试样土颗粒的质量。

（7）试验记录（附表5）

记录要求平行差 $|w_1 - w_2| < 2\%$，其中 w_1、w_2 为两次测定的含水率。

附表 5 液、塑限联合试验记录表

工程名称：_____　　　　　　　　试　验　者：_____
试验方法：_____　　　　　　　　计　算　者：_____
试验日期：_____　　　　　　　　校　核　者：_____

试样编号	圆锥下沉深度	盒号	湿土质量/g	干土质量/g	含水率/%	液限	塑限

（8）数据处理及制图（附图 5）

1）在双对数坐标纸上，以含水率 w 为横坐标，锥体沉入深度 h 为纵坐标，描出 a、b、c 三点。若三点不在一直线上，则通过 a 点与 b、c 两点连成两直线，根据其与 $h=2\text{mm}$ 水平线的两个交点 A、B，找出两个含水率 w_1、w_2。当 $|w_1 - w_2| < 2\%$ 时，符合要求，将两直线交点 A、B 的中点 H 与 a 点的连线作为所求直线。

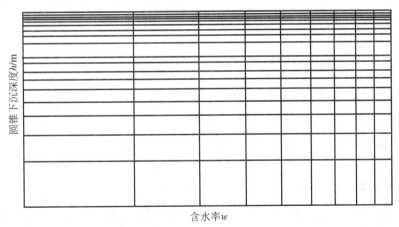

附图 5 圆锥下沉深度 h 与含水率 w 的关系

2）当锥体质量为 76g 时，查 h-w 图，取锥体入土深度 $h=17\text{mm}$ 水平线与所求直线交点对应的含水率作为液限 w_L，H 点对应的含水率作为塑限 w_P。

3）当锥体质量为 100g 时，查 h-w 图，取锥体入土深度 $h=20\text{mm}$ 水平线与所求直线交点对应的含水率作为液限 w_L。

对于砂性土，按多项式求取 $h_P = 29.6 - 1.22 w_L + 0.017(w_L)^2 - 0.0000744(w_L)^3$；对于细粒土，按双曲线公式求取 $h_P = w_L/(0.524 w_L - 7.606)$。

查 $h\text{-}w$ 图，取塑限入土深度 h_p 对应的含水率为塑限。

4）计算塑性指数 I_P。

试验结果：w_L =＿＿＿、w_P =＿＿＿、I_P =＿＿＿，该土可定名为＿＿＿。

（9）有关问题的说明

1）搓条法测塑限需要一定的操作经验，特别是塑性低的土，更难搓成。同学们初次操作必须耐心地反复实践，才能达到试验标准。

2）搓条规定只能用手掌全面加轻微均压搓滚，同时土条长度超出手掌的部分应切除。搓条时土条应粗细均匀。

3）每人做两次（每次一个盛土铝盒）进行平行测定，取算术平均值，以整数（%）表示。

4）试样烘干工作由实验室代做。

5）在制备好的试样中加蒸馏水时，不能一次加太多，特别是初次试验者。

6）试验前应先校验圆锥仪的平衡性能，即圆锥体的中心轴必须是竖直的，沉放圆锥仪时，两手指应自然放开，放锥时要平稳，避免冲击。

7）每人取两次试样进行平行测定，取其平均值，以整数（%）表示。其平均值不能大于附表 3 的规定。

3. 思考题

1）什么是土的界限含水率？土有几种界限含水率？其物理意义是什么？

2）用光电式液塑限联合测定仪法测定土的液限时，如何将土调拌均匀？试样杯中土样的装入过程有什么要求？

3）用搓条法测定土的塑限时，为什么不能无压滚动？

4）能否用电吹风的热风将土中含水率降低？

5）该试验为什么要取两个以上的平行样？

二、击实试验

1. 试验要求

1）由实验室提供土粒直径小于 5mm 的土样，要求同学们根据此土样的含水率和试样预定含水率计算加水量，试样加水拌和后立即进行试验。

2）击实是用锤击使土颗粒相互靠近，从而使土密度增加的一种方法。在击实作用下，土的密度随含水率而变化，当在一定的击实能作用下，能使土达到最大密度的含水率称为最优含水率，其相应的干密度称为最优干密度。

2. 试验内容

（1）试验目的

采用标准击实方法，测定土的密度和含水率的关系，从而确定土的最大密度与相应的最优含水率。

（2）试验方法

试验方法包括手动标准击实法、电动标准击实法和电动重型击实法。

（3）试验仪器

1）标准击实仪，见附图6。

2）天平：两台（称量200g，感量0.01g；称量2kg，感量1g）。

3）台称：称量10kg，感量5g。

4）筛：孔径5mm。

5）其他仪器：烘箱、喷水设备、碾土器、盛土器、推土器、击锤、导管、修土刀和保温设备等。

附图6　轻型和重型标准击实仪

（4）试验步骤

1）将具有代表性的风干土样，或在低于 60℃条件烘干的土样，又或天然含水率低于塑限且可以碾散过筛的土样，放在橡皮板上用木碾碾散，过 5mm 筛后备用，土样量不少于 2kg。

2）测定土样风干含水率。按土的塑限估计其最优含水率，并用依次相差约2%的含水率击实筒制备一组试样（不少于 5 个），其中有两个大于最优含水率，两个小于最优含水率，需加水量可按下式计算：

$$m_w = \frac{m_{w_0}}{1 + 0.01 w_0} \times 0.01 (w - w_0)$$ （附10）

式中，m_w 为所需加水的质量（g）；m_{w_0} 为风干含水率时土样的质量（g）；w_0 为土样的风干含水率（%）；w 为要求达到的含水率（%）。

3）按预定含水率制备试样。取土样约2.5kg，平铺于不吸水的平板上，用喷水设备往土样上均匀喷洒预定的水量，充分拌和后装入塑料袋内或密闭容器内静置备用（学生进行试验时可取用实验室已准备好的湿润土样，并根据此土样的含水率和试样预定含水率计算加水量,试样加水拌和后立即进行试验,各个预定含水率及土样原有含水率由实验室给出)。

4)手工击实时,将击实仪放在坚实的地面上,击实筒底和筒内壁须涂少许润滑油,取制备好的土样 600～800g(其量应使击实后试样高于筒的 1/3)倒入筒内,整平其表面,然后按 27 次击数进行击实。击锤应自由铅垂下落,锤迹必须均匀分布于土面上。机械击实时,则将定数器拨到所需的击数处,按动电钮进行击实。

5)当按规定击数击实第一层后,安装套环,把土面刨毛,重复步骤 4),进行第二层及第三层击实。击实后超出击实筒的余土高度不得大于 6mm。

6)用削土刀小心沿护筒内壁与土的接触面划开,转动并取下护筒(注意勿将击实筒内土样带出),齐筒顶细心削平试样,拆除底板。如果试样底面超出筒外,也应削平。擦净筒外壁,称量,准确至 1g。

7)用推土器从击实筒内推出试样,从试样中心处取两个 15～30g 的土样测定其含水率,计算精确至 0.1%,其平行误差不得超过 1%。

8)按步骤 4)～步骤 7),对其他不同含水率的试样进行试验。

(5)试验计算

按下式计算击实后各点的干密度:

$$\rho_d = \frac{\rho}{1 + 0.01w} \qquad (附11)$$

式中,ρ_d 为干密度(g/cm³);ρ 为湿密度(g/cm³);w 为含水率(%)。

以干密度为纵坐标,含水率为横坐标,绘制干密度与含水率的关系曲线。曲线上峰值点的纵、横坐标分别表示土的最大干密度和最优含水率,见附图 7,如果曲线不能给出峰值点,应进行补点试验。

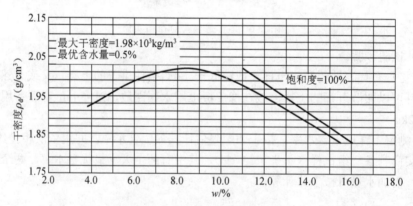

附图 7 ρ_d-w 关系曲线示意图

按下式计算试样完全饱和时的含水率:

$$w_{sat} = \left(\frac{\rho_{sw}}{\rho_d} - \frac{1}{G_s} \right) \times 100\% \qquad (附12)$$

式中,w_{sat} 为饱和状态含水率(%);ρ_{sw} 为温度 4℃时水的密度(g/cm³);ρ_d 为试样的

干密度（g/cm³）；G_s 为土粒相对密度。

计算数个干密度下土的饱和状态含水率，以干密度为纵坐标，含水率为横坐标，绘制饱和曲线，见附图 7。

（6）试验记录表（附表 6）

附表 6　击实试验记录表

工程名称 _____　土样编号 _____　土样说明 _____　试验者 _____　计算者 _____　校核者 _____

试验仪器：___标准击实仪___　土样类别：_____　每层击数：_____
估计最优含水率：_____　风干含水率：_____　土粒相对密度：_____

试验序号	干密度					含水率						
	筒+土质量/g	筒质量/g	湿土质量/g	密度/(g/cm³)	干密度/(g/cm³)	盒号	盒+湿土质量/g	盒+干土质量/g	盒质量/g	湿土质量/g	干土质量/g	含水量/g	平均含水率/%
	(1)	(2)	(3)	(4)	(5)		(6)	(7)	(8)	(9)	(10)	(11)	(12)
			(1)-(2)	$\frac{(3)}{1000}$	$\frac{(4)}{1+0.01(2)}$					(6)-(8)	(7)-(8)		
1													
2													
3													
4													
5													
6													
7													

最大干密度_____　　最优含水率_____　　饱和度_____
大于 5mm 颗粒含量_____%　校正后最大干密度_____g/cm³　校正后最优含水率_____%

（7）有关问题的说明

1）当粒径大于 5mm 的颗粒含量小于 30%时，按下式近似计算校正后的最大干密度和最优含水率。

最大干密度（计算精确至 0.01g/cm³）：

$$\rho'_{d,max}=\frac{1}{\dfrac{1-P}{\rho_{d,max}}+\dfrac{P}{G_{B2}\rho_w}}\qquad（附13）$$

式中：$\rho'_{d,max}$ 为校正后的最大干密度（g/cm³）；$\rho_{d,max}$ 为粒径小于 5mm 试样的最大干密度（g/cm³）；ρ_w 为水的密度（g/cm³）；P 为粒径大于 5mm 的含量（质量百分数，用小数表示）；G_{B2} 为粒径大于 5mm 的颗粒的干重比例。

最优含水率（计算精确至 0.1%）：

$$w'_{op}=w_{op}(1-P)+Pw_2\qquad（附14）$$

式中，w'_{op} 为校正后的最优含水率（%）；w_{op} 为粒径小于 5mm 试样的最优含水率（%）；P 为粒径大于 5mm 的含量（质量百分数，用小数表示）；w_2 为粒径大于 5mm 颗粒的饱和面干状态下的含水率（%）。

2）用击实试验来模拟土的现场压实，是一种半经验性的方法。在工程实际中，常通过现场填筑试验来校核土的干重度与含水率的关系，特别对于高坝，更应进行大规模的现场填筑试验。

3）土样制备方法不同，所得击实试验成果也不同。用天然土样、风干土样与烘干土样配水进行击实比较试验证明，最大干密度以烘干土最大，风干土次之，天然土最小；最佳含水率以烘干土为最低。这种现象在黏土中表现得最明显，黏粒含量越多，烘干对最大干密度值的影响也越大，故黏土一般不宜用烘干法备样。为了加快试验进度，《土工试验规程》（SL 237—1999）中提出低温（低于60℃）烘土的办法。

4）土样一般应避免重复使用，因为重复用土能使土粒破坏，级配改变，引起干密度的明显增大，对其他力学性指标也有影响，且与实际施工情况不符。

3. 思考题

1）影响土的击实性的因素有哪些？

2）最优含水率的定义是什么？如何确定？

3）粗粒土是否存在最优含水率？如何获得粗粒土的最佳击实效果？

4）简述击实试验的工程意义。

三、压缩试验

1. 试验要求

1）土的固结是土体在荷载作用下产生变形的过程。由饱和黏性土的固结试验可得到在某一压力下变形与时间的关系曲线，从而估算土的固结系数和渗透系数。

2）固结试验通常只用于黏性土，由于砂土的固结性较小，且压缩过程需时也很短，因此一般不在实验室里进行砂土的固结试验。固结试验可根据工程要求用原状土或制备成所需要状态的扰动土，可采用常速法或快速法。本试验主要采用非饱和的扰动土样，并按常速法步骤进行，但为了能在试验课的规定时间内完成试验，所以要缩短加荷间隔时间（具体时间间隔由实验室决定）。

3）由实验室提供土样一块，要求学生在单向固结仪中测定土的固结性，绘制该土的 e-p 曲线。求出 a_{1-2} 和 E_{s1-2}，判断该土样的压缩性。仔细观察土的变形与时间关系这一重要特性（可以绘制出每一级荷载作用下的 a-t 曲线）。

2. 试验内容

（1）试验目的

测定试样在侧限与轴向排水条件下的变形和压力或孔隙比和压力的关系、变形和时间的关系，以便计算土的压缩系数 a、压缩指数 C_c、回弹指数 C_{ei}、压缩模量 E_s、固结系数 C_v 及原状土的先期固结压力 P_c 等。测定项目视工程需要而定。本书适用于饱和的黏质土，当只进行固结试验时，允许用于非饱和土。

（2）试验方法

试验方法包括标准固结试验法和快速固结试验法。本试验采用快速固结试验法。

（3）试验仪器

1）固结仪：三联固结仪（附图 8）。

2）百分表：量程 10mm，分度值 0.01mm（附图 9）。

3）密度试验和含水率试验所需要的仪器：秒表和仪器变形量校正表等。

附图 8　三联固结仪　　　　　　　　　　附图 9　百分表

（4）试验步骤

1）根据工程需要，切取原状土样或由实验室提供制备好的扰动土样一块。

2）用固结环刀（内径 61.8mm 或 79.8mm，高 20mm）按密度试验方法切取试样，并取剩余土样做含水率试验。若为原状土样，切土的方向与自然地层中的上下方向一致。然后称环刀和试样的总质量，扣除环刀质量后即得湿试样质量，计算出土的密度 ρ。

3）切取试样后，剩余土体的含水率 w 的测定，平行测定，取算术平均值。

4）在固结仪容器底座内，顺次放上较大的、洁净而湿润的透水石和滤纸各一，将切取的试样连同环刀一起（环刀刀口向下）放在透水石和滤纸上，再在试样上按图依次放上护环及与试样面积相同的、洁净而湿润的透水石和滤纸各一，加上传压板和钢珠。安装好后待用。

5）检查加压设备是否灵敏，将手轮顺时针方向旋转，使升降杆上升至顶点，再逆时针方向旋转 3～5 转。转动杠杆上的平衡锤使杠杆上的水准器对中（杠杆趋于水平）。此项工作由实验室事先做好。试验中发现杠杆倾斜，应转动（逆时针方向）手轮调平。

6）将装好试样的固结仪容器放在加压台的正中，使传压板的凹部上的钢球与加压横梁上的小孔密合。然后装上百分表，并调节其量程不小于 8mm，检查百分表是否灵活和垂直。

7）在挂钩上加一预压砝码（1kPa），使固结仪内各部分接触妥帖，此后调整百分表的读数至零或某一整数，记下百分表的初始读数即可进行试验（本试验采用直径 61.8mm 的环刀，底面积为 30cm²）。

8）确定需要施加的各级压力，加压等级一般为 12.5kPa、25.0kPa、50.0kPa、100kPa、200kPa、400kPa、800kPa、1600kPa、3200kPa，最后一级的压力应大于上覆土层的计算压力 100～200kPa。本试验以 50kPa 作为一级荷载。轻轻施加第一级荷载 50kPa（其中吊盘质量为 0.3125kg，再加质量分别为 0.3125kg 和 0.625kg 的两个砝码），并开始计时。加砝码时动作要轻，避免冲击和摇晃。

9）按下列时间测记百分表读数：0.10min、0.25min、1.00min、2.25min、4.00min、6.25min、9.00min、12.25min、16.00min、20.25min、25.00min、30.25min、36.00min、42.25min、49.00min、64.00min、100.00min、200.00min 和 400.00min 及 23h、24h 直至稳定沉降。稳定沉降的标准：固结 24h（指黏土），百分表读数的变化每小时不超过 0.005mm（因时间关系，可按教师指定的时间读数，读数精确到 0.01mm）。

10）在加荷过程中，应不断观察杠杆上的水准器水泡，并逆时针方向旋转手轮使水泡对中（保持杠杆平衡）。严禁顺时针方向转动手轮，以防产生间隙振动土样。

11）记下第一级荷载下固结稳定后的读数后，用同样的方法施加第二、三、四级荷载（分别为 100kPa、200kPa、400kPa），记录各级荷载下试样变形稳定的百分表读数（R_1、R_2、R_3、R_4、R_5）。

12）试验结束后，必须先移开百分表，然后卸掉砝码，升起加压框架，移出固结仪容器，取出试样并测定其质量和含水率，最后将仪器擦干净。

（5）试验计算

1）按下式计算试验前孔隙比：

$$e_0 = \frac{G_s \rho_w (1+w)}{\rho} - 1 \qquad \text{（附 15）}$$

式中，G_s 为土粒相对密度；ρ_w 为水的密度，一般取 1g/cm³；w 为试验开始时试样的含水率；ρ 为试验开始时试样的密度（g/cm³）。

2）计算试样在任一级压力 P（kPa）作用下变形稳定后的试样总变形量：

$$\Delta h_i = R_0 - R_i - S_{ie} \qquad \text{（附 16）}$$

式中，R_0 为试验前百分表初读数（mm）；R_i 为试样在任一级压力 P_i（kPa）作用下变形稳定后的百分表读数（mm）；S_{ie} 为各级荷载下仪器变形量（mm）（由实验室提供资料）。

3）按下式计算各级压力下试样变形稳定时的孔隙比：

$$e_i = e_0 - \frac{\Delta h_i}{h_0}(1+e_0) \qquad \text{（附 17）}$$

式中，e_0 为试验前试样孔隙比；Δh_i 为某一级压力下试样变形稳定时的试样总变形量（mm）；h_0 为试样原始高度（环刀高）。

4）以 p 为横坐标，e 为纵坐标，绘制固结曲线（e-P 曲线）。

5）计算压缩系数（a_{1-2}）：$a_{1-2} = \dfrac{e_1 - e_2}{p_2 - p_1} = $ _____（MPa^{-1}），该土为 _____ 压缩性土。

（6）数据处理与制图

1）天然密度试验记录（附表7）（平行差$|\rho_1 - \rho_2| < 0.03$ g/cm^3）。

附表7　天然密度试验记录表

	环刀质量/g	环刀+土质量/g	土质量/g	环刀容积/cm^3	密度/（g/cm^3）	平均密度/（g/cm^3）
密度						

2）天然含水率试验记录（附表8）（平行差$|w_1 - w_2| < 2\%$）。

附表8　天然含水率试验记录表

	盒号	盒质量/g	盒+湿土质量/g	盒+干土质量/g	含水率/%	平均含水率 w/%
含水率						

3）固结试验记录（土粒相对密度由实验室提供，见附表9）。

附表9　固结试验记录表（快速法）

土样编号：_____　　密　度：_____　　班　组：_____
说明土样：_____　　含水率：_____　　姓　名：_____
初始孔隙比：_____　土粒相对密度：_____　试验日期：_____

各级加荷或时间	各级荷重下测微表读数/mm				
	50kPa	100kPa	200kPa	300kPa	400kPa
0					
15s					
1min					
5min					
9min					
10min					
16min					
总变形量ΔH_1/mm					
仪器变形量ΔH_2/mm					
试样变形量ΔH/mm					
试样变形后高度 H/mm					
各级荷载下孔隙比 e					

4）制图：$e\text{-}p$ 曲线见附图10。

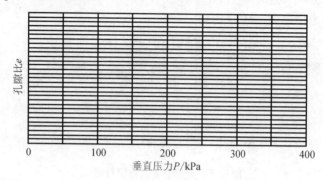

附图10　$e\text{-}p$ 曲线图

（7）有关问题的说明

1）试样的土粒相对密度由实验室测定后提供，仪器本身的变形量，环刀的质量、面积和高度均可在实验室资料表中查取。

2）试验前可参照图练习百分表的读数方法，防止因读数错误而无法获得结果。

3）每人做一个试样，独立完成试验报告，不得抄袭，可以相互校核。

4）含水率测定的烘干工作由实验室代做，24h 以后来实验室称取质量。

3. 思考题

1）固结试验按照稳定条件分为几种？如何保证快速压缩试验的准确性？

2）在调试仪器时，如何保证仪器调平？

3）总变形量包括几部分？如何测定？如何用百分表进行测量？

四、直接剪切试验

1. 试验要求

直接剪切试验：它是测定土的抗剪强度常用方法。通常采用四个试样，在直接剪切仪上，分别在不同的垂直压力 p 下，施加水平剪切力，试样在规定的受剪面上进行剪切，求得土样破坏时的剪应力 τ_f，然后绘制剪应力 τ_f 和垂直压力 p 的关系曲线，即抗剪强度曲线。直接剪切仪又分为应变控制式和应力控制式。

2. 试验内容

（1）试验目的

以库仑公式为基础，通过直剪试验测定土的抗剪强度指标（内摩擦角 φ 和黏聚力 c）。

（2）试验方法

试验方法包括快剪、慢剪和固结快剪。本试验采用快剪法。

（3）试验仪器

采用应变控制式直接剪切仪（附图11）、百分表（量程 10mm，精度 0.01mm）、秒表和切试样的用具等。应变控制式直接剪切仪的主要特点：剪切力（水平力）是通过转动手轮，使轴向前移动而推动底座施加给下剪切盒的水平推力，剪切力的数值可用量力环测出（量力环是一个钢环，事先已知每单位变形时所受的力，故在试验时用百分表测得量力环径向变形数值即可算出所受的应力值）。本仪器对黏性土和砂土均适用。

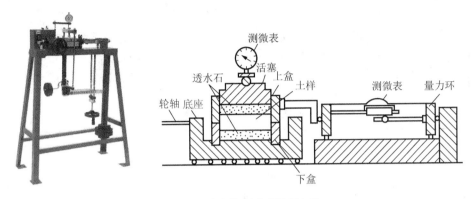

附图 11　应变控制式直接剪切仪

（4）试验步骤

1）根据工程需要，从原状土或制备成所需状态的扰动土中用环刀切四个试样，如是原状土样，切试样方向与土在天然地层中的上下方向应一致。

2）对准上、下剪切盒，插入固定销钉，在下盒内放洁净透水石一块及橡皮垫一张。

3）将盛有试样的环刀平口向下，刀口向上，对准剪切盒的上盒口，在试样上面放橡皮垫及透水石各一，然后将试样用透水石慢慢压入盒底，并依次加上传压活塞、钢球及加压框架（暂勿加砝码）。

4）在量力环上安装百分表。百分表的测杆应平行于量力环受力的直径方向。顺时针方向慢慢转动手轮，在上剪切盒支腿与量力环钢球恰好接触时（量力环中百分表指针刚开始走动时）立即停转手轮。然后调整百分表使其指针在某一整数（长针指零，并作为起始读数）。

5）在试样上施加垂直荷载。本试验取四个试样，分别加不同的垂直压力 100kPa、200kPa、300kPa 及 400kPa，加荷时依次轻轻加上。按第一个试样上应加的垂直压力（100kPa）计算出应加荷载，扣除加压设备本身质量，即得应加砝码数（试样面积及加压设备质量可由实验室提供）。

6）拔出固定销钉，开动秒表，以 0.8～1.2mm/min 的速率剪切（每分钟 4～6 转的均匀速度旋转手轮）。使试样在 3～5min 内剪损。当量力环中百分表指针不再前进，或有显著后退，又或剪切变形量达到 4mm 时，认为试样已经剪损，记录百分表指针最大读数（代表峰值抗剪强度），用 0.01mm 作单位，估读至 0.005mm（百分表上大度盘的一格作单位，估读至半格）。

7）逆时针转手轮，卸除垂直荷载和加压设备，取出已剪损的试样，擦净剪切盒，

装入第二个试样。对第二、三、四个试样分别施加 200kPa、300kPa、400kPa 的垂直压
力后，按同样步骤进行试验。

（5）数据记录及制图

1）数据处理。

$$\tau_f = CR_f$$

式中，τ_f 为相应于某一垂直压力下的抗剪强度（kPa）；C 为量力环校正系数（kPa/0.01mm），
从仪器上抄写；R_f 为土样破坏时量力环中百分表最大读数（0.01mm）。

2）记录及制图（附表 10 和附图 12）

附表 10　直接剪切试验

试样编号：_____　　　　　　固结时间：_____h

仪器编号：_____　　　　　　压缩量：_____mm

手轮转速：_____r/min　　　　剪切历时：_____min

垂直压力：_____kPa　　　　量力环校正系数：_____kPa/0.01mm

抗剪强度：_____kPa

手轮转数 n	量力环百分表读数 R/0.01mm	剪切位移 $\Delta L=20n-R$ /0.01mm	抗剪强度 $\tau = CR$ /kPa	手轮转数 n	量力环百分表读数 R/0.01mm	剪切位移 $\Delta L=20n-R$ /0.01mm	抗剪强度 $\tau = CR$ /kPa

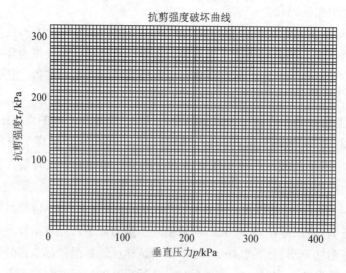

附图 12　剪切强度图

（6）有关问题的说明

1）开始剪切之前必须先拔去插销，否则，销钉被剪坏，量力环变形过大受损，仪

器即损坏。

2）加砝码时，应将砝码上的缺口彼此错开，防止砝码倒下压伤脚。

3）如时间允许，同学们可在四个试样中选定一个试样，在剪切过程中，手轮每转一圈测记百分表读数一次，直至剪损。由手轮转数和百分表读数计算出手轮每转一圈时的剪应力和剪切变形，绘制剪应力与剪切变形关系曲线。

3. 思考题

1）抗剪强度如何测定？直接剪切试验按排水条件如何分类？

2）终止试验的标准是什么？

3）砂类土和黏性土的剪切过程有什么不同？c、φ值有何差异？

五、三轴试验

1. 试验内容

（1）试验目的

三轴剪切试验是测定土的抗剪强度的一种方法。通常用3～4个圆柱形试样，分别在不同的恒定围压（小主应力σ_3）下，施加轴向压力［产生主应力差（$\sigma_1-\sigma_3$）］，进行剪切直至破坏；然后根据莫尔-库仑理论，求得抗剪强度参数。

（2）试验方法

试验方法包括不固结不排水剪法、固结不排水剪法和固结排水剪法。本试验采用不固结不排水剪法。

（3）试验仪器

1）试验采用应变控制式三轴仪（附图13）。

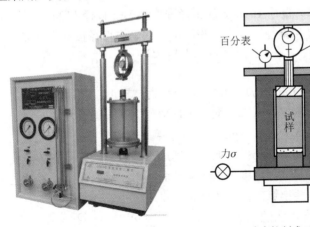

（a）应变控制式三轴仪实物图　　（b）应变控制式三轴仪结构图

附图13　应变控制式三轴仪

2）附属设备：击实筒、饱和器、切土盘、切土器和切土架、分样器、承膜筒及制备砂样的圆膜。

3）天平：称量 200g，分度值 0.01g；称量 1000g，分度值 0.1g；称量 5000g，分度值 1g。

4）量表：量程 30mm，分度值 0.01mm。

5）橡胶膜：对直径 39.1mm 和 61.8mm 的试样，橡胶膜厚度以 0.1～0.2mm 为宜；对直径 101mm 的试样，橡胶膜厚度以 0.2～0.3mm 为宜。

（4）试验步骤

1）试样制备：试样尺寸应符合下列要求。

试样高度 H 与直径 D 之比（H/D）应为 2.0～2.5，对于有裂隙、软弱面或构造面的试样，直径 D 宜采用 101mm。

2）原状土试样制备。

对于较软的土样，先用钢丝锯或削土刀切取一稍大于规定尺寸的土柱，放在切土盘的上、下圆盘之间。再用钢丝锯或削土刀紧靠侧板，由上往下细心切削，边切削边转动圆盘，直至土样的直径被削成规定的直径。然后按试样高度的要求，削平上下两端。对于直径为 101mm 的软黏土土样，可先用分样器分成三个土柱，再按上述方法，切削成直径为 39.1mm 的试样。

对于较硬的土样，先用削土刀或钢丝锯切取一稍大于规定尺寸的土柱，上、下两端削平，按试样要求的层次方向，放在切土架上，用切土器切削，先在切土器刀口内壁涂上凡士林，将切土器的刀口对准土样顶面，边削土边压切土器，直至切削到比要求的试样高度约高 2cm，然后拆开切土器，将土样取出，按要求的高度将两端面削平。试样的两端面应平整、互相平行、侧面垂直和上下均匀。在切样过程中，若试样表面因有砾石而成孔洞，允许用切削下的余土填补。

将切削好的试样称量，直径 101mm 的试样准确至 1g，直径 61.8mm 和 39.1mm 的试样准确至 0.1g。试样高度和直径用卡尺量测，试样的平均直径按下式计算：

$$D_0 = \frac{D_1 + 2D_2 + D_3}{4}$$ （附 18）

式中，D 为试样平均直径（mm）；D_1、D_2、D_3 分别为试样上、中、下部位的直径（mm）。

取切下的余土，平均测定含水率，取其平均值作为试样的含水率。对于同一组原状试样，密度的平行差值不宜大于 0.03g/cm³，含水率平行差值不宜大于 2%。

对于特别坚硬和很不均匀的土样，如不易切成平整、均匀的圆柱体，允许切成与规定直径接近的柱体，按所需试样高度将上下两端面削平，称取质量，然后包上橡胶膜，用浮称法称试样的质量，并换算出试样的体积和平均直径。

3）扰动土试样制备（击实法）。

选取一定数量的代表性土样（直径 39.1mm 的试样约取 2kg，61.8mm 和 101mm 的试样分别取 10kg 和 20kg），经风干、碾碎和过筛，测定风干含水率，按要求的含水率算出所需加水量（计算方法参照击实试验中的计算方法）。

将需加的水量喷洒到土样上拌匀，稍静置后装入塑料袋，然后置于密闭容器内至少20h，使含水率均匀，取出土料再测其含水率。测定的含水率与要求的含水率的差值应小于±1%，否则需调整含水率至符合要求。

击实筒的内径应与试样直径相同，击锤的直径宜小于试样直径，也允许采用与试样直径相等的击锤。击实筒壁在使用前应洗擦干净，涂一薄层凡士林。

根据要求的干密度，称取所需土质量，按试样高度分层击实，粉质土分 3～5 层，黏质土分 5～8 层，各层土料质量相等。每层击实至要求高度后，将表面刨毛，然后加第二层土料，如此继续进行，直至击完最后一层。将击实筒中的试样两端面整平，取出称其质量，一组试样的密度差值应小于 0.02g/cm³。

4）试样饱和。

① 抽气饱和。将装有试样的饱和器置于无水的抽气缸内，进行抽气，当真空压力达到一个大气压时，应继续抽气，继续抽气的时间宜符合下列要求：

粉质土大于 0.5h，黏质土大于 1h，密实的黏质土大于 2h。

当抽气时间达到上述要求后，徐徐注入清水，并保持真空度稳定。当饱和器完全被水淹没即停止抽气，并释放抽气缸的真空。试样在水下静止时间应大于 2h，然后取出试样并称其质量。

② 反压力饱和。按规程规定进行试样饱和，并用 B 值（孔隙压力系数）检查饱和度，如试样的饱和度达不到 99%，可对试样施加反压力以达到完全饱和。

a. 试样装好以后装上压力室罩，关孔隙压力阀和反压力阀，测记体变管的读数。先对试样施加 20kPa 的周围压力预压。再开孔隙压力阀，待孔隙压力稳定后记下读数，然后关闭孔隙压力阀。

b. 反压力应分级施加，并同时分级施加周围压力，以尽量减少对试样的扰动。在施加反压力过程中，始终保持周围压力比反压力大 20kPa。反压力和周围压力的每级增量，对软黏土取 30kPa，对坚实的土或初始饱和度较低的土取 50～70kPa。

c. 操作时，先调周围压力至 50kPa，并将反压力系统调至 30kPa，同时打开周围压力阀和反压力阀，再缓缓打开孔隙压力阀，待孔隙压力稳定后，测记孔隙压力计和体变管的读数，再施加下一级的周围压力和反压力。

d. 算出本级周围压力下的孔隙压力增量 Δu，并与周围压力增量 $\Delta \sigma_3$ 比较，如 $\Delta u / \Delta \sigma_3 < 1$，则表示试样尚未饱和，这时关孔隙压力阀、反压力阀和周围压力阀，继续按上述规定施加下一级周围压力和反压力。

e. 当试样在某级压力下达到 $\Delta u / \Delta \sigma_3 = 1$ 时，应保持反压力不变，增大周围压力，假若试样内增加的孔隙压力等于周围压力的增量，表示试样已完全饱和；否则应重复上述步骤，直至试样饱和。

5）试样安装和固结：不固结不排水试验。

① 对压力室底座充水，在底座上放置不透水板，并依次放置试样、不透水板及试样帽。对于冲填土或砂性土的试样安装，分别按规程规定进行。

② 将橡胶膜套在承膜筒内，两端翻出筒外从吸气孔吸气，使膜贴紧承膜筒内壁，

然后套在试样外，放气，翻起橡胶膜的两端，取出承膜筒。用橡皮圈将橡胶膜分别扎紧在压力室底座和试样帽上。

③ 装上压力室罩。安装时应先将活塞提升，以防碰撞试样，压力室罩安放后，将活塞对准试样帽中心，并均匀地旋紧螺钉，再将轴向测力计对准活塞。

④ 开排气孔，向压力室充水，当压力室内快注满水时，降低进水速度，水从排气孔溢出时，关闭排气孔。

⑤ 关体变管阀及孔隙压力阀，开周围压力阀，施加所需的周围压力。周围压力大小应与工程的实际荷载相适应，并尽可能使最大周围压力与土体的最大实际荷载大致相等，也可按 100kPa、200kPa、300kPa、400kPa 施加。

⑥ 旋转手轮，同时转动活塞，当轴向测力计有微读数时表示活塞已与试样帽接触。然后将轴向测力计和轴向位移计的读数调整到零位。

2．思考题

1）三轴试验和直剪试验有什么不同？为什么三轴试验更接近地基土的真实情况？

2）三轴试验试样有什么要求？砂类土和黏性土试验结束后试样有什么不同？试画出素描图。

3）试验过程中如何控制孔隙水压力 u？如何进行水下样的饱和度试验？

4）如果一组土样少于三个，如何准确测定 c、φ 值？

主要参考文献

陈希哲，2004．土力学地基基础[M]．4版．北京：清华大学出版社．

陈仲颐，周景星，王洪瑾，1994．土力学[M]．北京：清华大学出版社．

丁继辉，郭静，杨昌民，2005．基底压力的分布形式对地基最终沉降量的影响[J]．河北大学学报（自然科学版），25（5）：3．

丁继辉，麻玉鹏，王维玉，等，2003．基于 Boussinesq 位移解的地基沉降的概率分析和可靠度计算[C]．第十二届全国结构工程学术会议论文集第Ⅱ册．

丁继辉，麻玉鹏，宇云飞，2002．基于 Mindlin 应力公式的地基沉降数值计算与分析[J]．水利水电技术，33（5）：8-11．

丁继辉，王维玉，李军，2005．基础工程及实用程序设计[M]．北京：中国水利水电出版社，知识产权出版社．

丁继辉，王维玉，李军，等，2007．简明土木工程系列专辑：浅基础工程及程序设计[M]．北京：中国水利水电出版社，知识产权出版社．

东南大学，浙江大学，湖南大学，等，2010．土力学[M]．3版．北京：中国建筑工业出版社．

冯国栋，1986．土力学[M]．北京：中国水利水电出版社．

高大钊，1998．土力学与基础工程[M]．北京：中国建筑工业出版社．

国家质量技术监督局，中华人民共和国建设部，1999．土工试验方法标准：GB/T 50123—1999[S]．北京：中国计划出版社．

胡中雄，1997．土力学与环境土工学[M]．上海：同济大学出版社．

黄文熙，1983．土的工程性质[M]．北京：水利电力出版社．

李镜培，梁发云，赵春风，2008．土力学[M]．2版．北京：高等教育出版社．

卢廷浩，2005．土力学[M]．2版．南京：河海大学出版社．

钱家欢，殷宗泽，1996．土工原理与计算[M]．2版．北京：中国水利水电出版社．

松冈元，2001．土力学[M]．罗汀，姚仰平，译．北京：中国水利水电出版社．

索丽生，刘宁，2011．水工设计手册（第1卷）：基础理论[M]．2版．北京：中国水利水电出版社．

吴湘兴，1991．土力学及地基基础[M]．武汉：武汉大学出版社．

杨昌民，2002．任意分布荷载作用下地基沉降量的数值计算与分析[D]．保定：河北农业大学．

杨进良，2009．土力学[M]．4版．北京：中国水利水电出版社．

杨有莲，2016．土力学[M]．上海：上海交通大学出版社．

赵成刚，白冰，等，2011．土力学原理（修订本）[M]．北京：清华大学出版社，北京交通大学出版社．

赵明华，李刚，曹喜仁，等，2005．土力学与地基基础疑难释义：附解题指导[M]．北京：中国建筑工业出版社．

赵树德，廖红建，2010．土力学[M]．2版．北京：高等教育出版社．

中华人民共和国建设部，2004．岩土工程勘察规范[2009年版]：GB 50021—2001[S]．北京：中国建筑工业出版社．

中华人民共和国交通部，2007．公路土工试验规程：JTG E40—2007．北京：人民交通出版社．

中华人民共和国住房和城乡建设部，2012．建筑地基基础设计规范：GB 5007—2011[S]．北京：中国计划出版社．

中华人民共和国住房和城乡建设部，2012．建筑工程地质勘探与取样技术规程：JGJ/T 87—2012 [S]．北京：中国建筑工业出版社．